openGauss
数据库原理与应用

张玲 胡涛 主编

谢党恩 张志立 杜根远 张向群 刘克祥 副主编

清華大學出版社

北京

内容简介

openGauss是一款由华为组织开发的开源关系数据库管理系统，该数据库设计用于提供高并发、高可用和高扩展的数据服务。

本书通过实际案例和操作指导，帮助初学者深入理解openGauss的架构、功能和应用，使其能够在实际工作中灵活运用openGauss数据库，从而满足不同行业和企业对数据库管理的多样化需求。

全书共分为11章。第1章针对数据库基础进行讲解。第2章针对openGauss入门进行讲解，主要包括openGauss的基础知识、安装与卸载等。第3、4章介绍数据库的基本操作，包括DDL、DML、索引、触发器等。第5～7章讲解事务管理与并发控制、数据库设计、安全与权限管理。第8章讲解SQL进阶。第9章讲解运维管理，包括数据迁移、数据备份与恢复、数据库检查。第10章讲解数据库编程技术。第11章讲解基于订单管理的项目实战，融会贯通本书所学。

本书可以作为学习openGauss数据库的参考教材，也可以作为广大高校计算机专业数据库设计课程的教材。

图书在版编目（CIP）数据

openGauss数据库原理与应用 / 张玲，胡涛主编. -- 北京：清华大学出版社，2025. 3.
ISBN 978-7-302-68526-5

Ⅰ. TP311.138

中国国家版本馆CIP数据核字第2025VL9917号

责任编辑：王　芳　薛　阳
封面设计：刘　键
责任校对：郝美丽
责任印制：曹婉颖

出版发行：清华大学出版社
网　　址：https://www.tup.com.cn，https://www.wqxuetang.com
地　　址：北京清华大学学研大厦A座　　邮　　编：100084
社 总 机：010-83470000　　邮　　购：010-62786544
投稿与读者服务：010-62776969，c-service@tup.tsinghua.edu.cn
质量反馈：010-62772015，zhiliang@tup.tsinghua.edu.cn
课件下载：https://www.tup.com.cn，010-83470236
印 装 者：三河市天利华印刷装订有限公司
经　　销：全国新华书店
开　　本：185mm×260mm　　**印　　张**：14.25　　**字　　数**：349千字
版　　次：2025年4月第1版　　**印　　次**：2025年4月第1次印刷
印　　数：1～1500
定　　价：49.00元

产品编号：107724-01

前言

PREFACE

在数字化转型的浪潮中，数据已成为企业战略决策的关键资源。作为一个先进的开源关系数据库管理系统，openGauss 凭借其高性能、高可靠性和高安全性，已成为企业和开发者构建现代应用的重要选择。本书旨在为读者提供一个全面的学习和实践指南，从基础概念到高级应用，涵盖 openGauss 数据库系统的各个方面。

本书的主要目标是帮助读者深入理解 openGauss 数据库的内部原理，并掌握其应用与开发的实践技能。内容涉及数据库基础知识、查询处理、事务管理、性能优化、安全保障等多个层面。目标读者包括数据库管理员、软件开发人员、系统架构师以及对数据库技术感兴趣的学生和学者。

本书共分为三部分，每部分针对不同的知识层次和技能进行详细讲解。

第一部分为基础篇，包括第 1～4 章。基础篇讲解数据库的基本理论，包括数据模型、数据库语言以及数据库的基本操作。通过对 openGauss 的安装、配置和基本操作的讲解，使读者能快速上手并理解数据库的基本工作原理。

第二部分为进阶篇，包括第 5～7 章。进阶篇深入探讨 openGauss 的核心技术，包括存储管理、索引机制、事务机制、数据库设计、权限管理。通过此部分内容的学习，读者可以掌握数据库的核心技术。

第三部分为高级篇，包括第 8～11 章。高级篇着重讲解 openGauss 的高级功能，如查询处理和优化、数据备份与恢复、数据库编程、应用案例等。通过此部分内容的学习，读者可以掌握如何在实际业务场景中应用 openGauss 数据库。

本书不仅仅是一本技术书籍，更是一本实践指南。希望通过本书，读者能够理解 openGauss 的理论和技术，更能将这些知识应用到实际工作中，以支持和推动自己所在组织的数字化转型。随着数据技术的不断进步，openGauss 数据库无疑将在全球数据库技术的舞台上扮演越来越重要的角色。

主　编

2025 年 1 月

教学课件

教学大纲

教学视频

源代码

目录

CONTENTS

第1章

数据库基础

学习目标：

❖ 了解什么是数据库。

❖ 掌握数据库系统的组成与特点。

❖ 了解什么是数据模型。

❖ 掌握数据库系统的结构。

在当今的信息时代，数据已成为最宝贵的资源之一。从社交媒体的海量用户数据到企业中的关键业务信息，再到物联网设备生成的实时数据，人们生活中的每一个角落都充斥着数据。学习数据库不仅是为了掌握如何存储、管理和使用这些数据，更是要深入理解数据背后的价值。无论是开发者、数据分析师还是业务领导者，掌握数据库的知识都能够让自己在职业生涯中脱颖而出，更好地应对数据驱动的未来。本章将对数据库的基础知识进行全面讲解。

1.1 数据库概述

1.1.1 数据库介绍

数据库是一种用于存储、组织和管理数据的系统。它提供了一种结构化的方式来存储信息，并提供了各种功能来检索、更新和管理数据。数据库通常由一个或多个表组成，每个表由一系列行和列组成，每行代表一个记录，每列代表一个数据字段。数据库通过 SQL (Structured Query Language，结构化查询语言)或其他查询语言来支持对数据的查询和操作。

数据库可以分为不同类型，包括关系数据库(如 MySQL、PostgreSQL、Oracle)、非关系数据库(如 MongoDB、Redis)、面向对象数据库、图形数据库等。每种类型的数据库都有其自己的优势和适用场景。

关系数据库使用表格结构来组织数据，通过定义表之间的关系来建立数据之间的连接。这种结构适用于需要进行复杂查询和事务处理的应用程序。非关系数据库则以不同的方式存储和组织数据，例如，文档、键值对、图形等形式。这种类型的数据库通常更适用于需要处理大量非结构化数据或需要更高的性能和可伸缩性的应用程序。

数据库管理系统（DataBase Management System，DBMS）是一种软件，用于管理和操作数据库。它负责处理数据的存储、检索、安全性、备份恢复等任务。常见的DBMS包括MySQL、openGauss、Oracle、SQL Server、MongoDB等。

数据库在各种软件系统中广泛应用，包括企业资源规划（Enterprise Resource Planning，ERP）、客户关系管理（Customer Relationship Management，CRM）、电子商务、金融服务、社交媒体等领域。数据库的设计和管理对于确保数据的安全性、完整性和可用性至关重要。

1.1.2 数据库技术的发展

数据库技术的发展经历了多个阶段，每个阶段都带来了新的理念、模型和技术，推动了数据库系统的演进。以下是数据库技术发展的一些关键阶段。

层次型数据库系统（20世纪60年代）：最早期的数据库系统采用层次型结构，数据以树状层次组织。其中，IBM的IMS（Information Management System）是最典型的代表。这种模型适合表达父子关系，但不够灵活，难以应对复杂的数据关系。

关系数据库系统（20世纪70年代）：1970年，IBM的研究员E. F. Codd提出了关系数据库模型的概念。这个模型使用表格（关系）来表示数据，并通过SQL进行数据操作。关系数据库系统如Oracle、MySQL和SQL Server等应运而生，成为主流数据库系统。

面向对象数据库系统（20世纪80年代～20世纪90年代）：为了更好地处理复杂的数据结构和对象之间的关系，面向对象数据库系统应运而生。它们试图将对象的概念引入数据库系统，以支持面向对象的编程和数据建模。不过，这些系统并没有在业界广泛应用，关系数据库仍然是主导力量。

非关系数据库系统（2000年至今）：随着互联网应用的快速发展，出现了大量非关系数据库系统，被统称为NoSQL（Not Only SQL）数据库。NoSQL数据库旨在解决关系数据库在处理大规模、高并发、分布式数据时的瓶颈问题。这包括文档型数据库（如MongoDB）、键值对数据库（如Redis）、列族数据库（如HBase）等。

新SQL数据库系统（2010年至今）：为了克服传统关系数据库的一些限制，新SQL数据库系统应运而生。这些系统保留了关系数据库的ACID特性，同时引入了一些新的思想和技术，以应对大规模分布式环境下的挑战。

云数据库和分布式数据库（2010年至今）：随着云计算的兴起，数据库系统逐渐向云端迁移。云数据库服务提供了更灵活、可扩展、易管理的解决方案。分布式数据库系统也变得更加重要，以支持大规模数据存储和处理。

总而言之，数据库技术的发展在不同阶段提供了不同的解决方案，以适应不断变化的需求。从层次型数据库到关系数据库，再到NoSQL和新SQL，数据库技术一直在不断创新和演进。

1.1.3 数据库系统的组成

数据库系统（Database System）是由数据库及其管理软件组成的系统，它涉及多个组成部分以确保数据的存储、查询、更新和管理得以顺利进行。

以下是数据库系统的核心组成部分。

- 数据库管理系统：数据库管理系统是核心组件，负责管理和维护数据库。它提供了对数据的定义、存储、检索、更新和维护的功能。
- 数据库：数据库是有组织的数据集合，由一个或多个数据表组成。每个表包含特定类型的数据，按照数据模型的规则进行组织。
- 应用程序：数据库应用程序是利用数据库系统进行数据处理的软件。这些应用程序通过数据库的 API 与数据库进行交互，实现数据的增删改查等功能。
- 数据模型：数据模型定义了数据的结构和关系，包括实体、属性和约束。常见的数据模型有关系模型、文档型模型等。
- 存储引擎：存储引擎负责将数据存储在物理存储介质上，并提供高效的数据访问接口。不同的数据库系统可以使用不同的存储引擎。
- 数据库管理员(DataBase Administrator，DBA)：数据库管理员是负责数据库系统管理的专业人员，包括性能优化、安全管理、备份和恢复等任务。
- 用户：数据库系统的最终用户，可以是普通用户、开发人员或其他系统管理员。他们通过应用程序或直接使用数据库查询语言与数据库进行交互。

数据库系统是一个复杂且功能强大的系统，它通过各种组件的协同工作，实现了数据的集中、存储、操作和管理。在构建和维护一个高效的数据库系统时，了解和掌握这些组件是非常重要的。

1.1.4 数据库系统的特点

数据库系统是一种用于有效管理和组织大量数据的软件系统，其特点包括数据共享与集中管理、数据独立性、持久性、逻辑与物理组织结构、数据抽象、安全性、一致性与完整性维护以及高效的数据访问。通过这些特点，数据库系统能够提供高效、可靠、安全的数据管理与访问服务，广泛应用于各种信息管理、业务处理和决策支持等领域。

数据库系统的特点如下。

- 数据共享和集中管理：数据库系统允许多个用户或应用程序同时访问和共享数据，并通过集中管理来确保数据的一致性、完整性和安全性。
- 数据独立性：数据库系统实现了数据与应用程序的分离，使得应用程序可以独立于底层数据存储结构。这种数据独立性使得数据库系统更易于维护和扩展。
- 数据持久性：数据库系统能够持久地存储数据，即使在系统故障或断电情况下也能保证数据的完整性，并在恢复后继续提供服务。
- 数据的组织结构：数据库系统采用逻辑和物理两个层次的组织结构。逻辑结构描述了数据的组织方式和关系，而物理结构则描述了数据在存储介质上的具体存储方式。
- 数据抽象：数据库系统提供了数据抽象的能力，使得用户和应用程序可以通过高级的查询语言(如 SQL)来操作数据，而无须了解底层的存储细节。
- 数据安全性：数据库系统提供了访问控制、权限管理和数据加密等功能，以确保数据的安全性和保密性。

- 数据一致性和完整性：数据库系统通过实施事务管理和约束条件来维护数据的一致性和完整性，防止数据丢失、损坏或不一致。
- 高效的数据访问：数据库系统通过索引、查询优化和缓存等技术，提高了数据的访问速度和效率，使得用户可以快速地检索和更新数据。

这些特点使得数据库系统成为管理和操作大量数据的强大工具，广泛应用于企业、组织和个人的信息管理、业务处理和决策支持等方面。

1.2 数据模型

1.2.1 数据模型概念

数据模型(Data Model)是数据库设计中用于对现实世界数据特征的抽象，用于描述数据结构、数据操作和数据约束，为数据库系统的信息表示与操作提供一个抽象的框架。数据模型是数据库系统的核心和基础。

数据模型所描述的内容包括三部分：数据结构、数据操作、数据约束。具体说明如下。

数据结构：数据结构定义了数据如何组织和存储。在关系模型中，数据结构通常表示为表格，每个表格包含多个行和列，其中每一行代表一个记录，每一列代表一个属性。其他数据模型可能使用树、图、集合等结构来组织数据。

数据操作：数据操作定义了对数据进行的各种操作。常见的数据操作包括增加(插入)、查询(检索)、修改(更新)和删除。这些操作通常通过查询语言(如 SQL)来实现。数据操作是用户与数据库交互的主要方式，同时也是应用程序通过数据库接口与数据交互的途径。

数据约束：数据约束规定了数据的有效性规则，确保数据的完整性和一致性。常见的数据约束包括以下几种。

- 主键约束：保证每个记录都有唯一标识符。
- 外键约束：确保两个表之间的关系的一致性。
- 唯一性约束：保证特定列或属性的值是唯一的。
- 检查约束：规定数据值的合法范围。

数据模型在数据库设计和应用程序开发中起着关键作用。选择合适的数据模型可以帮助设计者更好地理解和组织数据，提高数据库系统的性能、可靠性和可维护性。

1.2.2 常见数据模型

数据模型根据其描述数据和数据之间关系的方式可以分为多种类型。以下是一些常见的数据模型分类。

- 层次模型(Hierarchical Model)：数据以树状结构组织，每个节点可以有多个子节点，但只有一个父节点。这种模型适用于具有明显层次结构的数据。
- 网络模型(Network Model)：类似于层次模型，但允许一个实体有多个父节点，形成图状结构。这提供了更大的灵活性，但也增加了复杂性。

- 关系模型(Relational Model):使用表格(关系)来表示数据和数据之间的关系。这是当前应用最广泛的数据模型。
- 面向对象数据模型(Object-Oriented Data Model):数据被组织为对象,具有属性和方法。这适用于面向对象的程序设计,并提供了更自然的数据组织方式。
- 半结构化数据模型:数据不遵循固定的表格结构,通常使用标记语言(如 XML)或键值对(如 JSON)表示。这适用于那些数据结构可能变化较大的情况,如 Web 数据。
- 多维数据模型(Multidimensional Data Model):主要用于数据仓库和在线分析处理(On-Line Analysis Processing,OLAP)系统,数据以多维度的方式组织,方便复杂的数据分析。
- 实体-关系模型(Entity-Relationship Model):用来描述实体(如人、地点、物品)之间的关系。E-R 图是常用的实体-关系模型的图形表示方式。
- 时态数据模型:考虑数据随时间变化的情况,允许在数据库中存储和查询历史数据。
- 概念模型(Conceptual Model):不依赖于具体的数据库管理系统,通常用于初步设计,帮助设计者理解和沟通系统需求。

这些数据模型不是相互独立的,而是在不同的应用场景和需求下选择使用。关系模型在许多传统的企业应用中非常流行,而面向对象数据模型更适合面向对象的软件开发。半结构化数据模型适用于 Web 和文档存储,而多维数据模型用于复杂的分析和报告。选择适当的数据模型取决于应用的特定需求和设计目标。

1.3 数据库系统结构

1.3.1 数据库三级模式结构

数据库系统的三级模式结构通常包括三个层次:外部模式、概念模式和内部模式。这种结构是为了在数据库系统中实现数据独立性,允许不同用户和应用程序以不同的视角访问数据库,而不受底层物理存储结构的影响。以下是这三个模式层次的详细说明。

1. 外部模式(External Schema)/用户子模式(Subschema)

外部模式是用户或应用程序所看到的数据库的局部视图。每个外部模式都对应着一个特定用户或应用程序的数据需求和访问权限。外部模式关注于用户如何看待和访问数据库,它隐藏了数据库内部的复杂性。一个数据库系统可以有多个外部模式,以满足不同用户或应用程序的需求。外部模式通过使用数据子集和视图定义来实现,这样用户只能看到和操作他们所需的数据,而不必关心整个数据库的结构和内容。

2. 概念模式(Conceptual Schema)/逻辑模式(Logical Schema)

概念模式是整个数据库的全局视图,它描述了数据的总体结构和关系。概念模式是一个中介层,将外部模式与内部模式连接起来。概念模式定义了数据库中所有数据的逻辑结构,但不涉及具体的物理存储细节。它是数据库管理员(DBA)和数据库设计者关注的层次,用于数据库的整体设计和管理。概念模式通常使用数据模型(如关系模型)来表示,包括表格、关系、实体及其之间的联系。

3. 内部模式(Internal Schema)/存储模式(Storage Schema)

内部模式是数据库的最底层视图,描述了数据在物理存储层面上的组织和表示方式。内部模式与数据库的存储结构和存储设备有关,涉及数据的物理存储、索引方式、数据压缩等方面的细节。内部模式通常由数据库管理系统(DBMS)的存储管理器来实现,它关注于如何在硬盘上存储和检索数据。

通过这三级模式结构,数据库系统实现了数据独立性,使得用户和应用程序能够通过外部模式访问数据,而不受数据库内部变化的影响。数据库管理员则可以在概念模式层面上进行整体设计和管理,而不必担心具体的物理存储细节。这种分层的结构提高了系统的可维护性和可扩展性。

1.3.2 数据库二级映射

为了有效支撑数据的三级抽象以及它们相互间的联系和转换,DBMS 通过在内部提供三级模式之间的两层映射来实现,即外模式/概念模式映射、概念模式/内模式映射。所谓映射,就是一种对应规则,它指出映射双方是如何进行转换的。这两层映射保证了数据库中的数据具有较高的物理独立性和逻辑独立性。

1. 外模式/概念模式映射

外模式/概念模式映射定义了各个外模式与概念模式之间的映射关系,这些映射定义通常在各自的外模式中加以描述。由于一个概念模式可以有任意多个外模式,因此对于每一个外模式,数据库系统都会有一个外模式/概念模式映射。

数据库系统的概念模式如果发生改变,如增加新的属性、新的关系、改变数据类型等,DBA 通常会对各个外模式/概念模式的映射做出相应的改变,使那些对用户可见的外模式保持不变,从而应用程序的编程人员就不必去修改那些依据数据的外模式所编写的应用程序,实现了外模式不受概念模式变化的影响,保证了数据与程序的逻辑独立性。

2. 概念模式/内模式映射

概念模式/内模式映射定义了数据库全局逻辑结构与物理存储之间的对应关系,这种映射定义通常是在模式中加以描述的。由于数据库中只有一个概念模式,且也只有一个内模式,所以概念模式/内模式映射是唯一的。

数据库系统的物理存储如若发生改变,例如,选用另外一种存储结构或更换另外一个存储位置,DBA 通常也会对概念模式/内模式映射做出相应调整,以使数据库系统的模式保持不变,从而也不必去修改应用程序,如此实现了概念模式不受内模式变化的影响,保证了数据与程序的物理独立性。

由此可见,正是这两层映射保证了数据库系统中的数据能够具有较高的逻辑独立性和物理独立性,使得数据的定义和描述可以从应用程序中分离出去,从而简化了数据库应用程序的开发,也减少了维护应用程序的工作量。

小结

本章讲解了数据库相关概念、数据库的发展、数据库系统的组成以及特点等知识,通过本章的学习,读者对数据库的定义、发展历程、系统组成和特点有了全面的了解,为进一步深入学习数据库理论和实践打下了坚实的基础。

习题

1. 请简要说明什么是数据库。
2. 请简要说明数据库系统的组成与特点。

openGauss入门

学习目标：

❖ 了解 openGauss 数据库的特点。

❖ 掌握 openGauss 数据库的安装。

❖ 掌握 openGauss 服务的启停。

❖ 掌握 openGauss 连接工具的使用。

openGauss 旨在提供高性能、高可用性和高可靠性的数据库服务。作为一个开源项目，openGauss 鼓励社区成员参与到其设计、开发和维护中，本章将针对 openGauss 入门进行学习。

2.1 openGauss 简介

2.1.1 openGauss 概述

openGauss 是由华为推出的一款开源的关系型数据库管理系统（DBMS），它是基于 PostgreSQL 开发的，支持标准的 SQL 规范。openGauss 采用木兰宽松许可证 v2 发行，旨在为企业级应用提供高性能、高可用的数据库解决方案。

openGauss 提供面向多核架构的极致性能、全链路的业务、数据安全、基于 AI 的调优和高效运维的能力，特别适用于处理大规模数据。openGauss 深度融合华为在数据库领域多年的研发经验，结合企业级场景需求，持续构建竞争力。

2.1.2 openGauss 的发展史

华为早在 2001 年就开始投入数据库研发，而在 2011 年，华为数据库产品团队更名为高斯部，其产品命名为 GaussDB。经过多年的研发和优化，华为在 2019 年正式发布了 GaussDB，并在之后的几年里不断完善和优化，使得 GaussDB 成为一款功能强大、性能优异的关系数据库。2019 年 9 月 19 日，华为在全连接大会上宣布将开源其数据库产品，并命名为 openGauss。

2020 年 6 月 30 日，openGauss 数据库源代码正式开放。openGauss 与云和恩墨、人大金仓、神舟通用等企业达成合作伙伴关系，共同建设开源社区。

2020 年 6 月 30 日，openGauss 发布第一个版本，版本号为 1.0.0。这个版本作为 openGauss 的首个正式版本，带来了关系型数据库的基本功能，并强调了其开源和开放的理念。

2021 年 3 月 30 日，openGauss 发布第一个 Release 版本，版本号为 2.0.0。这个版本引入了更多的特性和性能优化，包括对分布式数据库的更好支持，更强大的查询性能，以及更多安全性和管理功能。

2022 年 4 月 1 日，openGauss 发布第二个 Release 版本，版本号为 3.0.0。

2023 年 6 月 30 日发布了 openGauss 5.0.0，该版本是 openGauss 发布的第三个 LTS 版本，版本生命周期为三年，其带来了企业级特性 SQL PATCH，支持滚动升级，允许用户升级指定的节点，支持部分节点升级。当业务语句出现由于数据等因素变化引起执行计划跳变，且出现严重的性能劣化时，用户可以通过 SQL PATCH 机制在线实施修复，业务无须版本升级，无感知解决计划跳变等疑难问题。

至此，openGauss 从一个华为内部的数据库产品逐步发展成为一个活跃的开源数据库项目。openGauss 的开源不仅加速了其自身的技术迭代，也推动了整个数据库行业的技术进步。

2.1.3 openGauss 的特点与优势

openGauss 数据库具有高性能、高可用、高安全、易运维、全开放的特点。具体说明如下。

1. 高性能

- 提供了面向多核架构的并发控制技术，结合鲲鹏硬件优化方案，在两路鲲鹏下，TPCC Benchmark 可以达到 150 万 tpmC 的性能。
- 针对当前硬件多核 NUMA 的架构趋势，在内核关键结构上采用了 NUMA-Aware 的数据结构。
- 提供 SQL-bypass 智能快速引擎技术。
- 针对数据频繁更新的场景，提供 Ustore 存储引擎。

2. 高可用

- 支持主备同步、异步以及级联备机多种部署模式。
- 数据页 CRC 校验，损坏数据页通过备机自动修复。
- 备机并行恢复，10s 内可升为主机提供服务。
- 提供基于 Paxos 分布式一致性协议的日志复制及选主框架。

3. 高安全

支持全密态计算，访问控制、加密认证、数据库审计、动态数据脱敏等安全特性，提供全方位端到端的数据安全保护。

4. 易运维

- 基于 AI 的智能参数调优和索引推荐，提供 AI 自动参数推荐。
- 慢 SQL 诊断，多维性能自监控视图，实时掌控系统的性能表现。
- 提供在线自学习的 SQL 时间预测。

5. 全开放

- 采用木兰宽松许可证协议,允许对代码自由修改、使用、引用。
- 数据库内核能力全开放。
- 提供丰富的伙伴认证、培训体系和高校课程。

2.1.4 openGauss 典型应用场景

openGauss 适用于各种场景,包括企业级应用程序的后端数据库、数据仓库与商业智能分析、云原生应用构建等,其强大的性能与安全特性使其成为处理大规模数据、提升业务价值的理想选择。以下是一些典型的应用场景。

1. 企业级应用程序

openGauss 可以作为企业级应用程序的后端数据库,用于存储和管理应用程序的数据。无论是传统的企业资源规划(ERP)系统、客户关系管理(CRM)系统,还是现代的电子商务平台或大数据分析应用,openGauss 都能够提供可靠的数据存储和高效的数据管理能力。

2. 数据仓库和商业智能

openGauss 适用于构建数据仓库和支持商业智能分析。它能够处理大量数据,并支持复杂的查询和分析操作,帮助企业从海量数据中挖掘出有价值的信息和见解,用于决策制定和业务优化。

3. 云原生应用

openGauss 具有与云平台的集成能力,可以轻松部署在云环境中,支持云原生应用的构建和管理。它能够实现弹性伸缩、高可用性和自动化运维,满足云环境下应用的需求。

4. 物联网(IoT)和边缘计算

随着物联网和边缘计算的发展,对于处理分布式数据和实时数据分析的需求日益增加。openGauss 可以在边缘节点上部署,用于存储和处理设备生成的数据,并支持实时分析和决策。

5. 金融行业应用

在金融行业,数据安全性、可靠性和高性能是至关重要的。openGauss 可以用于金融交易处理、风险管理、数据分析和报表生成等方面,满足金融机构对于数据管理和处理的严格要求。

6. 政府和公共服务

政府部门和公共服务机构通常需要处理大量的数据,包括人口统计数据、社会福利数据等。openGauss 可以用于政府信息化建设、公共服务平台的构建,提供高效可靠的数据管理服务。

总体来说,openGauss 具有广泛的适用性,可以应用于各种领域的数据管理和处理需求,帮助企业和组织提升数据处理效率、降低成本、提高业务价值。

2.2 openGauss 安装与卸载

2.2.1 openGauss 环境说明与准备

1. 环境说明

1) 硬件要求

在实际产品中,硬件配置的规划需考虑数据规模及所期望的数据库响应速度。需根据实际情况进行规划。openGauss 服务器应具备的硬件要求,如表 2-1 所示。

表 2-1 硬件要求

项目	配置描述
内存	功能调试时,建议 32GB 以上。 性能测试和商业部署时,单实例部署建议 128GB 以上。 复杂的查询对内存的需求量比较高,在高并发场景下,可能出现内存不足。此时建议使用大内存的机器,或使用负载管理限制系统的并发
CPU	功能调试时,最小 1×8 核,2.0GHz。 性能测试和商业部署时,建议 1×16 核,2.0GHz。 CPU 超线程和非超线程两种模式都支持。 说明: 个人开发者最低配置 2 核 4GHz,推荐配置 4 核 8GHz。 目前,openGauss 仅支持 ARM 服务器和基于 x86_64 通用 PC 服务器的 CPU
硬盘	至少 1GB 用于安装 openGauss 的应用程序。 每个主机需大约 300MB 用于元数据存储。 预留 70%以上的磁盘剩余空间用于数据存储。 建议系统盘配置为 RAID1,数据盘配置为 RAID5,且规划 4 组 RAID5 数据盘用于安装 openGauss。 openGauss 支持使用 SSD 盘作为数据库的主存储设备,支持 SAS 接口和 NVME 协议的 SSD 盘,以 RAID 的方式部署使用
网络要求	300Mb/s 以上以太网。 建议网卡设置为双网卡冗余 bond

2) 软件要求

在安装过程中,不仅要考虑硬件要求,还要考虑软件要求,具体如表 2-2 所示。

表 2-2 软件要求

软件类型	配置描述
Linux 操作系统	ARM: openEuler 20.03LTS(推荐采用此操作系统) openEuler 22.03LTS 麒麟 V10 Asianux 7.5 x86: openEuler 20.03LTS openEuler 22.03LTS CentOS 7.6 Asianux 7.6 说明:当前安装包只能在英文操作系统上安装使用
Linux 文件系统	剩余 inode 个数 > 15 亿(推荐)
工具	bzip2
Python	支持 Python 3.6+

3) 软件依赖要求

openGauss 对软件依赖还有一定的要求,建议使用上述操作系统进行安装,然后安装依赖软件。下列是依赖软件的默认安装包,如表 2-3 所示。

表 2-3 软件依赖要求

所需软件	建议版本
libaio-devel	建议版本：0.3.109-13
flex	要求版本：2.5.31 以上
bison	建议版本：2.7-4
ncurses-devel	建议版本：5.9-13.20130511
glibc-devel	建议版本：2.17-111
patch	建议版本：2.7.1-10
redhat-lsb-core	建议版本：4.1
readline-devel	建议版本：7.0-13
libnsl(openEuler+x86 环境中)	建议版本：2.28-36

2. VirtualBox 安装

由于 openGauss 只能安装在 Linux 系统上,而人们通常使用的操作系统是 Windows/macOS,因此为了方便,通常使用虚拟机的形式安装 Linux 操作系统,而在安装 Linux 系统之前需要安装一个虚拟化软件,这里选择开源的虚拟化软件 VirtualBox。

首先,下载 VirtualBox 软件,在浏览器中输入下载地址"https://download.virtualbox.org/virtualbox/6.1.50/",选择 VirtualBox-6.1.50-161033-Win.exe,单击链接下载即可,如图 2-1 所示。

Index of /virtualbox/6.1.50

Name	Last modified	Size
Parent Directory		
MD5SUMS	16-Jan-2024 16:40	2.4K
Oracle_VM_VirtualBox_Extension_Pack-6.1.50-161033.vbox-extpack	12-Jan-2024 10:44	11M
Oracle_VM_VirtualBox_Extension_Pack-6.1.50.vbox-extpack	12-Jan-2024 10:44	11M
SDKRef.pdf	12-Jan-2024 10:44	2.8M
SHA256SUMS	16-Jan-2024 16:40	3.3K
UserManual.pdf	12-Jan-2024 10:44	4.8M
VBoxGuestAdditions_6.1.50.iso	12-Jan-2024 10:44	62M
VirtualBox-6.1-6.1.50_161033_el6-1.x86_64.rpm	12-Jan-2024 10:51	102M
VirtualBox-6.1-6.1.50_161033_el7-1.x86_64.rpm	12-Jan-2024 10:51	94M
VirtualBox-6.1-6.1.50_161033_el8-1.x86_64.rpm	12-Jan-2024 10:51	94M
VirtualBox-6.1-6.1.50_161033_el9-1.x86_64.rpm	12-Jan-2024 10:51	91M
VirtualBox-6.1-6.1.50_161033_fedora32-1.x86_64.rpm	12-Jan-2024 10:51	91M
VirtualBox-6.1-6.1.50_161033_fedora33-1.x86_64.rpm	12-Jan-2024 10:51	92M
VirtualBox-6.1-6.1.50_161033_fedora35-1.x86_64.rpm	12-Jan-2024 10:51	91M
VirtualBox-6.1-6.1.50_161033_fedora36-1.x86_64.rpm	12-Jan-2024 10:51	91M
VirtualBox-6.1-6.1.50_161033_openSUSE132-1.x86_64.rpm	12-Jan-2024 10:51	94M
VirtualBox-6.1-6.1.50_161033_openSUSE150-1.x86_64.rpm	12-Jan-2024 10:52	87M
VirtualBox-6.1-6.1.50_161033_openSUSE153-1.x86_64.rpm	12-Jan-2024 10:52	87M
VirtualBox-6.1.50-161033-Linux_amd64.run	12-Jan-2024 10:44	111M
VirtualBox-6.1.50-161033-OSX.dmg	12-Jan-2024 10:44	123M
VirtualBox-6.1.50-161033-Solaris.p5p	12-Jan-2024 10:44	120M
VirtualBox-6.1.50-161033-SunOS.tar.gz	12-Jan-2024 10:44	122M
VirtualBox-6.1.50-161033-Win.exe	12-Jan-2024 10:44	107M
VirtualBox-6.1.50.tar.bz2	12-Jan-2024 10:44	159M
VirtualBoxSDK-6.1.50-161033.zip	12-Jan-2024 10:44	11M
virtualbox-6.1_6.1.50-161033~Debian~bookworm_amd64.deb	11-Jan-2024 20:47	92M
virtualbox-6.1_6.1.50-161033~Debian~bullseye_amd64.deb	11-Jan-2024 20:47	92M
virtualbox-6.1_6.1.50-161033~Debian~buster_amd64.deb	11-Jan-2024 20:47	92M
virtualbox-6.1_6.1.50-161033~Debian~stretch_amd64.deb	11-Jan-2024 19:41	92M
virtualbox-6.1_6.1.50-161033~Ubuntu~bionic_amd64.deb	11-Jan-2024 20:47	92M
virtualbox-6.1_6.1.50-161033~Ubuntu~focal_amd64.deb	11-Jan-2024 20:47	92M
virtualbox-6.1_6.1.50-161033~Ubuntu~jammy_amd64.deb	11-Jan-2024 20:47	92M

图 2-1 VirtualBox 下载

VirtualBox 虚拟机安装非常简单,只需双击 VirtualBox 镜像文件,按照安装向导操作即可,依次单击"下一步"按钮,如图 2-2 所示。

在图 2-2 中,单击"下一步"按钮选择要安装的功能,以及安装路径。关于安装路径可以根据实际情况自行选择,也可以使用默认路径,如图 2-3 所示。

在图 2-3 中,单击"下一步"按钮进入选择配置选项界面,这里默认全部勾选即可,如图 2-4 所示。

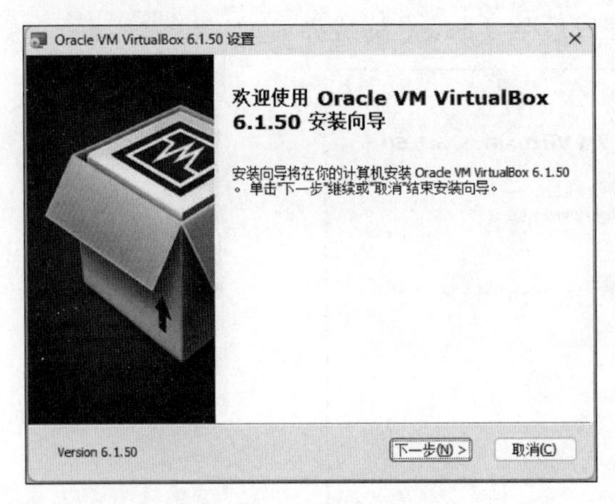

图 2-2　VirtualBox 安装

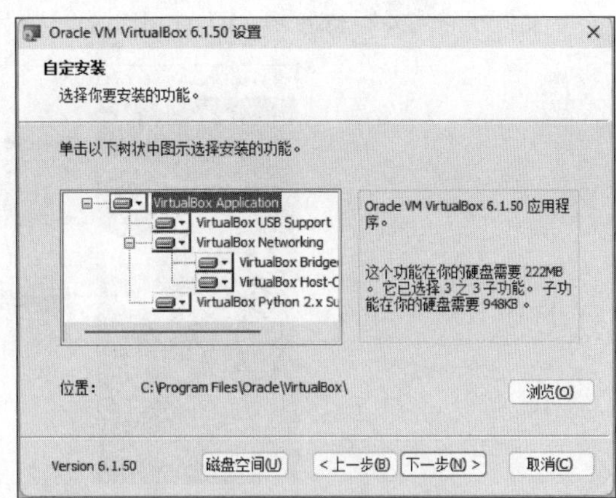

图 2-3　VirtualBox 设置

在图 2-4 中，单击“下一步”按钮会出现一个警告，这里单击“是”按钮即可，如图 2-5 所示。

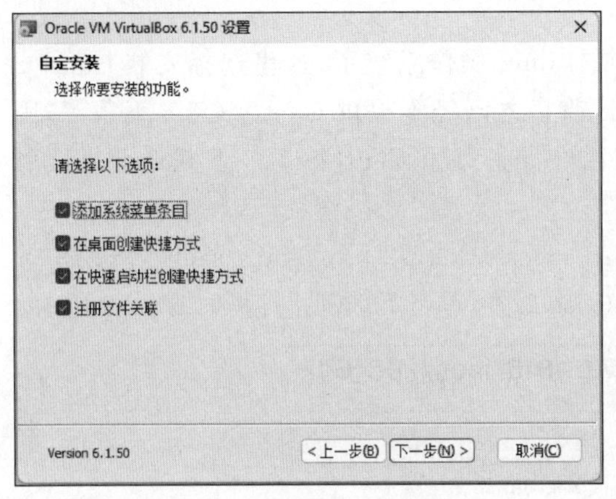

图 2-4　VirtualBox 选择配置

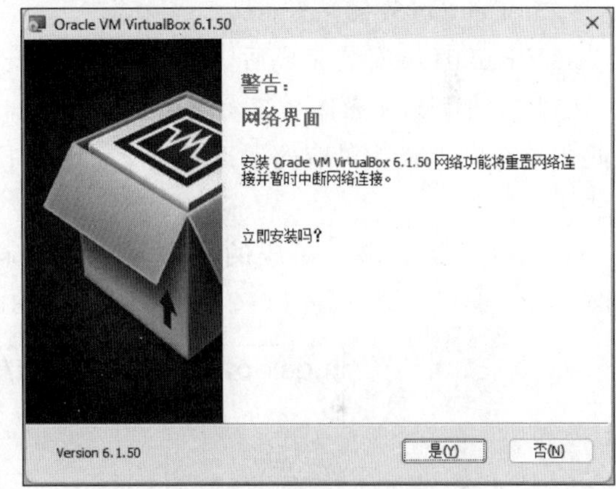

图 2-5　VirtualBox 设置

在图 2-5 中，单击“是”按钮后，会出现准备安装界面，如图 2-6 所示。

在图 2-6 中，单击“安装”按钮后，VirtualBox 开始进行安装，如图 2-7 所示。

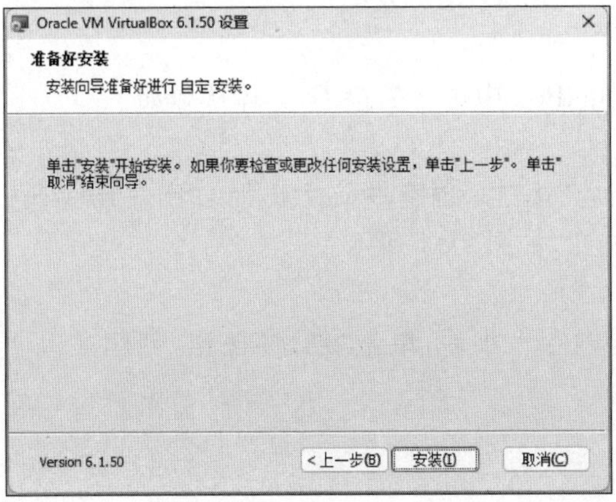

图 2-6　VirtualBox 准备安装界面

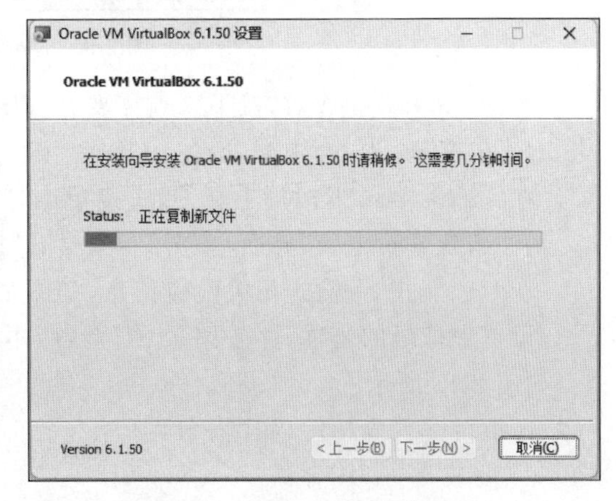

图 2-7　VirtualBox 安装过程

在图 2-7 中，等待片刻，VirtualBox 安装完成后会显示安装完成界面，如图 2-8 所示。

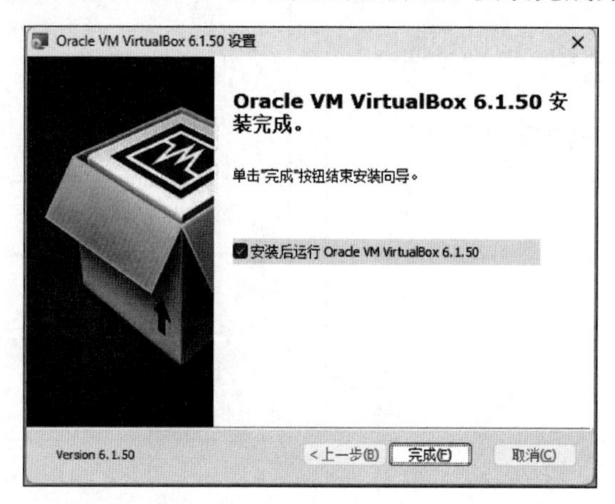

图 2-8　VirtualBox 安装完成

3. CentOS 安装

VirtualBox 安装完成后，接下来就需要安装 Linux 操作系统了，这里选择安装 CentOS 7.6 版本的 Linux 操作系统。需要注意的是，目前官方已经不提供 CentOS 7.6 下载了，因此需要在网上查找对应的下载地址，为此本书已经准备好了 CentOS 7.6 下载地址供读者使用。

在浏览器中输入对应的下载地址"https://archive.kernel.org/centos-vault/7.6.1810/isos/x86_64/"，选择 CentOS-7-x86_64-DVD-1810.iso 版本，单击下载链接即可，如图 2-9 所示。

```
Index of /centos-vault/7.6.1810/isos/x86_64/

../
0_README.txt                                01-Dec-2018 13:21    2495
CentOS-7-x86_64-DVD-1810.iso                25-Nov-2018 23:55      4G
CentOS-7-x86_64-DVD-1810.torrent            03-Dec-2018 15:03     86K
CentOS-7-x86_64-Everything-1810.iso         26-Nov-2018 14:28     10G
CentOS-7-x86_64-Everything-1810.torrent     03-Dec-2018 15:03    101K
CentOS-7-x86_64-LiveGNOME-1810.iso          24-Nov-2018 17:41      1G
CentOS-7-x86_64-LiveGNOME-1810.torrent      03-Dec-2018 15:03     28K
CentOS-7-x86_64-LiveKDE-1810.iso            24-Nov-2018 17:53      2G
CentOS-7-x86_64-LiveKDE-1810.torrent        03-Dec-2018 15:03     37K
CentOS-7-x86_64-Minimal-1810.iso            25-Nov-2018 21:25    918M
CentOS-7-x86_64-Minimal-1810.torrent        03-Dec-2018 15:03     36K
CentOS-7-x86_64-NetInstall-1810.iso         25-Nov-2018 16:21    507M
CentOS-7-x86_64-NetInstall-1810.torrent     03-Dec-2018 15:03     20K
sha256sum.txt                               01-Dec-2018 13:16     598
sha256sum.txt.asc                           03-Dec-2018 14:50    1458
```

图 2-9　CentOS 7.6 下载

CentOS 下载完成后，接下来就需要在 VirtualBox 中进行配置了，具体操作如下。

1）在 VirtualBox 中配置 CentOS

在 VirtualBox 虚拟机主页中，直接单击"新建"按钮来创建一个虚拟机，如图 2-10 所示。

在"新建虚拟电脑"界面，单击"专家模式"按钮，如图 2-11 所示。

在专家模式下，输入相关配置信息，如图 2-12 所示。

设置虚拟机的名称、存放路径、类型、版本、内存大小后，单击"创建"按钮，创建虚拟硬盘，如图 2-13 所示。

虚拟机配置成功后，如图 2-14 所示。

2）安装 CentOS 系统

接下来选择刚刚配置好的虚拟机，单击"启动"按钮启动虚拟机，然后找到之前下载好的 CentOS 镜像文件，单击"启动"按钮，如图 2-15 所示。

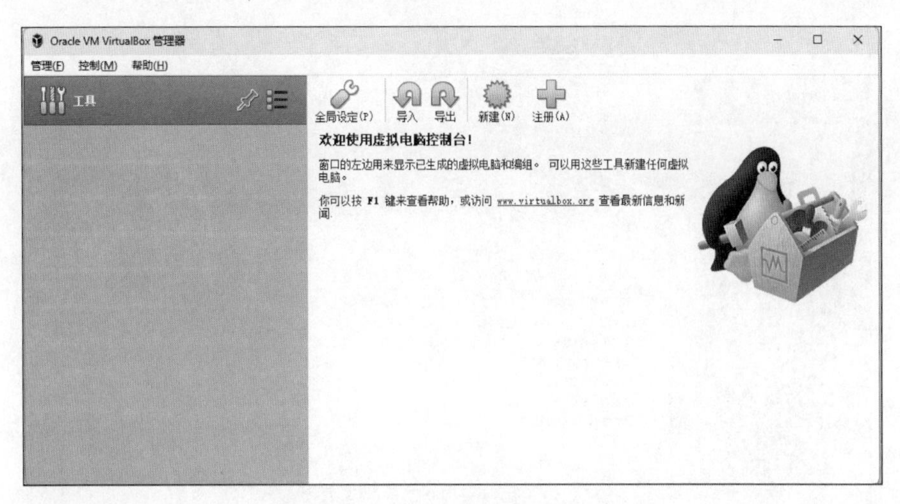

图 2-10 创建虚拟机

图 2-11 选择“专家模式”

图 2-12 新建虚拟电脑配置

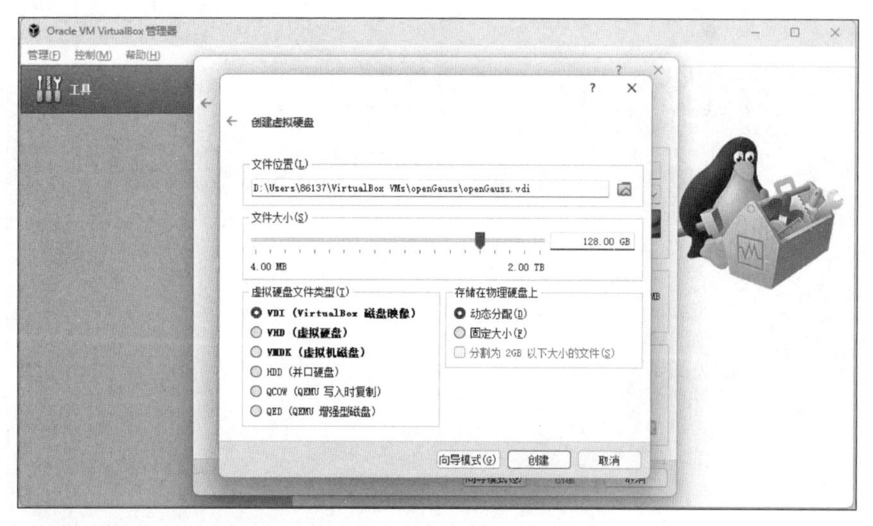

图 2-13 创建虚拟硬盘

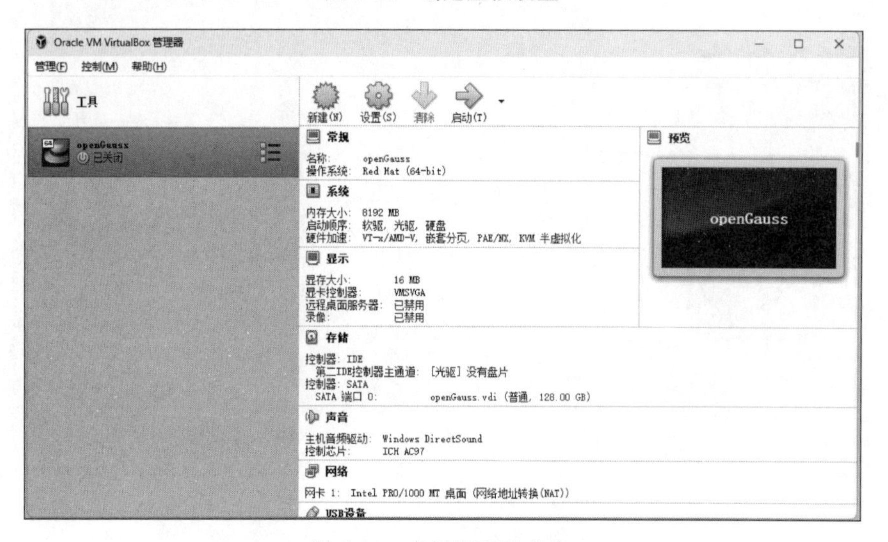

图 2-14 虚拟机配置成功

图 2-15 启动虚拟机

在图 2-15 中，单击文件夹图标，进入虚拟光盘选择界面，如图 2-16 所示。

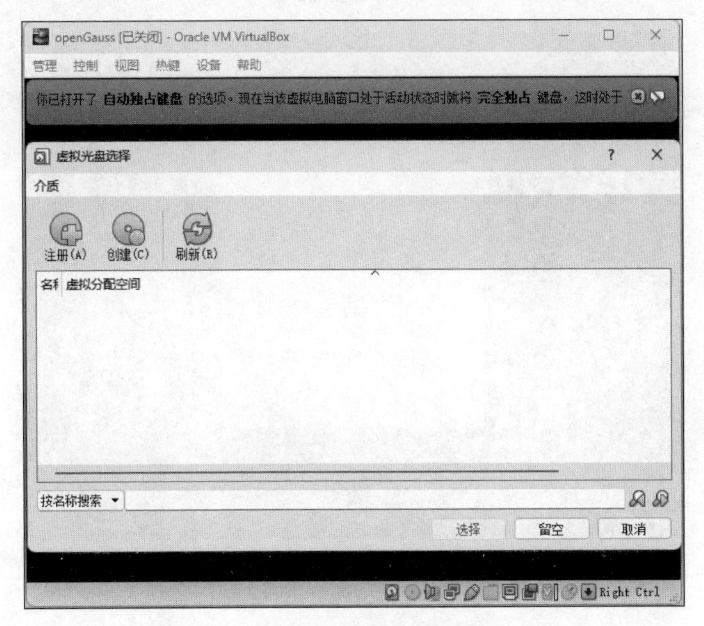

图 2-16 选择虚拟光盘

在图 2-16 中，单击“注册”按钮，选择镜像文件，如图 2-17 所示。

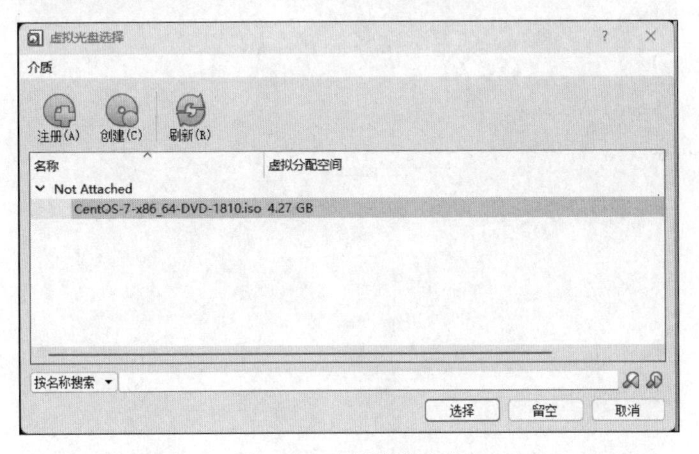

图 2-17 选择镜像文件

在图 2-17 中，单击“选择”按钮，选择对应的镜像之后会跳转到选择启动盘页面，如图 2-18 所示。

在图 2-18 中，单击“启动”按钮后，会进入 CentOS 7 安装界面，选择 Install CentOS 7 进行安装，如图 2-19 所示。

CentOS 7 在安装的过程中还需要进行配置，首先根据个人使用习惯选择安装的系统语言，这里建议选择英文操作系统，如图 2-20 所示。

然后分别设置系统时间、软件安装模式、系统安装目的地，如图 2-21 所示。

首先设置时间，单击 DATE&TIME，进入设置时间界面，Region 选择 Asia，City 选择 Shanghai，设置完成后单击 Done 按钮，如图 2-22 所示。

图 2-18 选择启动盘界面

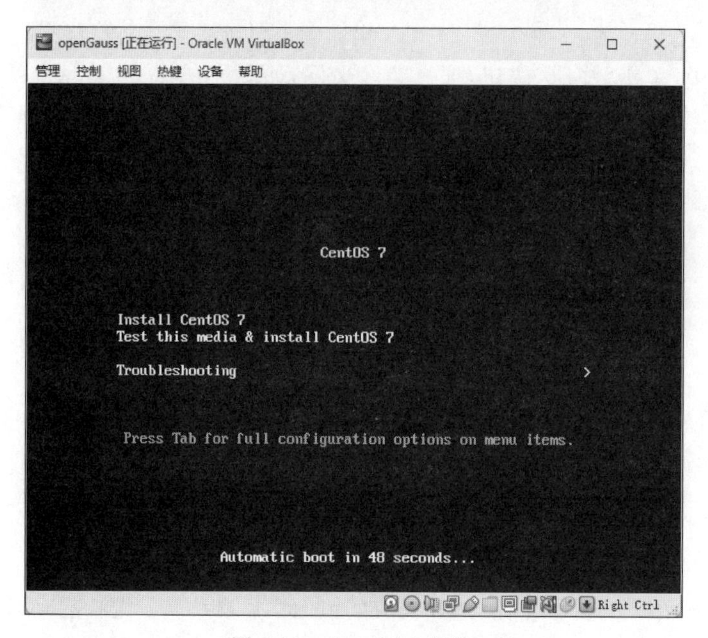

图 2-19 CentOS 7 安装

接下来设置系统安装模式，在 SOFTWARE SELECTION 中，选择 GNOME Desktop 进入桌面模式安装界面，设置完成后单击 Done 按钮，如图 2-23 所示。

最后设置安装路径，这里默认就可以，然后单击 Done 按钮，如图 2-24 所示。

以上三项设置完成后，返回到 INSTALLATION SUMMARY 界面，然后单击 Begin Installation 按钮开始安装，如图 2-25 所示。

安装完成后，分别设置 root 用户密码和普通用户，如图 2-26 所示。

首先设置 root 用户密码，如图 2-27 所示。

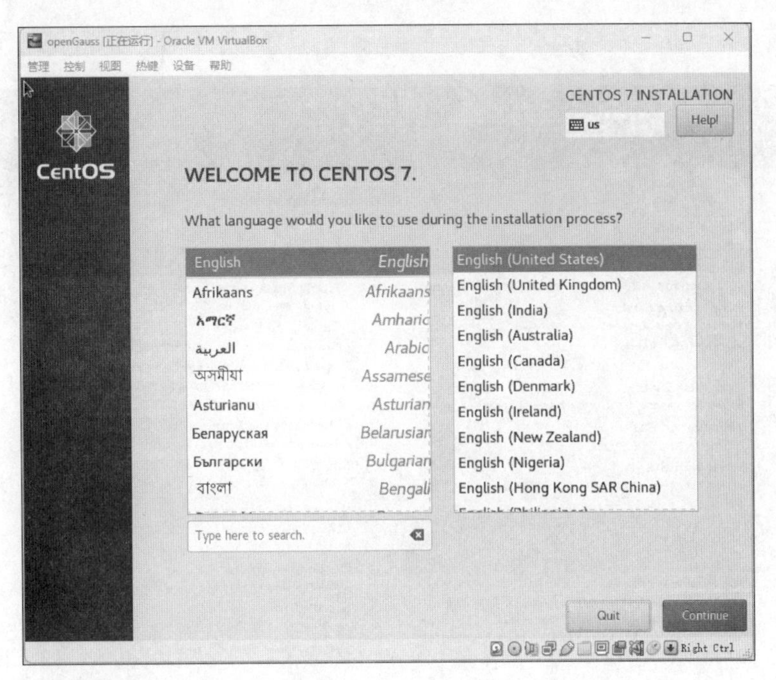

图 2-20 选择系统语言

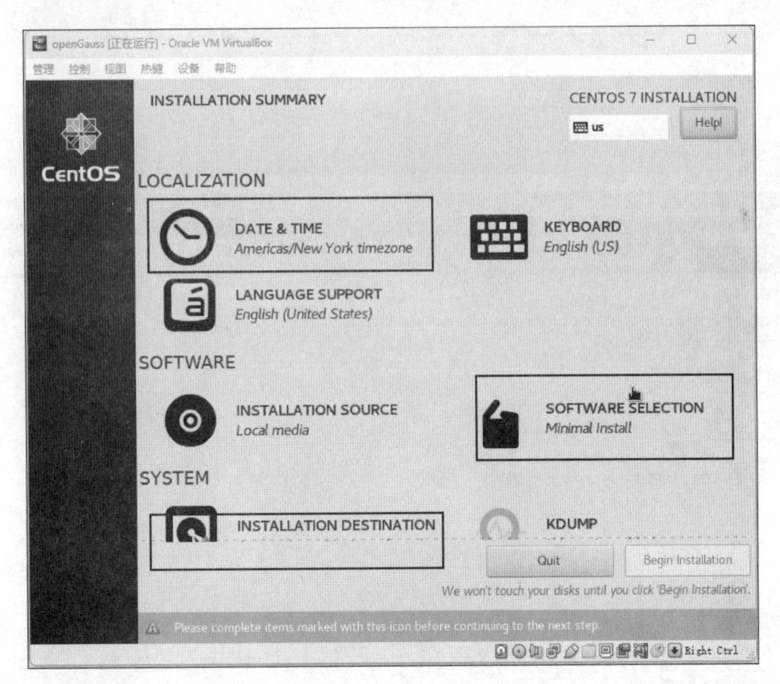

图 2-21 基础设置

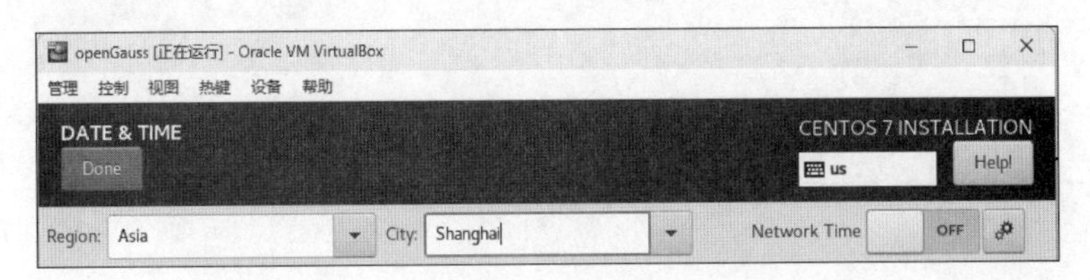

图 2-22 设置时间

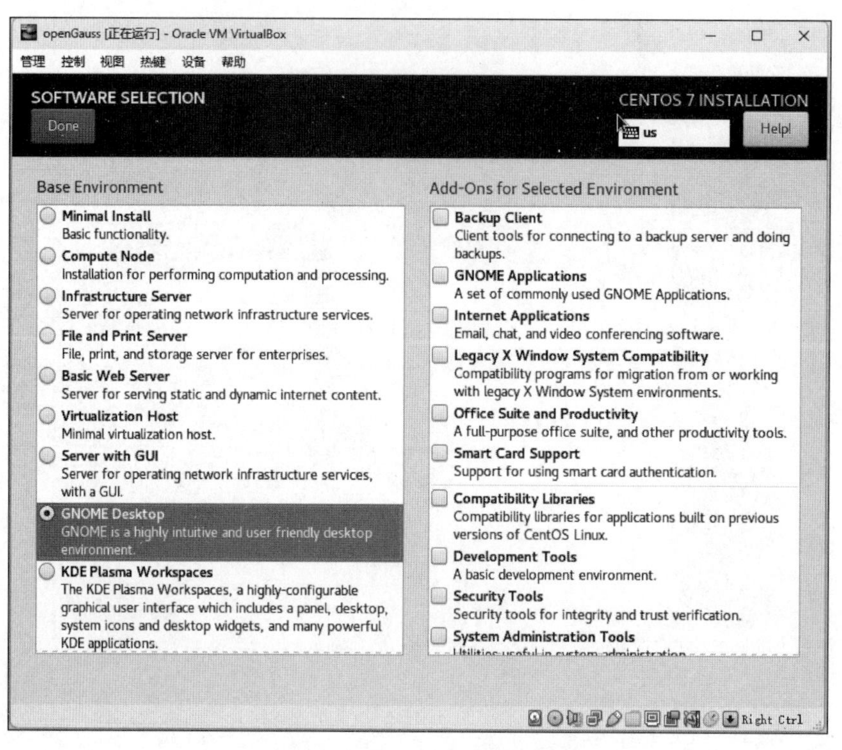

图 2-23 设置软件安装模式

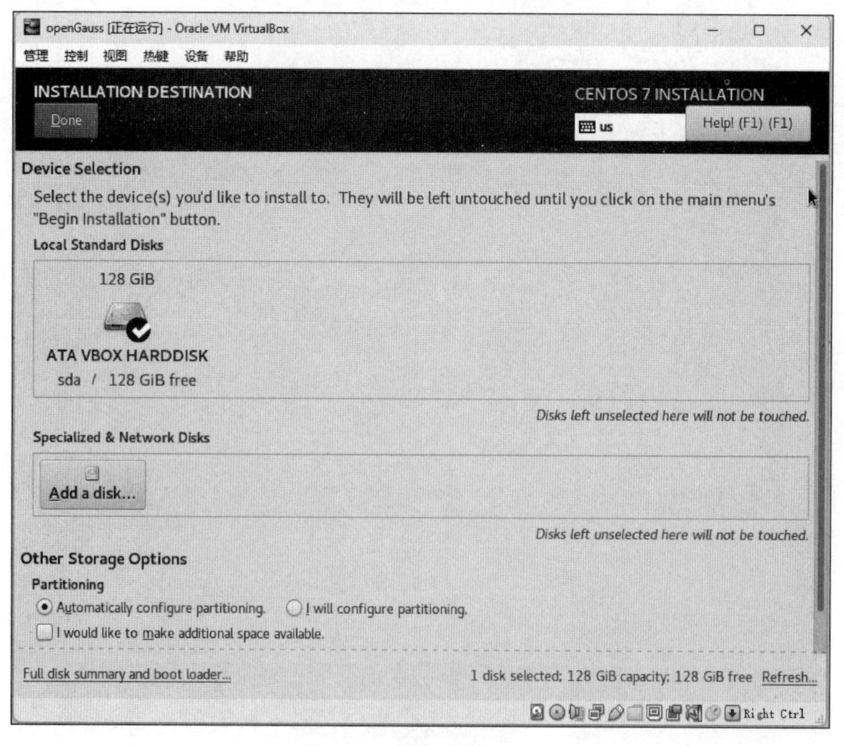

图 2-24 软件安装路径

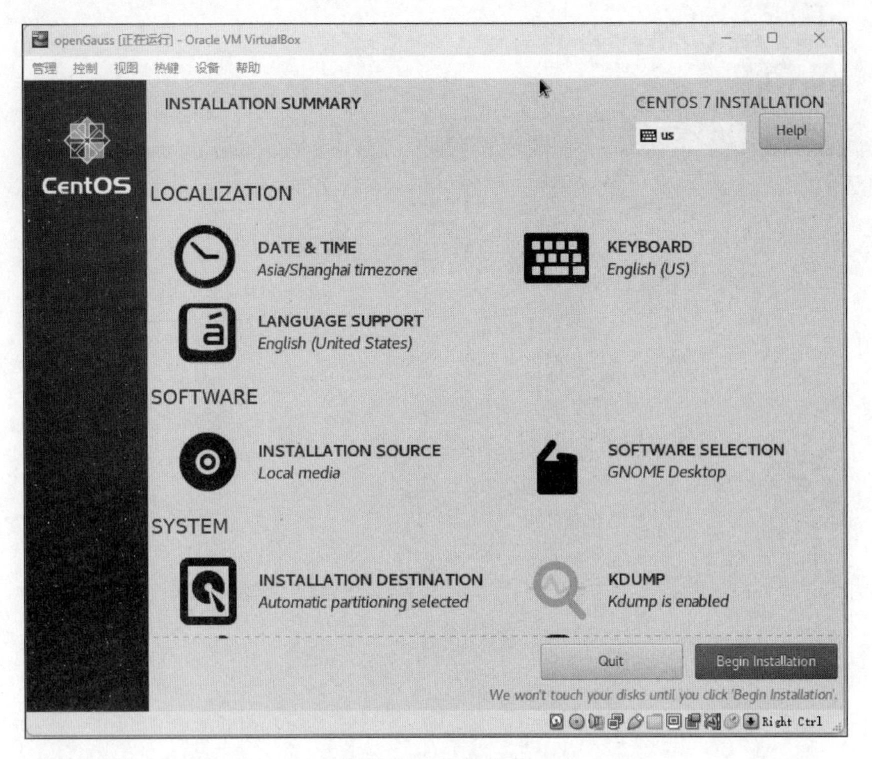

图 2-25　开始安装

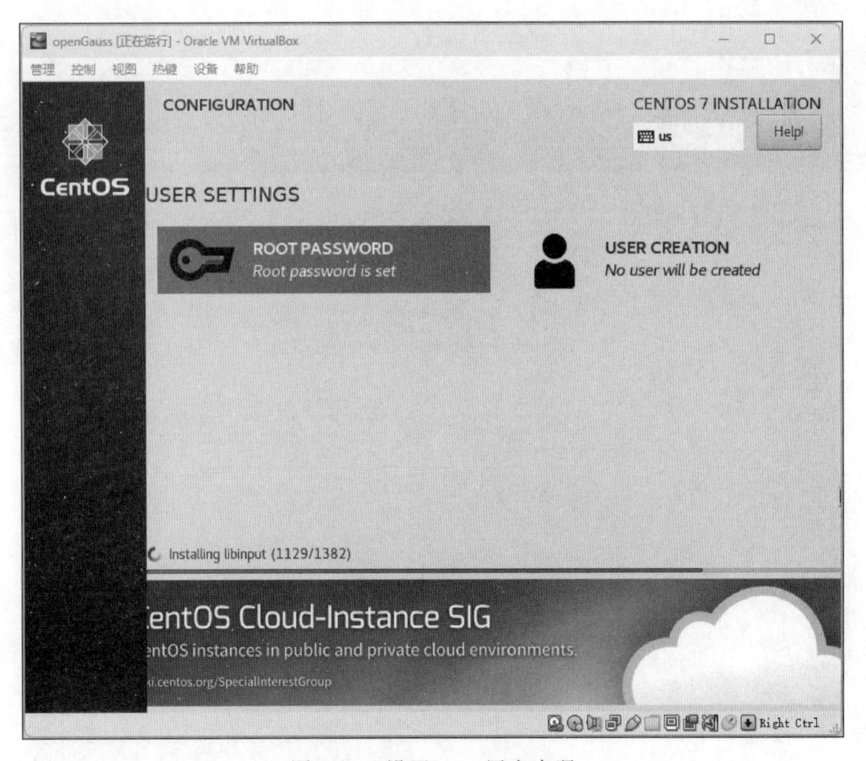

图 2-26　设置 root 用户密码

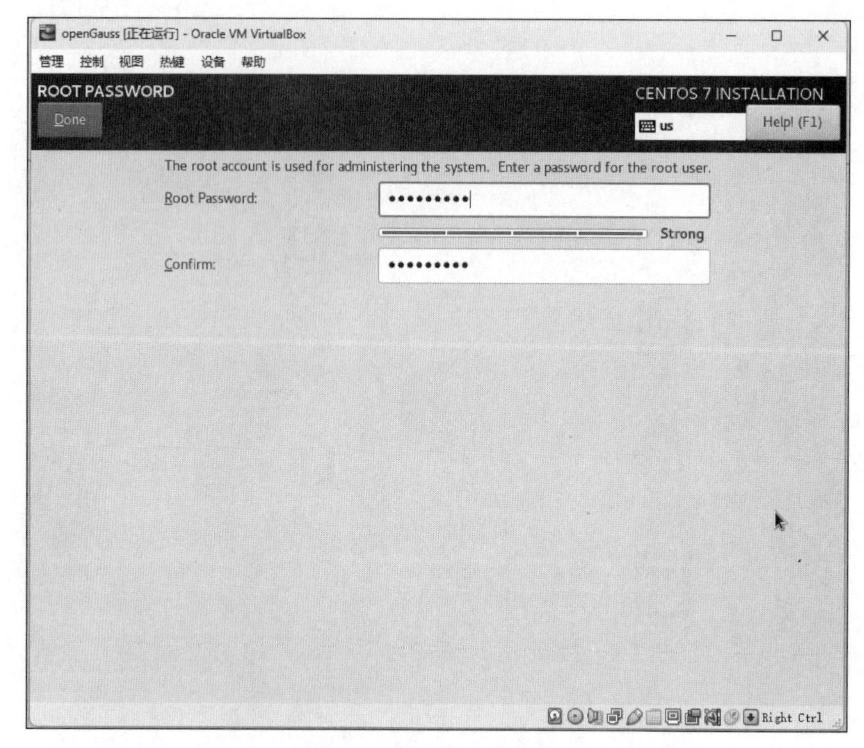

图 2-27　设置 root 用户密码

然后设置普通用户，如图 2-28 所示。

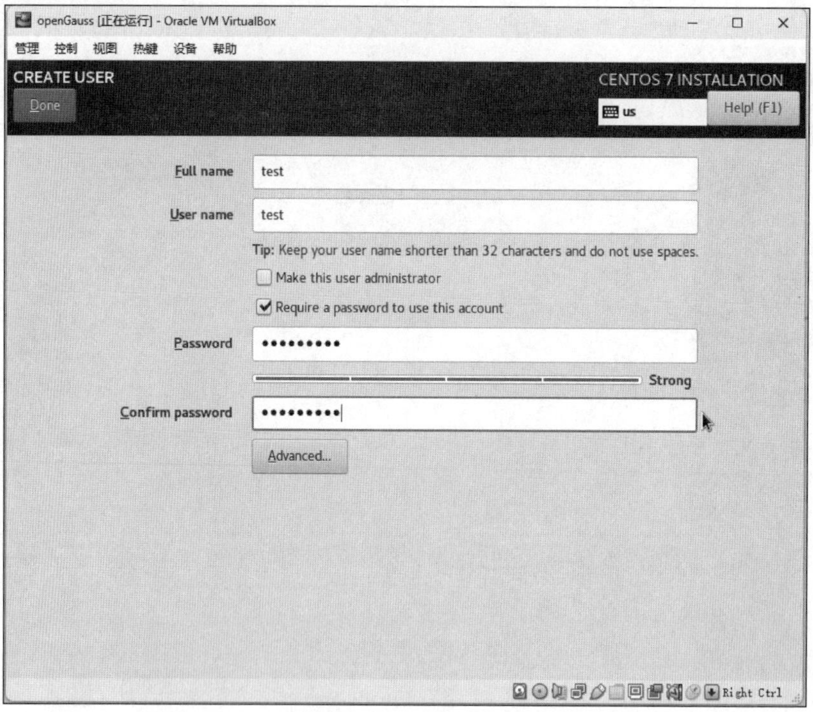

图 2-28　设置普通用户

配置完成 root 用户密码和普通用户后，单击 Finish configuration 按钮，如图 2-29 所示。

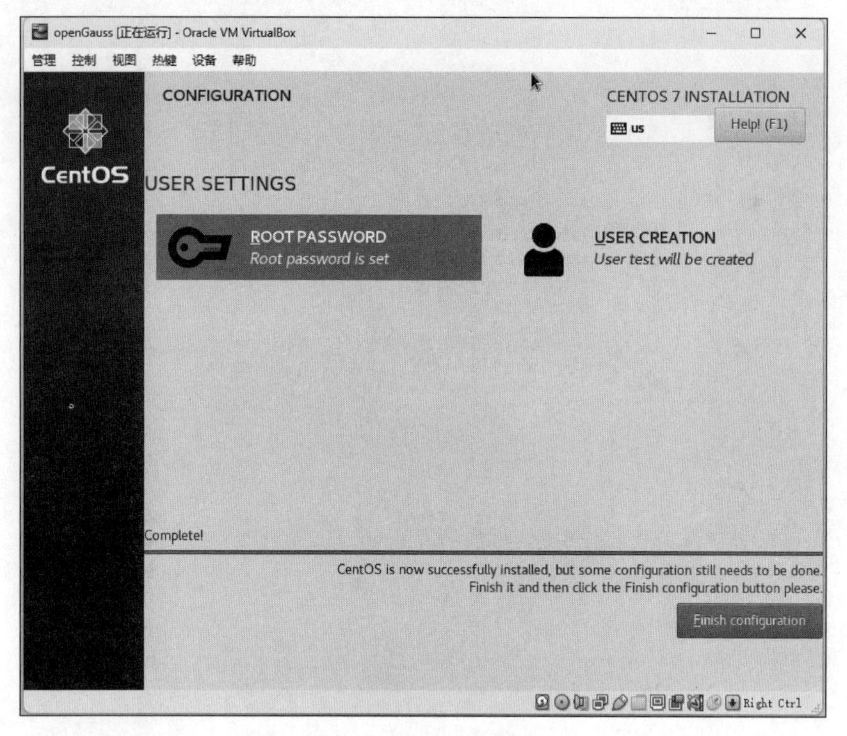

图 2-29 配置完成界面

最后，单击 Reboot 按钮重启系统，如图 2-30 所示。

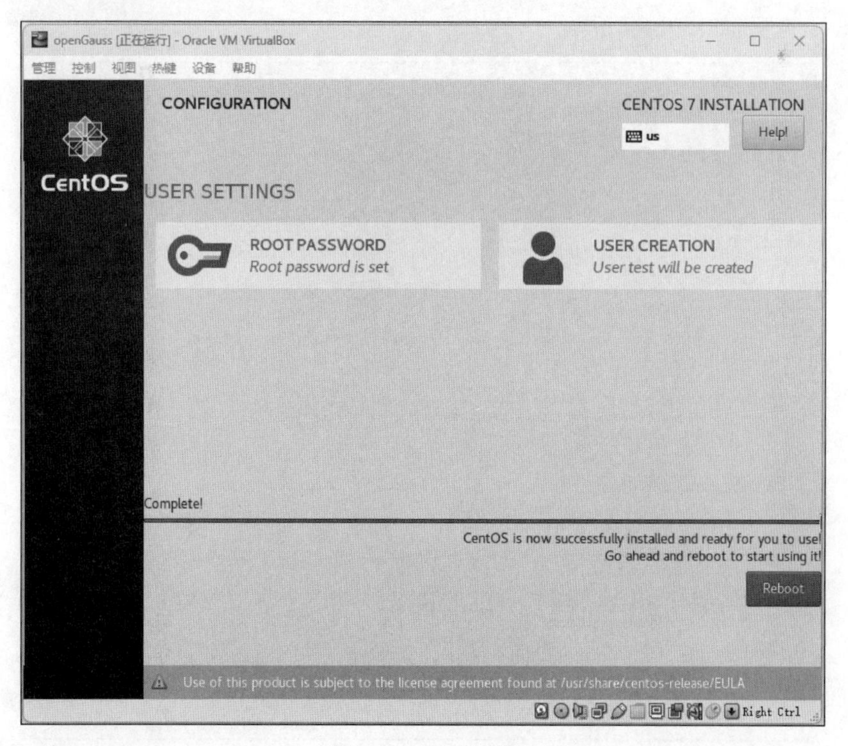

图 2-30 重启系统

然后进行 LICENSING 认证，如图 2-31 所示。

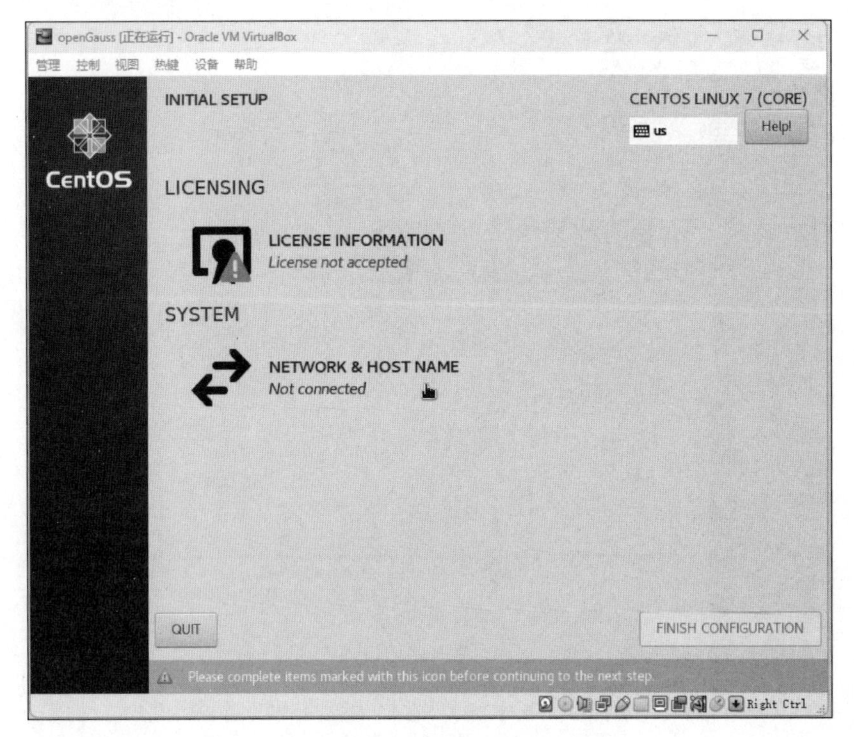

图 2-31　进行 LICENSING 认证

单击 LICENSING 图标，进入 LICENSING 认证许可界面，勾选 I accept the license agreement 复选框，如图 2-32 所示。

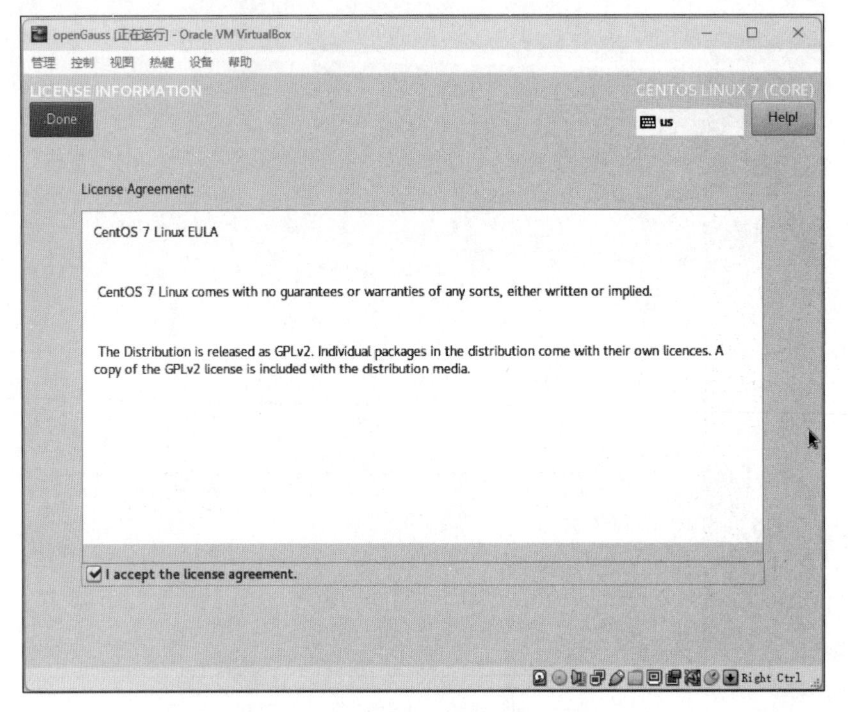

图 2-32　LICENSING 认证许可界面

LICENSING 认证许可配置完成后，单击 FINSH CONFIGURATION 按钮即可完成配置，如图 2-33 所示。

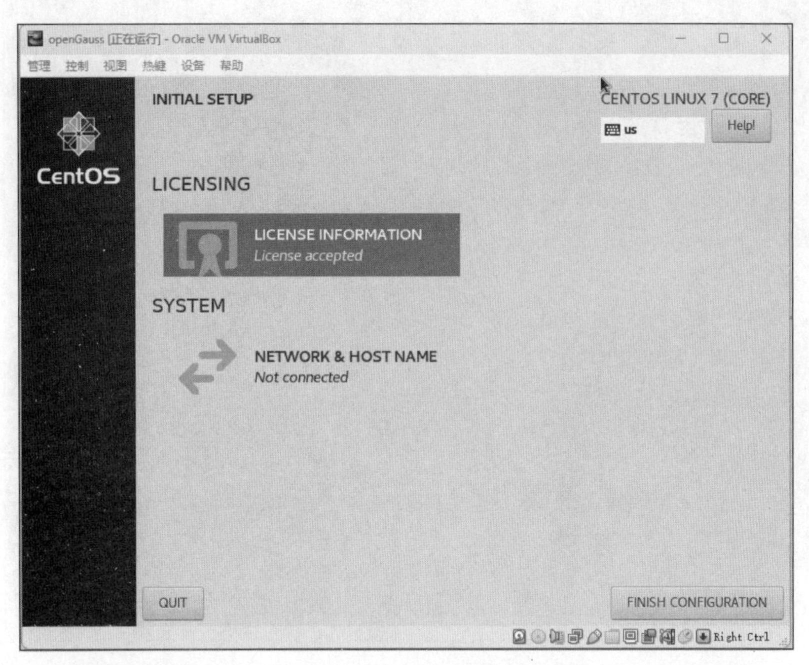

图 2-33　完成配置

4. CentOS 系统的安装验证

重启 Linux 系统后，进入登录界面，输入用户名(root)和密码。单击 Not listed?，如图 2-34 所示。

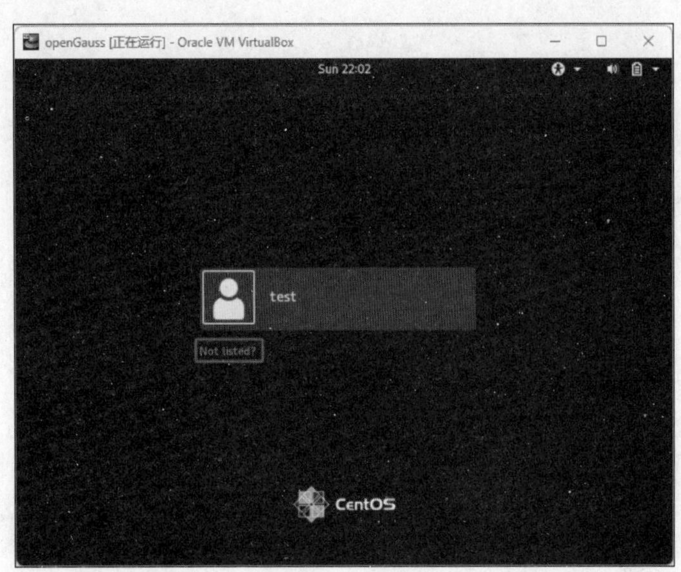

图 2-34　用户登录

在 Username 文本框中输入用户名“root”，如图 2-35 所示。

输入 root 用户的密码(QAZWSX#@!)，单击 Sign In 按钮进行登录，如图 2-36 所示。

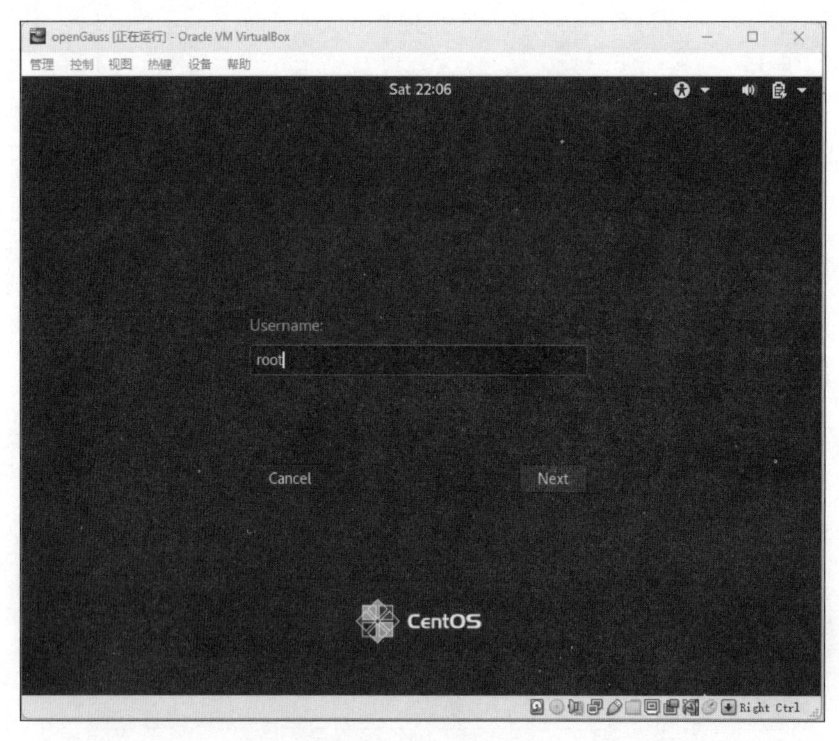

图 2-35 输入用户名

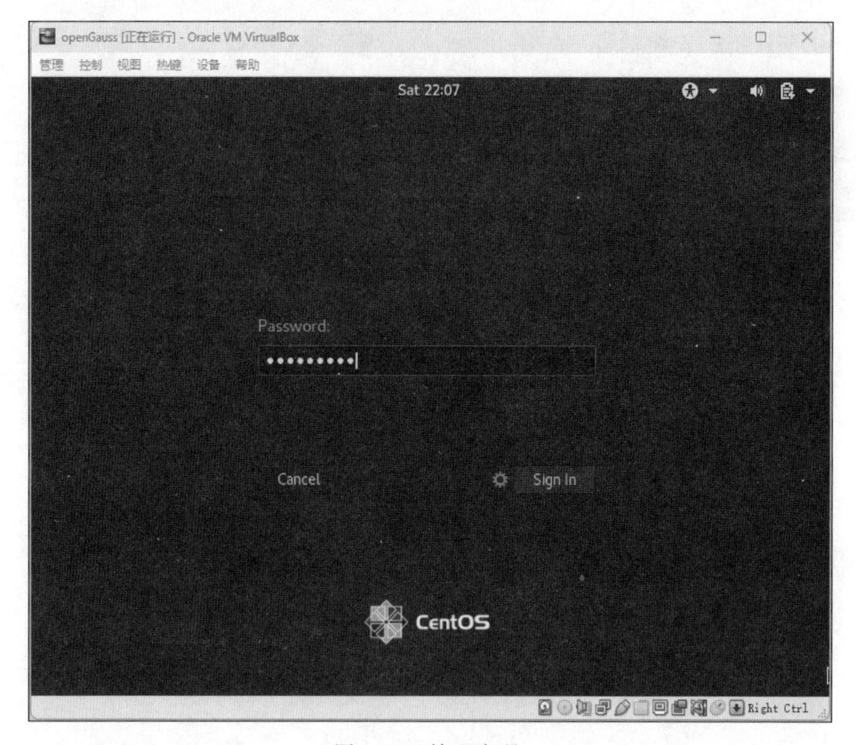

图 2-36 输入密码

然后就会进入系统初始化界面，首先选择语言环境，为了操作的方便，这里选择English，如图 2-37 所示。

图 2-37 选择语言

接下来选择键盘模式，如图 2-38 所示。

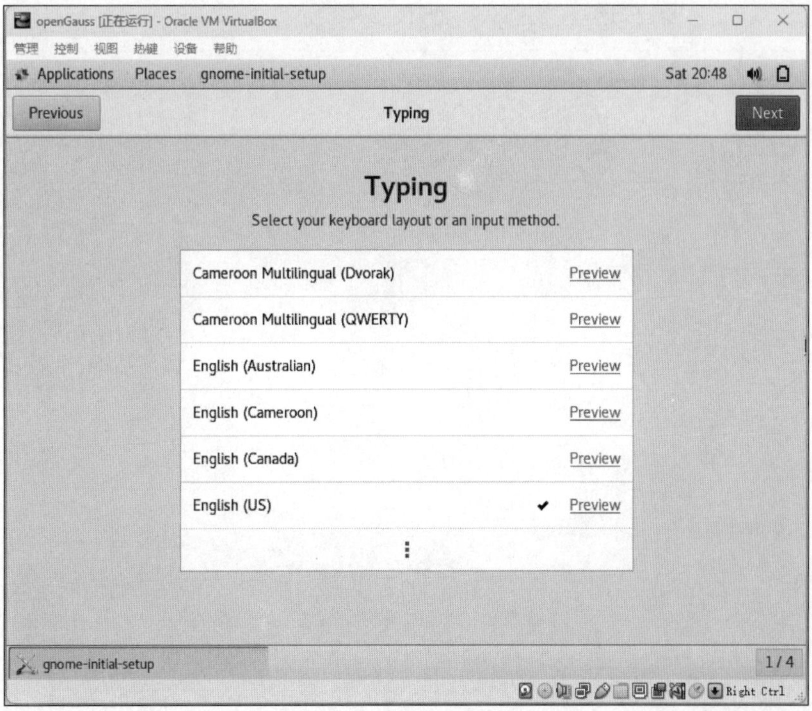

图 2-38 选择键盘模式

接下来进入隐私设置界面，这里默认即可，如图 2-39 所示。

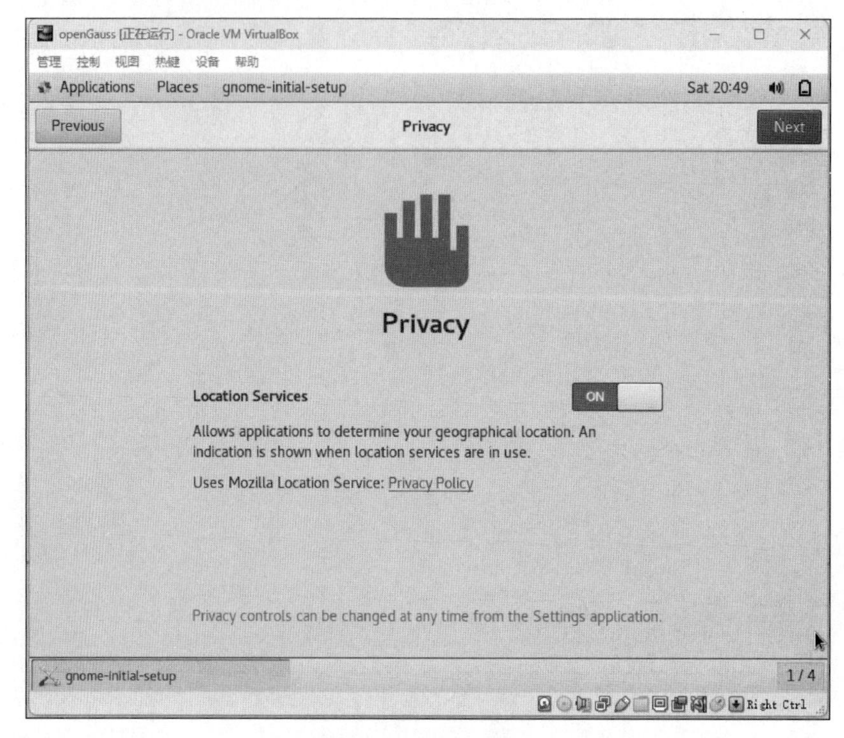

图 2-39 隐私设置

接下来选择线上账户，这里跳过即可，如图 2-40 所示。

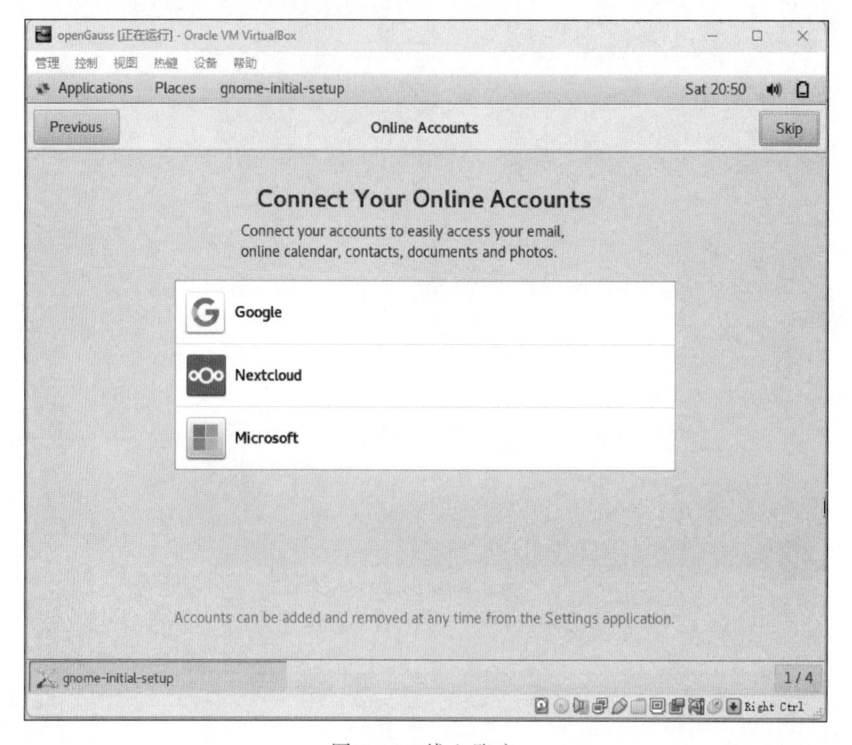

图 2-40 线上账户

然后进入准备启动界面，如图 2-41 所示。

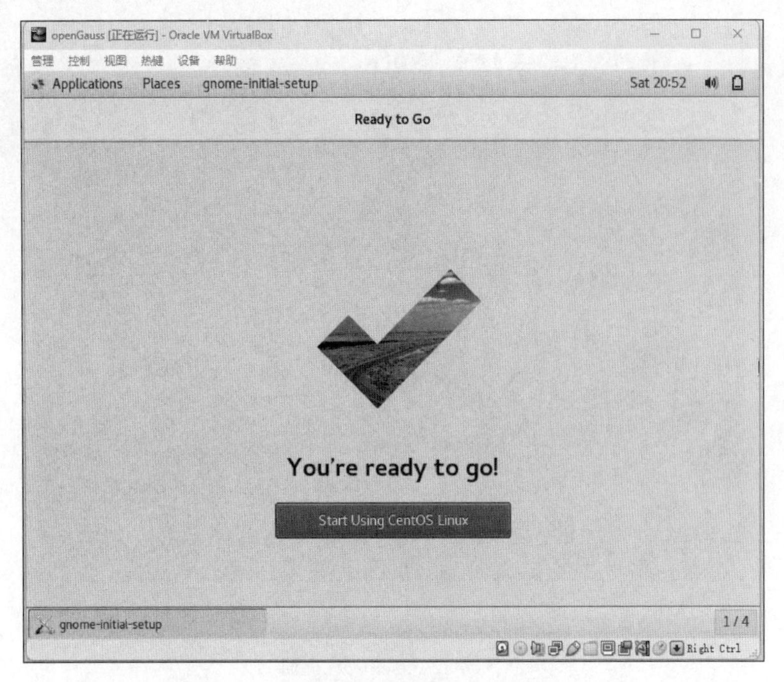

图 2-41 准备启动界面

单击 Start Using CentOS Linux 按钮，进入 CentOS 启动界面，如图 2-42 所示。

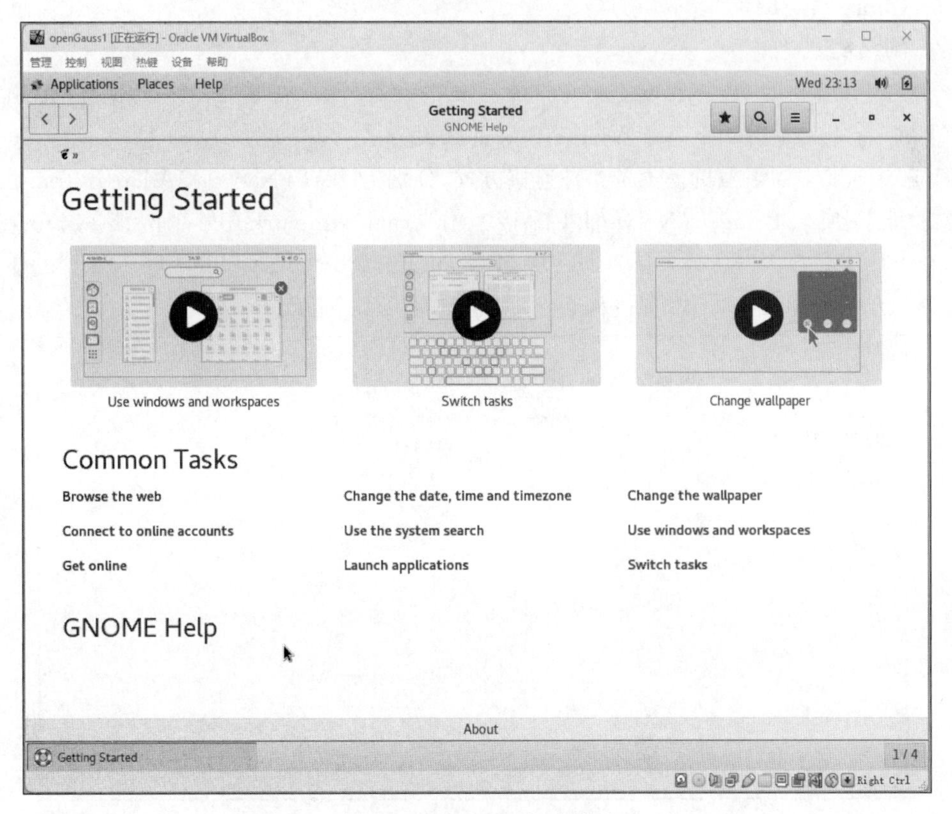

图 2-42 CentOS 启动界面

单击“关闭”按钮，将启动界面关闭后，就会看到CentOS系统界面，如图2-43所示。

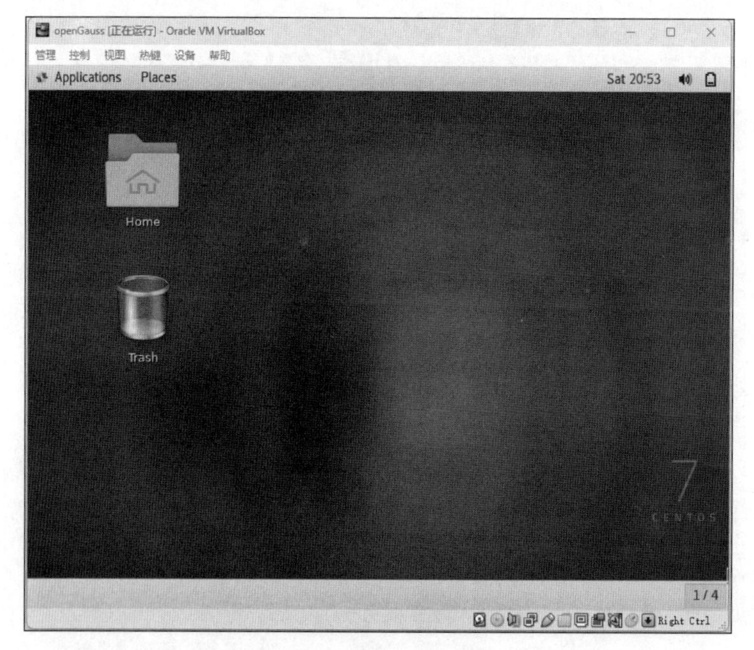

图2-43 CentOS桌面

至此，CentOS系统安装完成。

5. Linux系统配置

1）网络配置

在使用计算机时，能够联网是一个非常重要的操作，所以在装完系统后的第一步操作便是能上网，首先来了解一下基于VirtualBox的联网方式。

VirtualBox中为虚拟机提供了4种连接方式，分别为NAT（Network Address Translation，网络地址转换）、Bridged Network（桥接）、Internal Network（内部网络）、Host-Only Adapter（默认会在Windows中多出一块名为“VirtualBox Host-Only Network”的本地网卡），为了方便把Windows虚拟机称为宿主机，如图2-44所示。

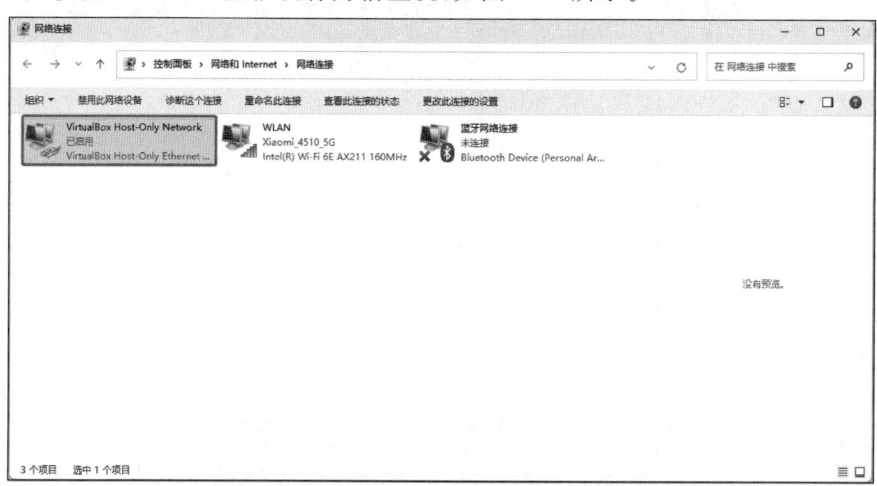

图2-44 网络连接

针对上述 4 种网络连接方式进行一个简要的对比，如表 2-4 所示。

表 2-4 网络连接方式对比

	NAT	Bridged Network	Internal Network	Host-Only Adapter
虚拟机→主机	√	√	×	默认不能访问
主机→虚拟机	×	√	×	默认不能访问
虚拟机→其他主机	√	√	×	默认不能访问
其他主机→虚拟机	×	√	×	默认不能访问
虚拟机→之间	×	√	通网络可以	√

经对比分析可以看出，Bridged Network 是最佳选项，它支持所有情况的访问，因此将网络连接方式改为 Bridged Network。

VirtualBox 默认的联网方式是 NAT，这里单击虚拟机中的“设备”→“选择网络”便会弹出 openGauss 设置对话框，在该对话框中，单击“网络”，将网络连接方式修改为“桥接网卡”，如图 2-45 所示。

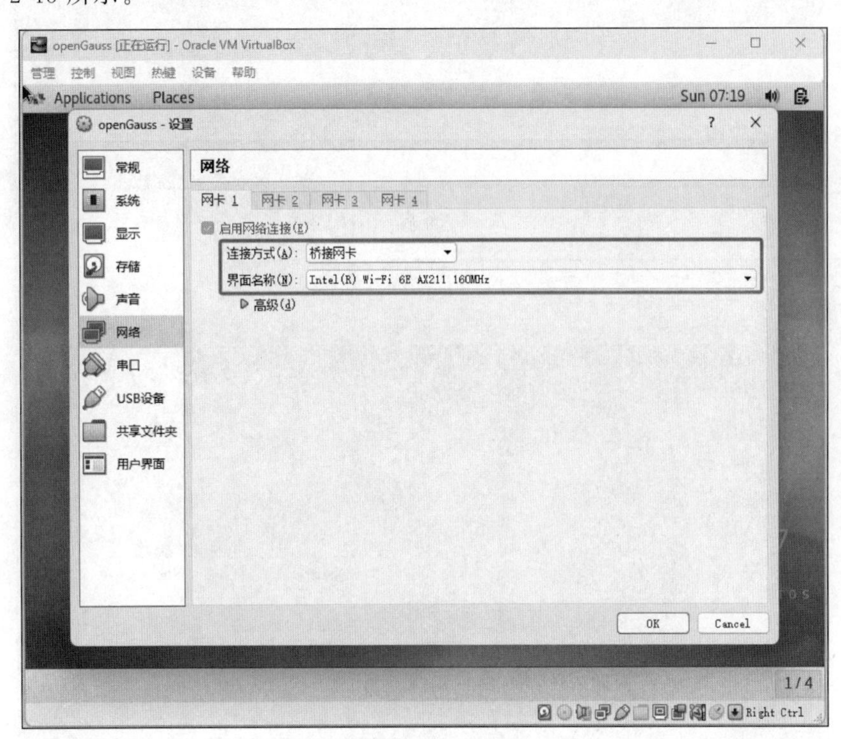

图 2-45 桥接的网络连接方式

然后在设置界面中，打开网络配置，如图 2-46 所示。

设置完成后，单击 Apply 按钮，然后到终端窗口中进行查看，在桌面上右击选择 Open Terminal，如图 2-47 所示。

上述命令执行完成后，再通过 ping 命令查看网络是否通畅，如果有数据返回则说明网络和主机连通了，这里以访问百度为例，在命令行终端输入如下命令。

```
1.    [root@localhost ~]# ping www.baidu.com
```

至此，虚拟机的网络连接配置完成。

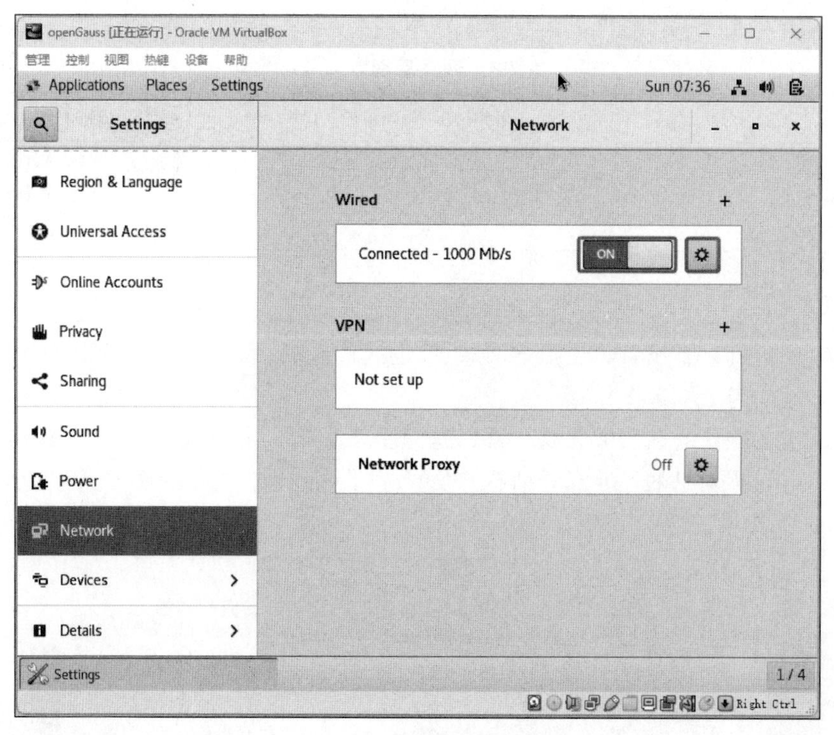

图 2-46 开启网络配置

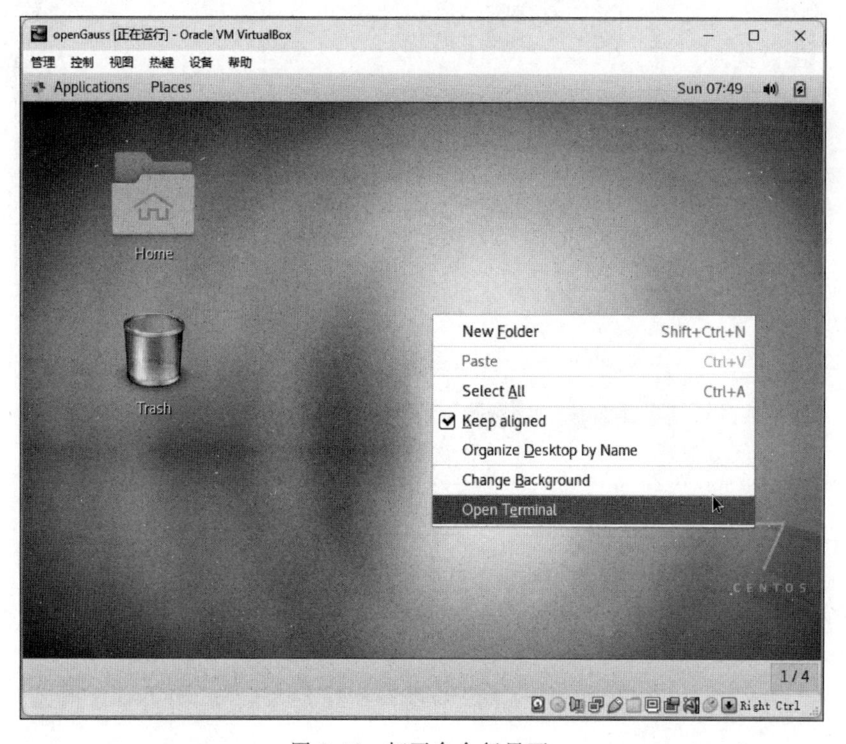

图 2-47 打开命令行界面

2）主机名修改

同样在上述设置对话框中，选中 Details 查看系统详细信息，如图 2-48 所示。

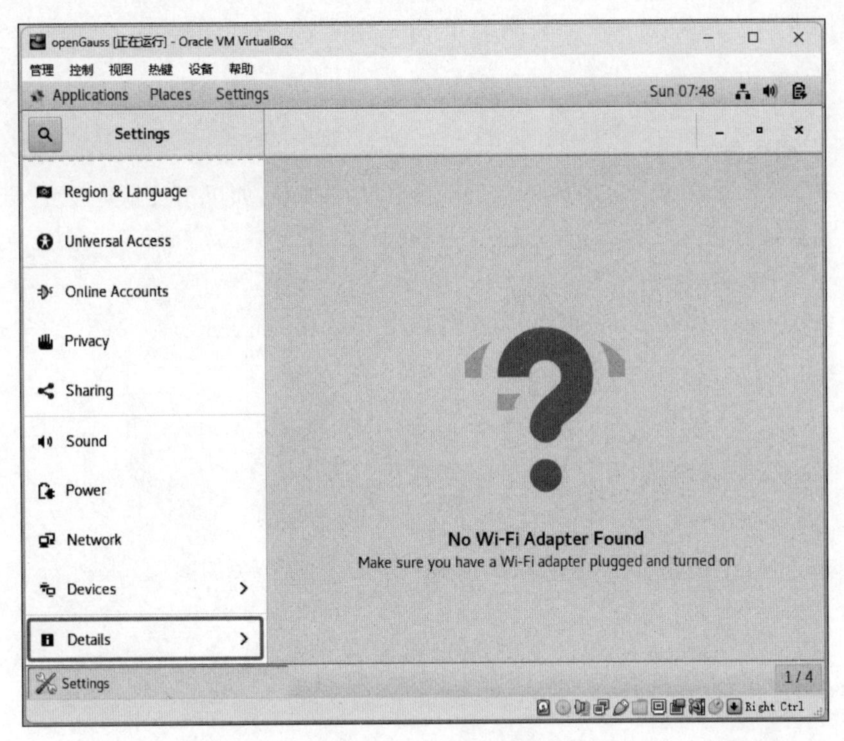

图 2-48 打开主机名修改界面

将图中的 Device name 修改成自己的主机名 open-gauss，如图 2-49 所示。

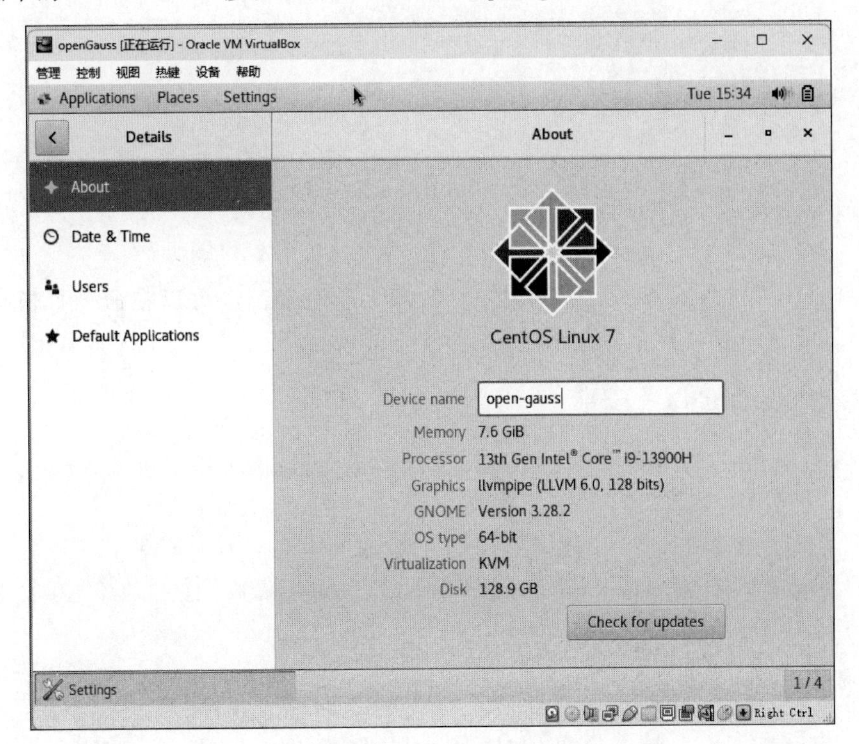

图 2-49 主机名修改界面

要想使主机名生效，首先要重启系统，然后在终端输入命令 hostname 查看结果。

```
1.    [root@open-gauss~]# hostname
2.    open-gauss
```

3）防火墙管理

在 CentOS 7.x 中默认使用的是 firewalld 作为防火墙，如果不关闭防火墙，会导致后续有些操作无法进行访问，因此在这里需要关闭防火墙。

（1）关闭防火墙。

```
1.    [root@open-gauss~]# systemctl stop firewalld.service
```

（2）禁止开机启动。

```
1.    [root@open-gauss~]# systemctl disable firewalld.service
```

（3）查看防火墙当前状态。

```
1.    [root@open-gauss~]# systemctl status firewalld
```

如果输出"Active：inactive (dead)"，则表示防火墙已经关闭。

4）关闭 selinux

修改/etc/selinux/config 中的 SELinux 参数为 SELINUX=disabled，这意味着禁用 Linux 系统中一个重要的安全模块。

```
1.    [root@open-gauss~]# vi /etc/selinux/config
2.    # This file controls the state of SELinux on the system.
3.    # SELINUX= can take one of these three values:
4.    #     enforcing - SELinux security policy is enforced.
5.    #     permissive - SELinux prints warnings instead of enforcing.
6.    #     disabled - No SELinux policy is loaded.
7.    SELINUX=disabled
8.    # SELINUXTYPE= can take one of three values:
9.    #     targeted - Targeted processes are protected,
10.   #     minimum - Modification of targeted policy. Only selected processes are protected.
11.   #     mls - Multi Level Security protection.
12.   SELINUXTYPE=targeted
```

需要注意的是，重启系统之后才生效。可以手动重启，也可以在命令行窗口中输入 reboot 通过命令的方式进行重启。

2.2.2 openGauss 安装

根据 openGauss 的官网 https://opengauss.org/zh/download/可知，openGauss 社区版本分为长期支持版本和社区创新版本，如图 2-50 所示，具体如下。

- 长期支持版本（LTS）：规模上线使用，发布间隔周期为 1 年，提供 3 年社区支持。
- 社区创新版本（Preview）：联创测试使用，发布间隔周期为 1 年，提供 6 个月社区支持。

1. openGauss 下载

这里选择 x86_64 架构，基于 CentOS 7.6 适合教学与学习的 openGauss_5.0.1 极简版进行下载，下载地址为 https://opengauss.obs.cn-south-1.myhuaweicloud.com/5.0.1/x86/openGauss-5.0.1-CentOS-64bit.tar.bz2，如图 2-51 所示。

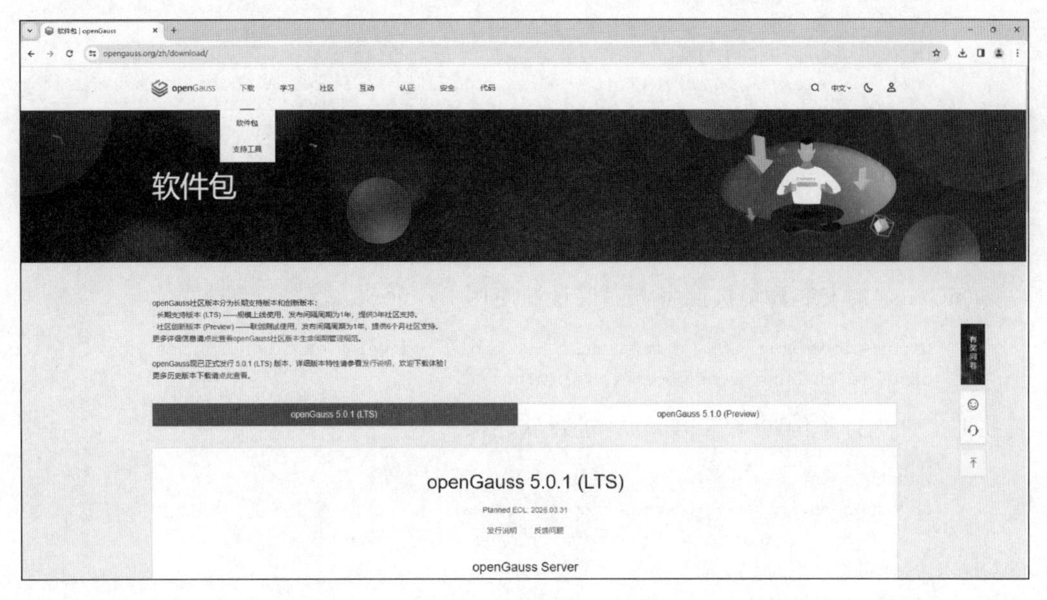

图 2-50 openGauss 版本

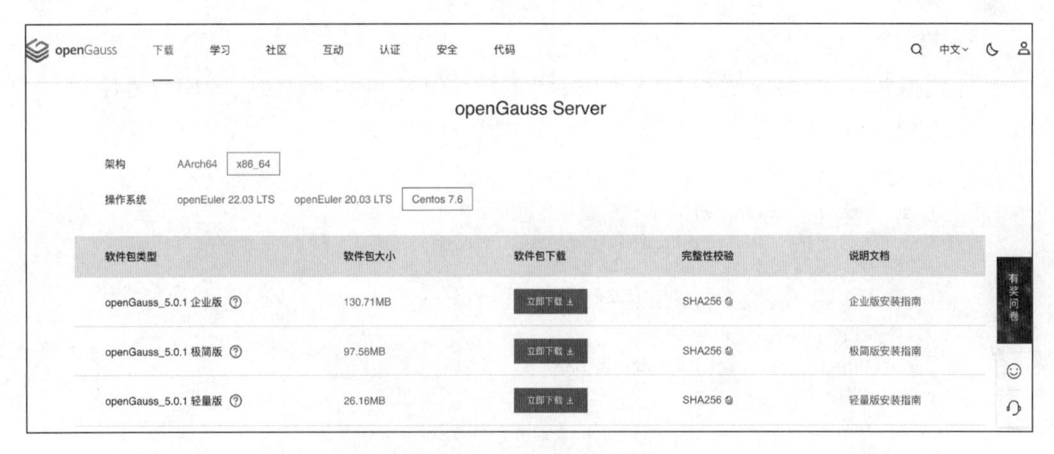

图 2-51 openGauss 下载

然后在命令行窗口中下载 openGauss 5.0，具体命令如下。

```
1.    [root@open-gauss~]#
      wget https://opengauss.obs.cn-south-1.myhuaweicloud.com/5.0.1/x86/openGauss-5.0.1-CentOS-64bit.tar.bz2
```

2. openGauss 安装

1）openGauss 环境配置

（1）修改 yum 源。

CentOS 的 yum 源默认为国外的，后续操作多用到 yum，因此这里建议替换为华为 yum 源，如不更换可能会出现 No package gs_ctl available. Error: Nothing to do 等问题。

```
1.    # 依次运行——创建官方备份源文件
2.    [root@open-gauss~]# mkdir /etc/yum.repos.d/bak
3.    # 将其进行移动
4.    [root@open-gauss~]# mv /etc/yum.repos.d/*.repo /etc/yum.repos.d/bak/
```

```
5.    # 下载华为源
6.    [root@open - gauss~]#
7.    wget - O /etc/yum.repos.d/CentOS - Base.repo https://repo.huaweicloud.com/repository/
      conf/CentOS - 7 - reg.repo
8.    # 清除原缓存并生成新缓存
9.    [root@open - gauss~]# yum clean all
10.   [root@open - gauss~]# yum makecache
```

(2) Python 3 安装。

openGauss 的安装环境按照官方建议最好使用 Python 3.6.x。

```
1.    [root@localhost ~]# yum install - y libaio - devel flex bison ncurses - devel glibc.
      devel patch lsb_release openssl * python3
```

将旧文件进行备份,并将 Python 3 进行软连接。

```
1.    [root@open - gauss~]# cd /usr/bin/
2.    [root@open - gauss~]# mv python python.bak
3.    [root@open - gauss~]# ln - s python3 /usr/bin/python
4.    # 查看版本
5.    [root@root@open - gauss bin]# python - V
6.    Python 3.6.8
```

(3) 设置字符集。

将各数据库节点的字符集设置为相同的字符集,可以在/etc/profile 文件中添加"export LANG=en_US.UTF-8",指定编码方式为 UTF-8。

```
1.    # 设置字符集
2.    [root@open - gauss bin] cd ~
3.    [root@open - gauss ~]# echo "export LANG = en_US.UTF - 8" >> /etc/profile
4.    # 使配置生效
5.    [root@open - gauss ~]# source /etc/profile
6.    # 查看变量 LANG 是否生效
7.    [root@open - gauss ~]# echo $ LANG
8.    en_US.UTF - 8
```

(4) 关闭交换内存。

关闭 swap 交换内存是为了保障数据库的访问性能,避免把数据库的缓冲区内存淘汰到磁盘上。如果服务器内存比较小,内存过载时,可打开 swap 交换内存保障正常运行。

```
1.    [root@open - gauss ~]# swapoff - a
```

2) openGauss 安装

openGauss 下载完就做好了准备工作,接下来创建 openGauss 的操作用户和授权。

(1) 创建/opt/modules/open-gauss 目录。

```
1.    [root@open - gauss ~]# mkdir - p /opt/modules/open - gauss
```

(2) 创建 open-gauss 用户组和用户名。

```
1.    [root@open - gauss ~]# groupadd open - gauss
2.    [root@open - gauss ~]# useradd - g open - gauss - d /home/open - gauss open - gauss
3.    [root@open - gauss ~]# echo "gauss" | passwd -- stdin open - gauss
4.    Changing password for user open - gauss.
5.    passwd:all authentication tokens updated successfully.
```

(3) 解压软件到/opt/modules/open-gauss。

```
1.    [root@open-gauss ~]# tar -xjvf openGauss-5.0.1-CentOS-64bit.tar.bz2 -C /opt/modules/open-gauss
```

需要注意的是,这里需要使用 xjvf 命令进行解压缩,因为 j 表示通过 bzip2 解压缩文件。

(4) 指定/opt/modules/open-gauss 目录用户组和用户。

```
1.    # 指定用户组和用户
2.    [root@open-gauss ~]# chown -R open-gauss:open-gauss /opt/modules/open-gauss
3.    # 查看
4.    [root@open-gauss ~]# cd /opt/modules/
5.    [root@open-gauss modules]# ll
6.    total 0
7.    drwxr-xr-x. 9 open-gauss open-gauss 118 Mar 6 00:33 open-gauss
```

(5) 配置 GAUSSHOME。

```
1.    [root@open-gauss ~]# cd ~
2.    # 配置环境变量
3.    [root@open-gauss ~]# echo "export GAUSSHOME=/opt/modules/open-gauss" >> /etc/profile
4.    [root@open-gauss ~]# echo "export LD_LIBRARY_PATH=\$GAUSSHOME/lib:\$LD_LIBRARY_PATH">> /etc/profile
5.    [root@open-gauss ~]# echo "export PATH=\$GAUSSHOME/bin:\$PATH">> /etc/profile
6.    # 使之生效
7.    [root@open-gauss ~]# source /etc/profile
```

3) openGauss 初始化

(1) 切换到 open-gauss 用户。

```
1.    [root@open-gauss ~]# cd /opt/modules/
2.    [root@open-gauss modules]# su open-gauss
3.    [open-gauss@open-gauss modules]$ pwd
4.    /opt/modules
```

(2) 初始化数据库。

```
1.    [open-gauss@open-gauss modules]$ cd /opt/modules/open-gauss/
2.    [open-gauss@open-gauss open-gauss]$ ll
3.    total 16
4.    drwxr-xr-x. 2 open-gauss open-gauss 4096 Dec 15 20:31 bin
5.    drwxr-xr-x. 3 open-gauss open-gauss   22 Dec 15 20:31 etc
6.    drwxr-xr-x. 3 open-gauss open-gauss   24 Dec 15 20:31 include
7.    drwxr-xr-x. 4 open-gauss open-gauss   95 Dec 15 20:31 jre
8.    drwxr-xr-x. 5 open-gauss open-gauss 4096 Dec 15 20:31 lib
9.    drwxr-xr-x. 5 open-gauss open-gauss   53 Dec 15 20:31 share
10.   drwxr-xr-x. 2 open-gauss open-gauss   78 Dec 15 20:31 simpleInstall
11.   -rw-r--r--. 1 open-gauss open-gauss   32 Dec 15 20:31 version.cfg
12.   # 一键式脚本安装
13.   [open-gauss@open-gauss open-gauss]$ cd simpleInstall/
14.   # 指定端口为 26000
```

需要注意的是,如果在操作过程中遇到错误,可以进行如下处理。

```
1.    [open-gauss@open-gauss simpleInstall]# su root
2.    #输入 root 密码切换至 root 用户
```

```
3.    [root@open-gauss]# sysctl -w kernel.sem="250 85000 250 330"
4.    kernel.sem = 250 85000 250 330
5.    #再切换回 open-gauss 用户
6.    [open-gauss@open-gauss simpleInstal]# su open-gauss
```

执行初始化脚本。

```
1.    [open-gauss@open-gauss simpleInstall]# sh install.sh -w open-gauss@321 -p 26000
2.    [step 1]: check parameter
3.    [step 2]: check install env and os setting
4.    [step 3]: change_gausshome_owner
5.    [step 4]: set environment variables

6.    /home/open-gauss/.bashrc: line 16: ulimit: open files: cannot modify limit: Operation
      not permitted
7.    [step 6]: init datanode
8.    The files belonging to this database system will be owned by user "open-gauss".
9.    This user must also own the server process.
10.
11.   The database cluster will be initialized with locale "en_US.UTF-8".
12.   The default database encoding has accordingly been set to "UTF8".
13.   The default text search configuration will be set to "english".
14.
15.   creating directory /opt/modules/open-gauss/data/single_node ... ok
16.   creating subdirectories ... in ordinary occasionok
17.   creating configuration files ... ok
18.   selecting default max_connections ... 100
19.   selecting default shared_buffers ... 32MB
20.   Begin init undo subsystem meta.
21.   [INIT UNDO] Init undo subsystem meta successfully.
22.   ...
23.   [2024-03-06 00:54:18.267][25737][][gs_ctl]: done
24.   [2024-03-06 00:54:18.267][25737][][gs_ctl]: server started (/opt/modules/open-
      gauss/data/single_node)
25.   import sql file
26.   #注意这里需要输入 no
27.   Would you like to create a demo database (yes/no)?no
```

至此，openGauss 数据库就安装完成了。

2.2.3 openGauss 服务启停

在 openGauss 中，服务的启动和停止可以通过执行相应的命令来完成。以下是 openGauss 服务的启停操作。由于上述初始化过程中已经把 openGauss 服务启动，这里先讲述如何查看 openGauss 服务。

1. 查看 openGauss 服务

```
1.    # 回到数据库目录
2.    [open-gauss@open-gauss simpleInstall]# cd ..
3.    #配置权限，让 gc_ctl 路径配置生效
4.    [open-gauss@open-gauss open-gauss]$ chmod 777 ~/.bashrc
5.    [open-gauss@open-gauss open-gauss]$ Source ~/.bashrc
6.    # 查看启动情况
7.    [open-gauss@open-gauss open-gauss]$ ps -ef | grep gauss
8.    open-ga+ 25740      1  1 00:54 ?        00:00:14 /opt/modules/open-gauss/bin/
      gaussdb -D /opt/modules/open-gauss/data/single_node
```

```
9.    root      26391 26349   0 01:07 pts/3     00:00:00 su open-gauss
10.   open-ga+  26498 26392   0 01:09 pts/3     00:00:00 grep --color=auto gauss
11.   # 查看前面配置的 26000 端口占用情况
12.   [open-gauss@open-gauss open-gauss]$ netstat -tunlp | grep 26000
13.   (Not all processes could be identified, non-owned process info
14.   will not be shown, you would have to be root to see it all.)
15.   tcp      0    0 127.0.0.1:26000        0.0.0.0:*            LISTEN      25740/gaussdb
1.    tcp6     0    0 ::1:26000              :::*                 LISTEN      25740/gaussdb
```

2. 停止 openGauss 服务

```
2.    [open-gauss@open-gauss open-gauss]$ gs_ctl stop -D $GAUSSHOME/data/single_node
      -Z single_node
3.    [2024-03-06 01:11:52.399][26671][][gs_ctl]: gs_ctl stopped ,datadir is /opt/
      modules/open-gauss/data/single_node
4.    waiting for server to shut down.... done
5.    server stopped
```

3. 启动 openGauss 服务

```
1.    [open-gauss@open-gauss open-gauss]$ gs_ctl start -D $GAUSSHOME/data/single_
      node -Z single_node
2.    [2024-03-06 01:09:15.535][26489][][gs_ctl]: gs_ctl started,datadir is /opt/
      modules/open-gauss/data/single_node
```

4. 重启 openGauss 服务

```
1.    [open-gauss@open-gauss open-gauss]$ gs_ctl restart -D $GAUSSHOME/data/single_
      node -Z single_node
```

需要注意的是,如果遇到有报错信息:error while loading share libraries: libssl.so1.1 就应该切换至 root,运行如下命令。

```
1.    [open-gauss@open-gauss open-gauss]$ su root
2.    #输入 root 密码
3.    [root@open-gauss open-gauss]$ yum install libssl1.1
4.    #切换回 open-gauss
5.    [root@open-gauss open-gauss]$ su open-gauss
```

需要注意的是,在生产环境中,建议使用数据库管理员权限执行这些操作,以确保正确的配置和操作。同时记得要备份重要的数据库数据。

2.2.4 openGauss 远程连接

在使用 openGauss 数据库时,首先要连接到数据库才能够对数据库进行操作,连接数据库分为两种:本地连接和远程连接。

1. 本地连接

在命令行窗口中,通过 gsql 工具连接数据库。

```
1.    [open-gauss@open-gauss open-gauss]$ gsql -p 26000 -d postgres -U open-gauss
      -W open-gauss@321
```

其中,postgres 是 openGauss 默认的数据库,26000 是 openGauss 默认的端口号,open-gauss 是用户名,密码是 open-gauss@321。输入完成以后便可以登录数据库。

2. 远程连接

在使用 openGauss 数据库时,远程连接是一个常见的需求,特别是在分布式系统或当数据库服务器和客户端在不同物理位置时。

openGauss 要完成远程连接，需要修改配置文件和新建一个非管理员用户才可以进行远程连接访问，接下来修改配置文件。

1）修改 pg_hba.conf 文件

远程连接需要修改密码加密方式为 md5。

```
1.    [open-gauss@open-gauss open-gauss]$ vi /opt/modules/open-gauss/data/single_node/pg_hba.conf
2.    host all all 0.0.0.0/0 md5
```

2）修改 postgresql.conf 文件

```
1.    [open-gauss@open-gauss open-gauss]$ vi /opt/modules/open-gauss/data/single_node/postgresql.conf
2.    password_encryption_type = 0
3.    Listen_addresses = '*'
4.    local_bind_address = '0.0.0.0'
```

上述命令中，password_encryption_type 用于设置数据库的密码加密类型，取值范围为 0、1、2、3。0 表示采用 md5 方式对密码加密；1 表示采用 sha256 和 md5 两种方式分别对密码加密；2 表示采用 sha256 方式对密码加密；3 表示采用 sm3 方式对密码加密；Listen_addresses 用于配置数据库服务器监听的网络地址。设置为'*'表示接收来自任何 IP 地址的连接，这使得数据库能从任何网络接口接收连接请求。这在多网卡环境中尤为有用，也便于远程访问。local_bind_address 用于声明当前节点连接 openGauss 其他节点绑定的本地 IP 地址。

3）重启数据库

```
1.    [open-gauss@open-gauss open-gauss]$ gs_ctl restart -D $GAUSSHOME/data/single_node -Z single_node
```

4）服务端连接数据库

密码加密方式改为 md5 后，需要在命令行中，通过 gsql 工具把管理员的密码重新修改一下。

```
1.    [open-gauss@open-gauss open-gauss]gsql -d postgres -p 26000 -r
2.    ...
3.    openGauss=# alter role "open-gauss" PASSWORD 'open-gauss@3210';
```

注意，前面用户名用双引号，后面密码用单引号。

5）创建新用户

openGauss 不允许超级用户远程访问，所以需要创建一个新用户。

```
1.    openGauss=# create user testuser with password 'testpwd@123';
```

为了方便 testuser 用户后续对数据库操作，这里需要为 testuser 用户授权，赋予 testuser 系统管理员权限，否则无法创建新的数据库和数据表。

```
1.    openGauss=# grant all privileges to testuser;
```

然后用“\q”退出命令行，完成以上步骤就可以使用 Navicat 进行远程连接了。

需要注意的是，如果在后续使用数据库的过程中遇到 has group or world access 错误，显示 Permissions should be u=rwx(0700)错误，可以进行如下处理。

```
1.  #切换到 root 权限的用户,先把对应的文件夹给予用户,进入如下目录
2.  [root@open-gauss]# cd /opt/modules/open-gauss/
3.  [open-gauss@open-gauss open-gauss]# chown -R /opt/modules/open-gauss/
4.  #把 data 目前的所有文件及子目录文件权限改成 rwx(0700)
5.  [open-gauss@open-gauss open-gauss]# chmod -R 0700 data
6.  #重启 openGauss 数据库,问题解决
7.  [open-gauss@open-gauss open-gauss]$ gs_ctl restart -D $GAUSSHOME/data/single_
    node -Z single_node
```

2.2.5 openGauss 卸载

极简版本的卸载相对比较简单,停止服务之后,删除安装目录即可。

```
1.  # 停止服务
2.  [root@localhost ~]$ gs_ctl stop -D $GAUSSHOME/data/single_node -Z single_node
3.  # 删除安装目录
4.  [root@localhost ~]$ rm -rf /opt/modules/open-gauss
```

2.3 认证与连接

2.3.1 认证策略

在数据库管理系统中,认证策略是关键的安全组件之一。它定义了用户如何证明自己的身份以访问系统资源。对于 openGauss 数据库系统,实施有效的认证策略是确保数据安全和防止未授权访问的基础。openGauss 提供了多种认证策略,以确保数据库的安全性。以下是一些常见的 openGauss 认证策略。

1. 密码认证

(1) 用户需要提供正确的用户名和密码才能连接到数据库。

(2) 可以设置密码复杂性规则,如密码长度、字符类型等,以增强密码的安全性。

(3) 支持密码锁定机制,防止暴力破解。

2. Kerberos 认证

(1) openGauss 支持使用 Kerberos 进行用户身份验证,通过票据系统实现单点登录(Single Sign-On)。

(2) 这种方式适用于企业环境,特别是对于那些已经使用 Kerberos 的组织。

3. LDAP 认证

(1) openGauss 可以集成 LDAP(轻量级目录访问协议)进行用户身份验证。

(2) 通过与 LDAP 集成,可以将用户认证和授权的管理从数据库外部进行集中管理。

4. GSSAPI 认证

GSSAPI(Generic Security Services Application Program Interface)是一种通用的安全服务 API,openGauss 支持使用 GSSAPI 进行身份验证。

5. RADIUS 认证

openGauss 支持 RADIUS(远程身份验证拨号用户服务)认证,通过与 RADIUS 服务器集成,可以实现远程用户的身份验证。

6. 智能卡认证

openGauss 支持使用智能卡进行身份验证，通过智能卡上的证书来验证用户身份。

这些认证策略可以根据实际需求进行组合使用，以建立多层次的安全防线。

2.3.2 连接方式

连接到 openGauss 数据库通常可以使用以下几种方式。

1. 命令行工具

使用命令行工具连接到 openGauss 数据库是最基本的方式之一。openGauss 提供了命令行客户端工具，例如 gsql，可以使用该工具执行 SQL 查询和管理数据库。

2. 图形化用户界面工具

使用图形化用户界面（Graphical User Interface，GUI）工具来连接和管理 openGauss 数据库。一些常用的 GUI 工具包括 DBeaver、DataGrip、Navicat 等，它们提供了直观的界面和丰富的功能，使用户可以轻松地执行 SQL 查询和管理数据库对象。

3. 编程语言接口

使用编程语言的数据库接口（如 JDBC、ODBC、Python 的 psycopg2 等）可以在应用程序中连接和使用 openGauss 数据库。通过编程语言接口，开发人员可以编写应用程序，并与数据库进行交互。

4. ORM 框架

使用对象关系映射（Object Relational Mapping，ORM）框架，如 SQLAlchemy（Python）、Hibernate（Java）等，可以简化数据库访问和操作。ORM 框架允许开发人员使用面向对象的方式来操作数据库，而不必直接编写 SQL 查询。

5. ODBC 和 JDBC 驱动程序

openGauss 提供了支持 ODBC 和 JDBC 标准的驱动程序，可以使用这些驱动程序在各种平台上连接到 openGauss 数据库。通过安装相应的驱动程序，并配置连接参数，可以使用各种支持 ODBC 和 JDBC 的应用程序连接到 openGauss。

2.4 openGauss 连接工具

2.4.1 客户端连接工具

在连接 openGauss 数据库时，有几种常用的客户端连接工具可供选择。以下是一些常见的客户端连接工具。

1. gsql

gsql 是 openGauss 提供的官方命令行工具，类似于 PostgreSQL 中的 psql。通过 gsql 用户可以在命令行窗口下连接到数据库，并执行 SQL 查询和管理操作。它提供了交互式的查询环境，方便用户进行数据库操作。在命令行中输入“gsql -d postgres -p 26000”即可连接到数据库。

2. pgAdmin

pgAdmin 是一个功能强大的开源数据库管理工具，提供了图形化的界面，用于连接和管理 PostgreSQL 及兼容的数据库系统，包括 openGauss。通过 pgAdmin 用户可以轻松地连接到数据库，并进行数据库对象的创建、编辑、删除，执行 SQL 查询，查看数据等操作。

3. DBeaver

DBeaver 是一个通用的数据库管理工具，支持连接多种类型的数据库，包括 openGauss、PostgreSQL、MySQL、Oracle 等。它提供了直观的图形界面，支持 SQL 编辑器、数据浏览器、查询构建器等功能，使用户能够方便地连接到数据库并进行操作。

4. SQL Workbench/J

SQL Workbench/J 是一个开源的跨平台数据库客户端，支持连接多种数据库系统，包括 openGauss、MySQL、PostgreSQL、Oracle 等。它提供了强大的 SQL 编辑器、查询工具、数据导入导出功能等，适用于开发人员和数据库管理员。

5. Navicat

Navicat 是一个流行的数据库管理工具，提供了图形化的界面和丰富的功能，包括数据建模、数据同步、数据备份等。Navicat 支持连接多种数据库，包括 openGauss、MySQL、PostgreSQL、Oracle 等，用户可以通过 Navicat 进行数据库的连接和管理。

以上列出的客户端连接工具都具有各自的特点和优势，可以根据个人偏好和项目需求选择合适的工具进行数据库连接和管理。

本书选择采用 Navicat 来连接 openGauss 数据库。首先需要到官网下载 Navicat，下载地址为 https://www.navicat.com.cn/products，这里选择 Navicat Premium 16，然后单击“免费试用”按钮，如图 2-52 所示。

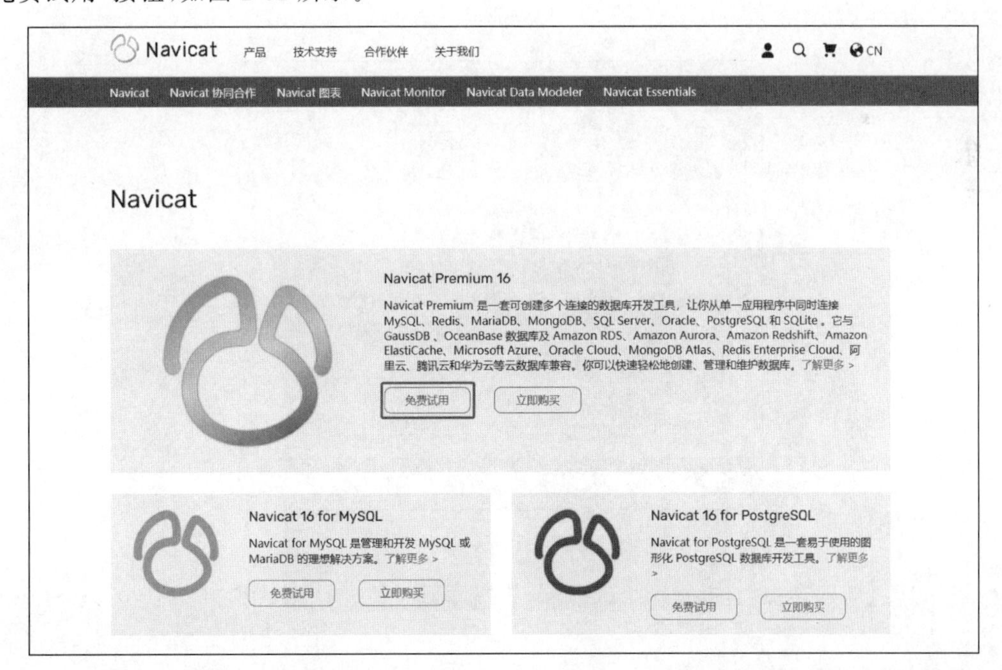

图 2-52　Navicat 下载

然后跳转到下载页面，单击“直接下载(64 bit)”按钮，如图 2-53 所示。

下载完成后进行安装，安装过程很简单，自行安装即可。安装完成后，直接打开会显示试用提醒界面，如图 2-54 所示。

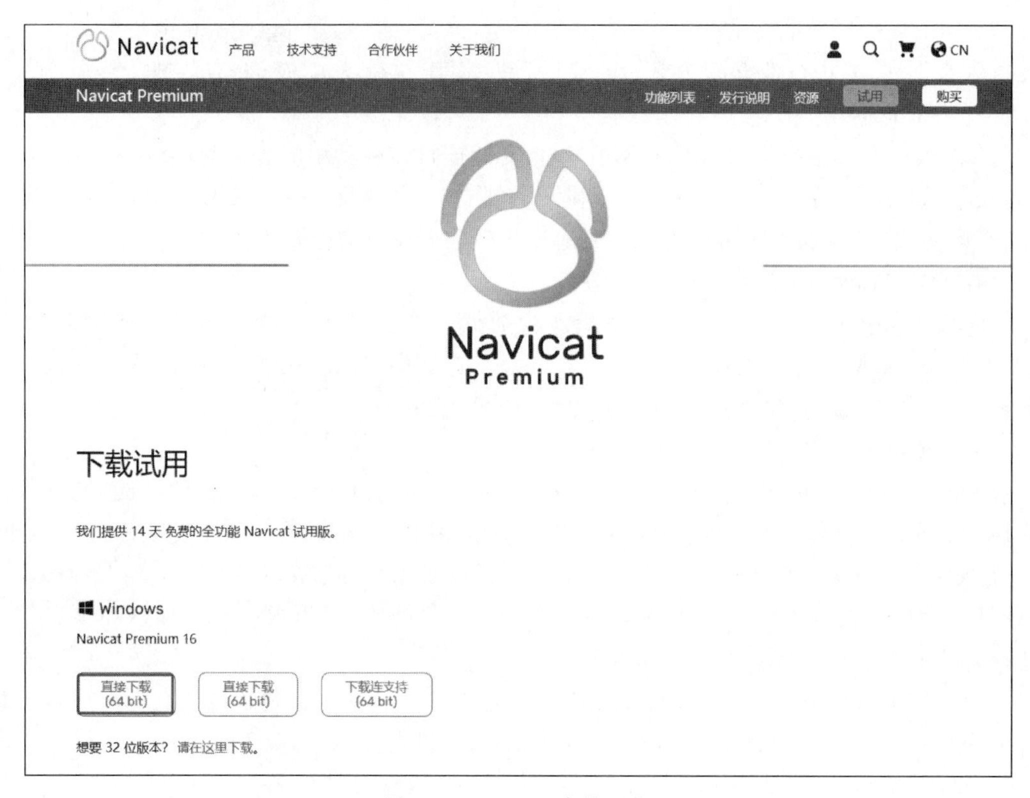

图 2-53　Navicat 直接下载

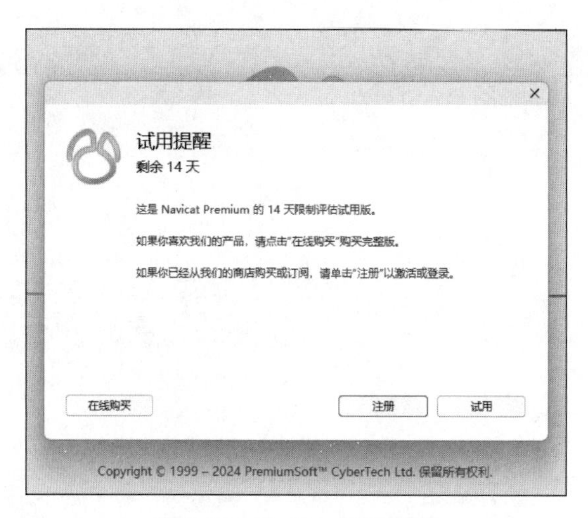

图 2-54　Navicat 试用提醒

然后通过新建连接，连接到 openGauss 数据库，这里选择“新建连接”→PostgreSQL，如图 2-55 所示。

在“新建连接”对话框中，输入连接名、主机、端口、初始数据库、用户名、密码，自行命名即可。连接名可以自己定义，这里和主机名保持一致。主机是指虚拟机的 IP 地址，端口 26000 是 openGauss 默认的端口号，初始数据库默认是 postgres 不需要修改，然后输入前面创建好的数据库用户名 testuser 和密码 testpwd@123，如图 2-56 所示。

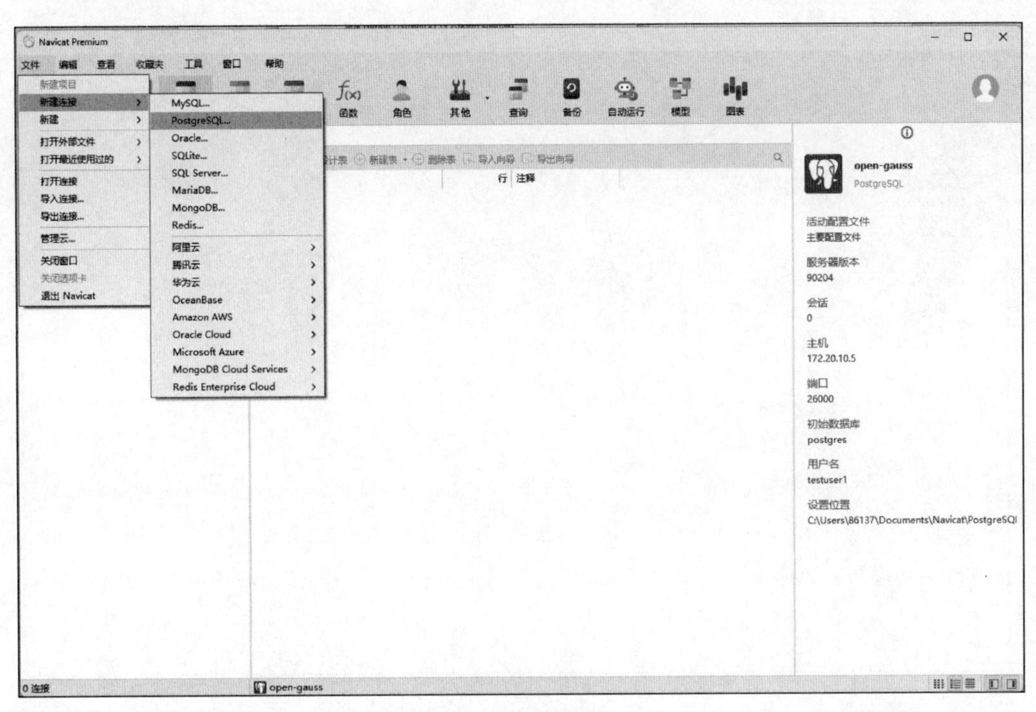

图 2-55 新建连接

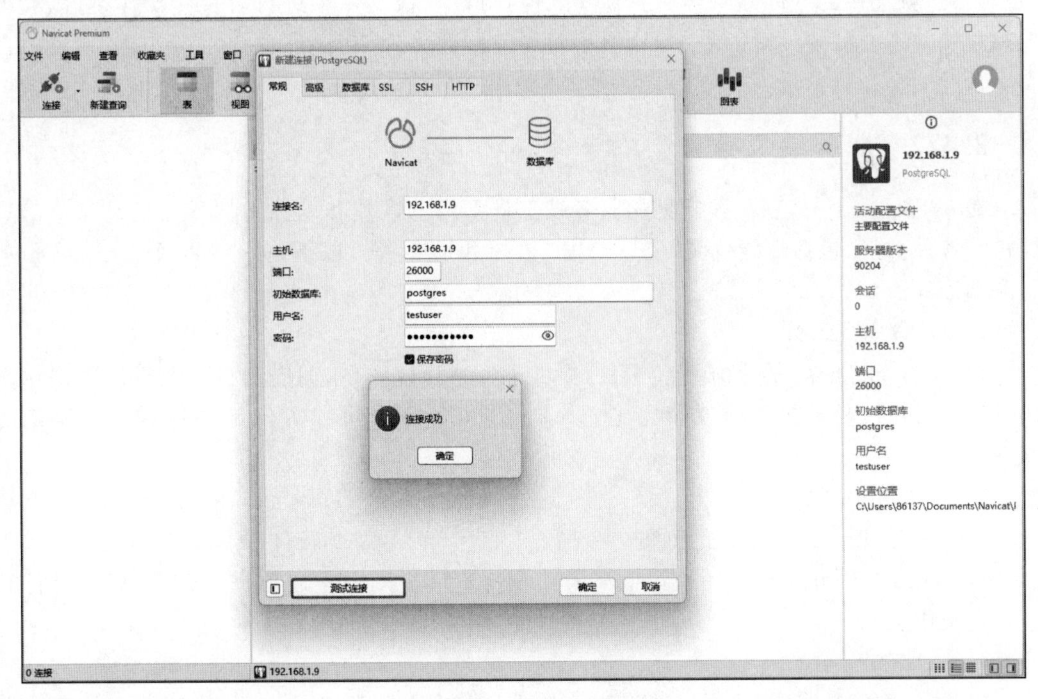

图 2-56 验证连接

在“新建连接”对话框中，输入完基本连接信息后，单击“测试连接”按钮，可以测试连接是否成功，如果能连接成功，单击“确定”按钮就会进入 postgres 数据库中，如图 2-57 所示。

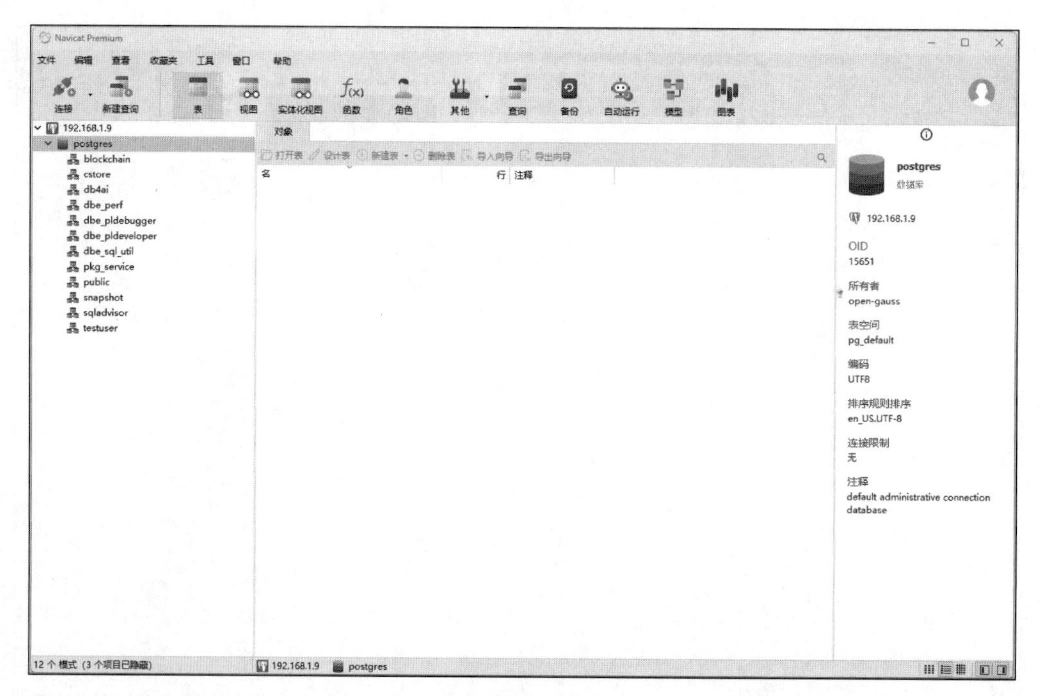

图 2-57　postgres 数据库

至此，就连接到 openGauss 数据库了，并且可以在数据库中进行可视化操作，可以大大提高操作效率。需要注意的是，如果换了网络连接这里的 IP 地址也会发生变化，自己根据实际情况调整即可。

2.4.2　服务端工具

在 openGauss 中，有几种常见的服务端工具可用于管理和监控数据库实例。这些工具提供了各种功能，包括性能优化、备份恢复、监控和诊断等。以下是一些常见的 openGauss 服务端工具。

1. om 命令行工具

om 是 openGauss 的官方管理工具，提供了各种管理操作，如启动、停止、重启数据库实例，以及备份、恢复数据库等功能。通过 om 工具，管理员可以方便地进行数据库实例的管理。

2. pg_ctl

pg_ctl 是 PostgreSQL 提供的控制数据库实例的命令行工具，openGauss 是基于 PostgreSQL 的，因此同样支持使用 pg_ctl 工具来启动、停止、重启数据库实例，以及进行其他管理操作。

3. pgAdmin

除了作为客户端连接工具，pgAdmin 也可以作为服务端工具使用，用于远程管理数据库实例。通过 pgAdmin，管理员可以监控数据库的运行状态、查看性能指标、管理数据库对象等。

4. GaussDB for InnoDB

GaussDB for InnoDB 是 openGauss 提供的存储引擎，针对互联网业务场景做了优化。

它提供了一些管理工具和特性，用于性能优化、故障诊断等方面的工作。

5. pgBadger

pgBadger 是一个用于分析 PostgreSQL 日志文件的工具，同样也适用于 openGauss。通过分析日志文件，管理员可以了解数据库的性能瓶颈，优化数据库配置和查询语句。

6. pg_stat_statements

pg_stat_statements 是 PostgreSQL 内置的一个扩展模块，用于收集数据库的查询统计信息。管理员可以使用这些统计信息来分析查询性能，优化查询计划和索引。

7. GaussDB for HTAP

GaussDB for HTAP 是面向混合事务/分析处理（HTAP）场景的 openGauss 版本，提供了一些针对 HTAP 场景的管理工具和优化功能。

这些服务端工具提供了丰富的功能，帮助管理员管理和监控 openGauss 数据库实例，并优化数据库的性能和稳定性。管理员可以根据实际需求选择合适的工具进行使用。

2.4.3 可视化工具

可视化工具在数据库管理中起着重要的作用，它们提供直观的图形界面，使管理员和开发人员能够更轻松地管理和操作数据库。以下是一些常见的可视化工具，它们可以用于连接和管理 openGauss 数据库。

1. pgAdmin

pgAdmin 不仅是一款强大的客户端工具，也是一款优秀的可视化工具。它提供了直观的图形用户界面，管理员可以使用 pgAdmin 连接到 openGauss 数据库实例，进行数据库对象的创建、编辑、删除，执行 SQL 查询，查看数据等操作。

2. DBeaver

DBeaver 是一款通用的数据库管理工具，支持连接多种数据库系统，包括 openGauss。它提供了直观的图形界面，包括 SQL 编辑器、数据浏览器、查询构建器等功能，使用户能够以可视化的方式管理数据库。

3. Navicat

Navicat 是一款流行的数据库管理工具，支持连接多种数据库，包括 openGauss。它提供了直观的图形用户界面，支持数据建模、数据同步、数据备份等功能，使用户可以轻松地进行数据库管理。

4. DataGrip

DataGrip 是 JetBrains 公司推出的一款强大的数据库集成开发环境（IDE），支持连接多种数据库系统，包括 openGauss。它提供了直观的可视化界面，集成了 SQL 编辑器、数据浏览器等功能，方便用户进行数据库开发和管理。

5. DbVisualizer

DbVisualizer 是一款通用的数据库工具，支持连接多种数据库，包括 openGauss。它提供了直观的图形用户界面，包括 SQL 编辑器、数据浏览器、图表生成等功能，帮助用户以可视化的方式进行数据库操作。

这些可视化工具为用户提供了直观的数据库管理界面，使其能够更轻松地进行数据库操作、查询和监控。用户可以根据个人偏好和项目需求选择适合自己的可视化工具。

小结

本章对 openGauss 数据库进行了初步探索。从 openGauss 的发展、特点、安装开始详细讲解 openGauss 数据库。然后讲解了常见的数据库连接工具,包括服务端工具和客户端工具,为后续的学习提供便捷服务。

习题

1. 请简要说明 openGauss 的特点与优势。
2. 请简要说明 openGauss 的客户端连接工具有哪些。

第3章

数据库操作

学习目标：

❖ 了解什么是 SQL。

❖ 掌握数据库的基本操作。

❖ 掌握模式的使用。

❖ 掌握数据表的基本操作。

❖ 掌握数据插入、修改、删除、查询等操作。

数据库操作是学习任何数据库管理系统都必不可少的部分，贯穿于数据的创建、查询、更新和维护等多个阶段。有效的数据库操作不仅能确保数据的准确性和一致性，还能提高系统的性能和用户的满意度。本章将围绕数据库操作进行详细讲解。

3.1 SQL 简介

SQL 是 Structured Query Language(结构化查询语言)的缩写，它是用于管理关系数据库系统的标准化语言，可以用于执行各种任务，包括数据定义、数据操纵、数据查询和数据控制。

SQL 由 4 个主要部分组成，具体说明如下。

(1) 数据定义语言(Data Definition Language，DDL)。

DDL 用于管理数据库的结构，包括创建、修改和删除数据库对象(如表、索引、视图等)。常见的 DDL 命令包括 CREATE、ALTER 和 DROP 等。

(2) 数据操纵语言(Data Manipulation Language，DML)。

DML 用于在数据库中执行操作，包括插入、更新和删除数据。常见的 DML 命令包括 INSERT、UPDATE 和 DELETE 等。

(3) 数据查询语言(Data Query Language，DQL)。

DQL 用于从数据库中检索数据。它的主要命令是 SELECT，它允许用户指定要检索的列以及检索条件。DQL 用于执行诸如数据查询和报告生成等任务。

(4) 数据控制语言(Data Control Language,DCL)。

DCL 用于控制数据库访问权限和安全性,包括授权用户访问数据库、撤销访问权限以及管理数据库用户。常见的 DCL 命令包括 GRANT 和 REVOKE 等。

SQL 是一种强大而灵活的语言,被广泛用于各种数据库系统,如 MySQL、PostgreSQL、Oracle、Microsoft SQL Server、openGauss 等。掌握 SQL 是进行数据库管理和开发工作的基本要求之一。

3.2 数据库的基本操作

3.2.1 数据库的定义

数据库(Database)是按照数据结构来组织、存储和管理数据的仓库。它们存在于计算机系统中,旨在方便用户高效地存取信息。数据库的主要目的是帮助用户存储和查询数据信息。数据库的使用范围非常广泛,包括但不限于商业、科研、教育和工程等领域。简单来说,可以把数据库理解成一个电子化的文件柜,用于存储电子文件,用户可以对文件中的数据进行新增、修改、删除等操作。

总的来说,数据库是一个用于存储、管理和操作数据的系统,它为应用程序提供了一个结构化的数据存储和管理环境,帮助用户有效地管理和利用数据。

3.2.2 创建数据库

在 openGauss 中,创建数据库可以通过 Navicat 可视化工具直接创建数据库,也可以通过 SQL 语句的形式创建数据库。在使用 Navicat 创建数据库时,选中默认的数据库 postgres,右击,在右键菜单中选择"新建数据库"就可以创建一个新的数据库,包括创建模式、创建数据表也是同样的方式。

为了让读者更好地学习 SQL 语法,本书全部采用 SQL 语句的形式来对数据库进行操作,所以首先需要打开命令列界面。可以选中 postgres 数据库,右击选择"命令列界面"打开该界面,如图 3-1 所示。

创建数据库的基本命令是使用 CREATE DATABASE 语句,其语法格式如下。

```
1.    CREATE DATABASE 数据库名;
```

例如,要创建一个名为 schooldb 的数据库,可以执行如下命令。

```
1.    CREATE DATABASE schooldb;
```

在 Navicat 工具中,输入对应的 SQL 命令,输入完成后,按 Enter 键,便可以自动执行 SQL 语句,如图 3-2 所示。

在创建数据库时,还可以指定一些其他选项,如所有者、字符集、校对规则等。例如,创建一个具有特定所有者和 UTF-8 字符集的数据库,可以执行如下命令。

```
1.    CREATE DATABASE schooldb
2.    OWNER testuser
3.    ENCODING 'UTF8'
```

在上述命令中,创建了一个名为 schooldb 的数据库,指定 testuser 为所有者,设置编码

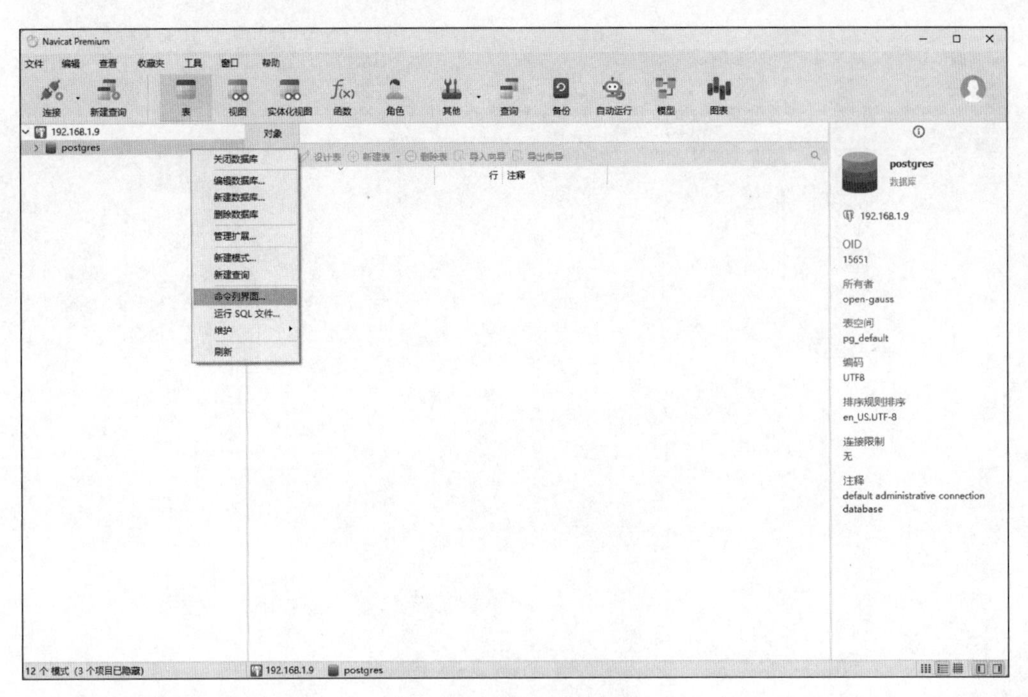

图 3-1　打开命令列界面

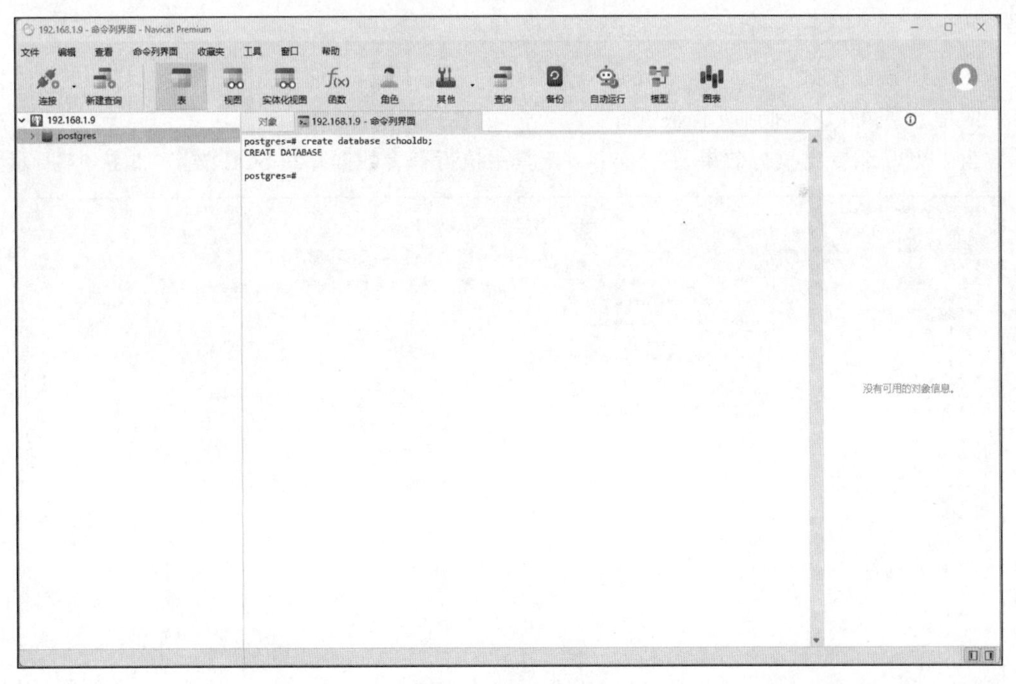

图 3-2　创建数据库

为 UTF-8。

数据库创建完成后，在 Navicat 中刷新后才可以看到，此时选中 postgres 数据库，右击，在右键菜单中选择“刷新”即可，如图 3-3 所示。

还可以通过 SQL 语句的形式来查看数据库是否创建成功，具体命令如下。

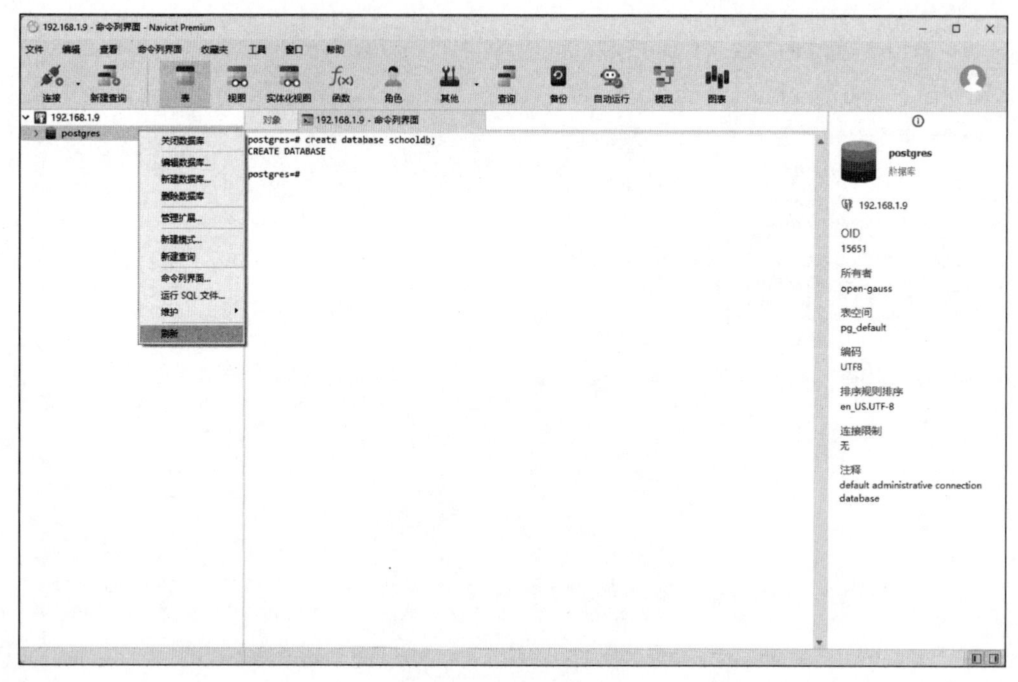

图 3-3 刷新数据库

```
1.    SELECT datname FROM pg_database;
```

在上述语法格式中，pg_database这个系统目录表用于存储数据库的信息，通过查询该表中的信息便可以查询到所有数据库。

为了更好地看出执行效果，在Navicat工具中执行查看数据库的SQL语句，如图3-4所示。

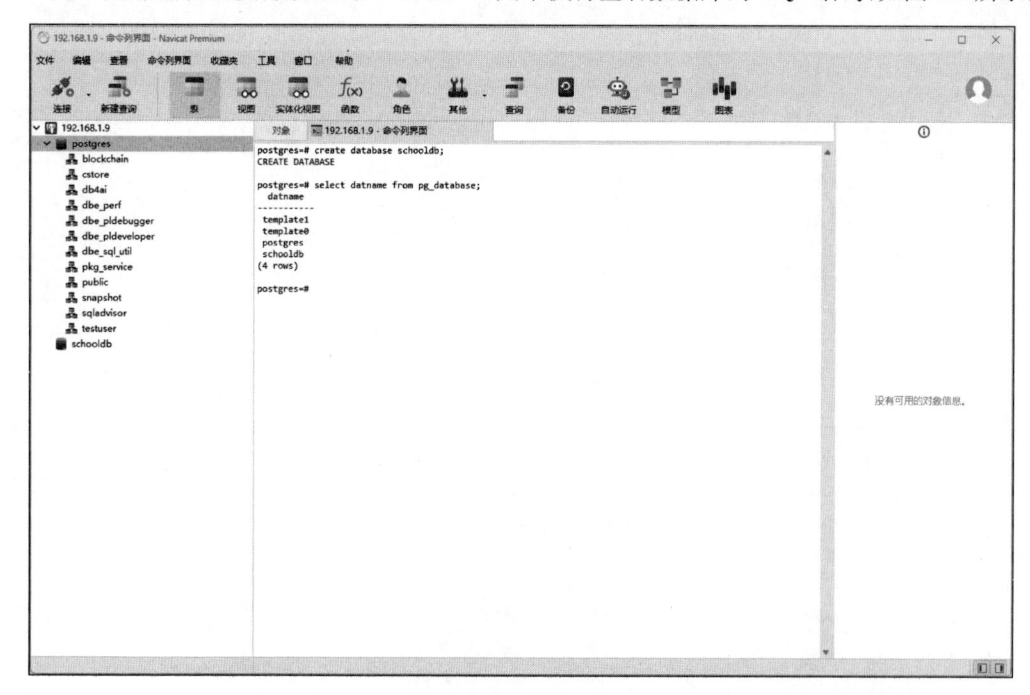

图 3-4 查看数据库

从图 3-4 中可以看出，pg_database 表是包括 schooldb 数据库信息的，说明数据库创建成功了。

3.2.3 修改数据库

在 openGauss 中，修改数据库通常指的是更改数据库的配置或属性，而不是修改数据库中的数据。这些修改可以包括改变数据库的所有者、重命名数据库、调整数据库的编码设置等。以下是进行一些常见数据库修改操作的介绍。

1. 重命名数据库

要重命名一个数据库，可以使用 ALTER DATABASE 命令配合 RENAME TO 选项。例如，将 schooldb 重命名为 newschooldb，可以使用如下命令。

```
1.    ALTER DATABASE schooldb RENAME TO newschooldb;
```

注意，在进行重命名操作时，应确保没有用户连接到该数据库。

2. 更改数据库所有者

如果想要更改数据库的所有者，同样可以使用 ALTER DATABASE 命令配合 OWNER TO 选项。例如，要将数据库 schooldb 的所有者更改为 testuser1(testuser1 必须存在于数据库中)，可以使用如下命令。

```
1.    ALTER DATABASE schooldb OWNER TO testuser1;
```

需要注意的是，在执行操作时，应确保数据库没有被其他用户使用，特别是在执行诸如重命名数据库这类操作时。修改数据库的某些属性，如编码，可能需要更高权限的用户或数据库管理员权限。

3.2.4 删除数据库

在 openGauss 数据库系统中，删除数据库是一个不可逆操作，它会永久移除数据库及其包含的所有数据。因此，在执行删除操作之前，要确保已经备份了所有重要数据，并确认不再需要这个数据库。下面是删除数据库的步骤。

在删除数据库时，可以使用 DROP DATABASE 命令，其语法格式如下。

```
1.    DROP DATABASE database_name;
```

在上述语法中，database_name 是指要删除的数据库名称。假如想要删除名为 schooldb 的数据库，可以使用如下语句。

```
1.    DROP DATABASE schooldb;
```

需要注意的是，在执行 DROP DATABASE 命令之前，应确保没有任何用户连接到该数据库。openGauss 不允许在数据库正在被访问时将其删除。如果有用户连接到数据库，需要先关闭连接让这些用户断开连接。只有数据库的所有者或具有相应权限的用户才能删除数据库。考虑到删除数据库是不可逆的，务必三思而后行。

3.3 模式

openGauss 数据库基于 PostgreSQL 发展而来的，因此很多概念和操作与 PostgreSQL 相似，包括对模式(Schema)的支持和使用。在 openGauss 数据库中，模式的概念和作用与

PostgreSQL 中的相同，用作数据库内部对象的逻辑分组，便于管理和组织数据。

1. 模式分类

(1) public 模式(默认)：openGauss 在新创建的数据库中默认包含一个名为 public 的模式。这意味着，如果没有指定模式来创建数据库对象(如表、视图等)，这些对象将默认被创建在 public 模式下。这种默认设置使得初次使用数据库的用户可以直接创建和管理数据，不需要额外的配置步骤。

(2) 自定义模式：尽管 public 模式对于简单应用来说可能足够使用，但在更复杂或更具有组织性的数据库设计中，创建自定义模式是一种常见做法。自定义模式可以在逻辑上分组数据库对象，提高数据的管理效率和安全性。

2. 模式的作用

(1) 充当命名空间：模式在数据库内部充当命名空间的角色，允许在不同的模式下创建名称相同的对象，有助于避免名称冲突。

(2) 管理和隔离数据：通过使用不同的模式，可以更好地管理和隔离数据。例如，为不同的项目、应用或团队创建不同的模式，并对它们应用特定的权限设置。这有助于保护数据，避免未授权访问，并使数据库结构更加清晰。

(3) 权限控制：自定义模式还可以更细致地控制数据库对象的访问权限，通过为特定模式或模式中的对象分配权限，来限制用户对数据的操作，确保数据安全。

3. 创建模式

创建模式的基本 SQL 语法与 PostgreSQL 非常相似，其语法格式如下。

```
1.      CREATE SCHEMA schema_name;
```

其中，schema_name 是模式的名称。例如，要想创建一个模式名为 my_schema，可以使用如下命令。

```
1.      CREATE SCHEMA my_schema;
```

需要注意的是，创建模式要切换到指定的数据库下进行操作，这里切换到 schooldb 数据库下进行操作，双击 schooldb 数据库打开该数据库，然后右击打开"命令列界面"，在该数据库中进行命令操作，如图 3-5 所示。

在创建模式时，还可以指定所有者，其语法格式如下。

```
1.      CREATE SCHEMA schema_name AUTHORIZATION owner_name;
```

例如，指定模式的所有者为 testuser，可以使用如下命令。

```
1.      CREATE SCHEMA my_schema AUTHORIZATION testuser;
```

此外，还可以为用户设置默认的搜索模式，这样在引用数据库对象时就不需要每次都指定模式名称了，后续操作更加方便，其语法格式如下。

```
1.      ALTER USER user_name SET search_path TO schema_name;
```

为了后续使用方便，这里就为 testuser 指定默认的搜索模式为 my_schema，具体命令如下。

```
1.      ALTER USER testuser SET search_path TO my_schema;
```

需要注意的是，在 Navicat 中，无论是创建数据库、模式、数据表，创建完成后都需要刷新一下才能够在界面中显示，否则是不显示的。

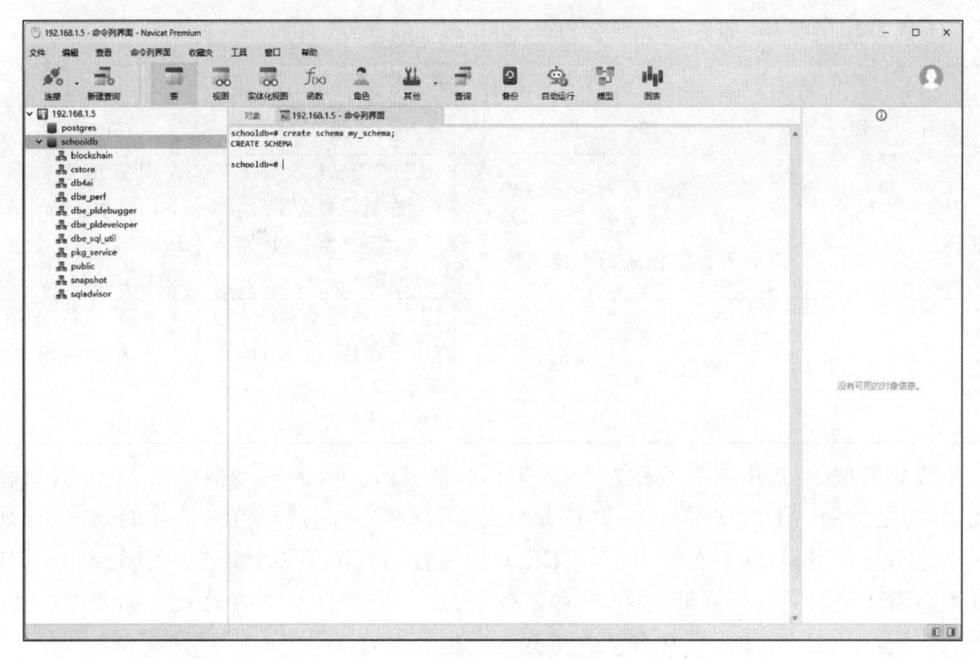

图 3-5 创建模型

3.4 数据类型

在数据库系统中,数据类型是一个重要概念,它定义了存储在数据库中的数据可以采取的形式和操作。每个数据库管理系统都提供了一组数据类型,用于优化存储、检索和操作数据。以下是一些最常见的数据类型及其详细说明。

3.4.1 数值类型

openGauss 的数值类型又可细分为整数类型和任意精度类型两种,接下来分别针对这两种类型进行详细讲解。

(1) 整数类型,如表 3-1 所示。

表 3-1 整数类型

名称	描述	存储空间	范围
TINYINT	微整数,别名为 INT1	1B	0～255
SMALLINT	小范围整数,别名为 INT2	2B	－32 768～＋32 767
INTEGER	常用的整数,别名为 INT4	4B	－2 147 483 648～＋2 147 483 647
BINARY_ INTEGER	常用的整数 INTEGER 的别名	4B	－2 147 483 648～＋2 147 483 647
BIGINT	大范围的整数,别名为 INT8	8B	－9 223 372 036 854 775 808～＋9 223 372 036 854 775 807
int16	16B 的大范围整数,目前不支持用户用于建表等使用	16B	－170 141 183 460 469 231 731 687 303 715 884 105 728～＋170 141 183 460 469 231 731 687 303 715 884 105 727

(2) 任意精度类型,如表 3-2 所示。

表 3-2 任意精度类型

名　　称	描　　述	存储空间	范　　围
NUMERIC[(p[,s])], DECIMAL[(p[,s])]	精度 p 取值范围为[1,1000],标度 s 取值范围为[0,p]。p 为总位数,s 为小数位数	用户声明精度。每 4 位(十进制位)占用 2B,然后在整个数据上加上 8B 的额外开销	未指定精度的情况下,小数点前最大 131 072 位,小数点后最大 16 383 位
NUMBER[(p[,s])]	NUMERIC 类型的别名	用户声明精度。每 4 位(十进制位)占用 2B,然后在整个数据上加上 8B 的额外开销	未指定精度的情况下,小数点前最大 131 072 位,小数点后最大 16 383 位

在整数类型中,常用的类型称为 INTEGER,即整数。因为该类型提供了在范围、存储空间、性能之间的一个最佳平衡,一般只有取值范围确定不超过小范围整数的情况下,才会使用小范围整数类型,而只有在 INTEGER 常用整数的范围不够时,与整数类型相比,任意精度类型需要更大的一个存储空间,其存储效率、运算效率以及压缩比效果都要差一些,那么在进行数值类型定义时,只有当整数类型不满足需求时,才选择任意精度类型。

3.4.2 字符类型

字符类型是用来存储文本数据的一种数据类型,对于处理和存储各种文本信息至关重要。在 openGauss 中存储文本数据时,要关注几个常用的字符数据类型存储文本数据时的特点和用途。下面是 openGauss 数据库中常见的字符类型及其描述,如表 3-3 所示。

表 3-3 字符类型

名　　称	描　　述	存储空间
CHAR(n) CHARACTER(n) NCHAR(n)	定长字符串,不足补空格。n 是指字节长度,如不带精度 n,默认精度为 1	最大为 10MB
VARCHAR(n) CHARACTER VARYING(n)	变长字符串。PG 兼容模式下,n 是字符长度。其他兼容模式下,n 是指字节长度	最大为 10MB
VARCHAR2(n)	变长字符串。是 VARCHAR(n)类型的别名。n 是指字节长度	最大为 10MB
NVARCHAR2(n)	变长字符串。n 是指字符长度	最大为 10MB
NVARCHAR(n)	变长字符串。是 NVARCHAR2(n)类型的别名。n 是指字符长度	最大为 10MB
TEXT	变长字符串	最大为 1GB－1,但还需要考虑到列描述头信息的大小,以及列所在元组的大小限制(也小于 1GB－1),因此 TEXT 类型最大大小可能小于 1GB－1
CLOB	文本大对象。是 TEXT 类型的别名	最大为 1GB－1,但还需要考虑到列描述头信息的大小,以及列所在元组的大小限制(也小于 1GB－1),因此 CLOB 类型最大大小可能小于 1GB－1

3.4.3 日期和时间类型

在数据库中,日期和时间类型是用于存储与日期和时间相关的数据的数据类型,这些类型对于记录事件发生的时间、用户行为的时间戳、历史数据的保存等场景至关重要。openGauss 数据库提供了多种日期和时间类型,以满足不同的应用需求,如表 3-4 所示。

表 3-4 日期和时间类型

名 称	描 述	存储空间
DATE	日期和时间	4B
TIME[(p)][WITHOUT TIME ZONE]	只用于一日内时间。 p 表示小数点后的精度,取值范围为 0~6	8B
TIME[(p)] [WITH TIME ZONE]	只用于一日内时间,带时区。 p 表示小数点后的精度,取值范围为 0~6	12B
TIMESTAMP[(p)] [WITHOUT TIME ZONE]	日期和时间 p 表示小数点后的精度,取值范围为 0~6	8B
TIMESTAMP[(p)] [WITH TIME ZONE]	日期和时间,带时区。TIMESTAMP 的别名为 TIMESTAMPTZ。 p 表示小数点后的精度,取值范围为 0~6	8B
SMALLDATETIME	日期和时间,不带时区。 精确到分钟,秒位大于或等于 30 秒时进一位	8B
INTERVAL DAY (l) TO SECOND (p)	时间间隔,X 天 X 小时 X 分 X 秒。 l: 天数的精度,取值范围为 0~6。兼容性考虑,目前未实现具体功能。 p: 秒数的精度,取值范围为 0~6。小数末尾的零不显示	16B
INTERVAL[FIELDS][(p)]	时间间隔。 FIELDS: 可以是 YEAR、MONTH、DAY、HOUR、MINUTE、SECOND、DAY TO HOUR、DAY TO MINUTE、DAY TO SECOND、HOUR TO MINUTE、HOUR TO SECOND、MINUTE TO SECOND。 p: 秒数的精度,取值范围为 0~6,且 FIELDS 为 SECOND、DAY TO SECOND、HOUR TO SECOND 或 MINUTE TO SECOND 时,p 才有效。小数末尾的零不显示	12B
reltime	相对时间间隔。格式为 X years X mons X days XX:XX:XX。 采用儒略历计时,规定一年为 365.25 天,一个月为 30 天,计算输入值对应的相对时间间隔,输出采用 POSTGRES 格式	4B
abstime	日期和时间。格式为 YYYY-MM-DD hh:mm:ss+timezone 取值范围为 1901-12-13 20:45:53 GMT~2038-01-18 23:59:59 GMT,精度为秒	4B

3.4.4 布尔类型

在数据库系统中,布尔类型用于存储真或假的值,通常用于表示二元状态、条件判断或启用/禁用状态等。布尔类型在逻辑运算和流程控制中非常有用,能够有效地简化数据表示和增强可读性,如表 3-5 所示。

表 3-5 布尔类型

名称	描述	存储空间	取值
BOOLEAN	布尔类型	1B	true：真 false：假 null：未知(unknown)

3.5 数据表的基本操作

3.5.1 数据表的定义

数据表是由表名、表中的字段和表中的记录三部分组成。设计数据表结构的过程就是定义表名、确定表中包含的字段以及各字段的属性(字段名、字段类型、字段长度等)。这个过程是数据库设计中非常重要的一步,因为它直接影响到数据的存储、检索和管理效率,以及数据的完整性和一致性。

- 表名：表名是数据表的唯一标识符,用于在数据库中引用该表。一个好的表名应该简明扼要地描述表所存储的数据内容或用途。
- 字段：字段是数据表中的列,用于存储表中的数据。每个字段都有一个字段名,用于标识该字段,以及一个数据类型,用于定义该字段可以存储的数据类型。常见的数据类型包括整型、字符型、日期时间型等。此外,还可以定义字段的长度、精度、默认值等属性。
- 记录：记录是数据表中的行,每一行存储了一组相关的数据,每个字段对应一列数据。记录的数量取决于表中实际存储的数据量。

通过设计良好的数据表结构,可以有效地组织和存储数据,提高数据的检索效率,并确保数据的完整性和一致性。在设计过程中,需要考虑到数据的需求和业务逻辑,合理地选择字段和数据类型,设计出符合实际应用场景的数据表结构。

3.5.2 创建数据表

在 openGauss 数据库中,创建数据表是数据库管理的基础操作之一,用于存储结构化数据。数据表由列(字段)和行(记录)组成,每列有其特定的数据类型和约束条件。可以使用 CREATE TABLE 语句来创建一个新的数据表,定义表的名称、列及其数据类型和可能的约束条件(如主键、唯一性约束、非空约束等)。

数据表需要在指定模式中创建,如果未指定模式则自动进入默认的 public 模式中,创建数据表的语法格式如下。

```
1.    CREATE TABLE schema_name.table_name (
2.        column1 datatype,
3.        column2 datatype,
4.        ...
5.    );
```

上述语法格式中,schema_name 表示模式名称,table_name 表示数据表名称,column1 表示列名,datatype 表示数据类型。

由于3.3节中已经指定了testuser用户默认搜索模式为my_schema，因此在创建表时，默认就会在my_schema模式下创建，可以省略my_schema。

接下来在schooldb数据库my_schema模式中，创建三个数据表，分别为学生表students、课程表courses和选课表enrollments。

1. 创建学生表students

```
1.    CREATE TABLE students (
2.       student_id SERIAL PRIMARY KEY,
3.       name VARCHAR(100) NOT NULL,
4.       age INT,
5.       major VARCHAR(100),
6.       email VARCHAR(255)
7.    );
```

上述语句中，student_id作为主键，用于唯一标识每位学生，SERIAL关键字用于自动生成递增的整数，name、age、major和email分别存储学生的姓名、年龄、专业、电子邮箱。

2. 创建课程表courses

```
1.    CREATE TABLE courses (
2.       course_id SERIAL PRIMARY KEY,
3.       course_name VARCHAR(100) NOT NULL,
4.       credits INT
5.    );
```

上述语句中，course_id是课程的主键，每门课程有一个唯一的标识，course_name和credits分别存储课程的名称和学分。

3. 创建选课表enrollments

```
1.    CREATE TABLE enrollments (
2.       enrollment_id SERIAL PRIMARY KEY,
3.       student_id INT NOT NULL,
4.       course_id INT NOT NULL,
5.       grade INT,
6.       FOREIGN KEY (student_id) REFERENCES students(student_id),
7.       FOREIGN KEY (course_id) REFERENCES courses(course_id)
8.    );
```

上述语句中，student_id和course_id是外键，分别引用students表和courses表的主键，表示哪位学生选了哪门课，grade存储学生在该课程中的成绩。

数据表创建完成后，在Navicat中刷新模式就可以看到新创建的数据表，同时也可以通过SQL语句进行查验，具体语句如下。

```
1.    SELECT * FROM information_schema.tables
2.    WHERE table_schema = 'my_schema' AND table_name = 'students';
```

上述语句中，数据表information_schema.tables是一个标准的信息模式视图，包含数据库中所有表的信息，因此可以通过该表进行查询。

3.5.3 修改数据表

在openGauss中，修改数据表通常涉及添加、删除或修改列，以及修改表的约束等操作。通过ALTER TABLE语句可以修改数据表，以下是一些基本的SQL命令，用于执行这些常见的修改操作。

1. 添加列

添加新列到现有表中。例如，向 students 表添加一个名为 birthdate 的日期类型列，可以使用如下命令。

```
1.    ALTER TABLE students ADD COLUMN birthdate DATE;
```

2. 删除列

删除表中的列。例如，从 students 表中删除 birthdate 列，可以使用如下命令。

```
1.    ALTER TABLE students DROP COLUMN birthdate;
```

3. 修改列的数据类型

如果需要修改列的数据类型，例如将 students 表中的 email 列的数据类型从 VARCHAR(255)修改为 VARCHAR(100)，可以使用如下命令。

```
1.    ALTER TABLE students ALTER COLUMN email TYPE VARCHAR(100);
```

4. 重命名列

列的名称也可以更改。例如，将 students 表中的 student_id 列重命名为 stu_id，可以使用如下命令。

```
1.    ALTER TABLE students RENAME COLUMN student_id TO stu_id;
```

5. 添加约束

向表中添加约束，如唯一约束、检查约束(CHECK)或外键约束。例如，为 email 列添加唯一约束，确保表中不会有重复的电子邮件地址，可以使用如下命令。

```
1.    ALTER TABLE students ADD CONSTRAINT email_unique UNIQUE (email);
```

6. 删除约束

也可以删除已有的约束。例如，删除上面添加的 email_unique 约束，可以使用如下命令。

```
1.    ALTER TABLE students DROP CONSTRAINT email_unique;
```

3.5.4 删除数据表

删除数据表在数据库管理中是一个常见的操作，用于移除整个表及其包含的所有数据。在 openGauss 中，删除数据表可以通过执行 DROP TABLE 语句来完成。注意，这是一个不可逆的操作。

1. 删除数据表

要删除一个名为 students 的数据表，可以使用如下命令。

```
1.    DROP TABLE students;
```

2. 删除多个数据表

如果想一次性删除多个表，可以在同一 DROP TABLE 语句中列出所有想要删除的表名，各表名之间用半角逗号分隔。例如，删除 students 和 courses 两个表，可以使用如下命令。

```
1.    DROP TABLE students, courses;
```

3. 使用 IF EXISTS 语法

为了避免在尝试删除不存在的表时出错，可以在 DROP TABLE 语句中使用 IF EXISTS 语法。这样，如果指定的表不存在，openGauss 将不会报错，而是生成一条警告消息。这对于脚本编写和自动化任务特别有用。使用 IF EXISTS 删除 students 表，可以使用如下命令。

```
1.    DROP TABLE IF EXISTS students;
```

需要注意的是，在执行 DROP TABLE 操作时，任何依赖于该表的对象（如视图、存储过程、外键约束等）都可能会受到影响。应确保在删除表之前了解这些依赖关系，并相应地管理它们。同时，在生产环境中，通常建议使用 IF EXISTS 先检查表是否存在，以避免因表不存在而导致的错误。

3.6 约束

在 openGauss 数据库中，约束是用于限制表中的数据，新行或者更新的行必须满足这些约束才能成功插入或更新，以确保数据的完整性、准确性和可靠性。约束可以在创建表时规定，或者在表创建之后规定。接下来将针对约束进行详细讲解。

3.6.1 非空约束（NOT NULL）

NOT NULL 表示非空约束，用于指定列不能存储 NULL 值。在创建表时如果不指定该约束，则默认值为 NULL，即允许列插入空值。这里的 NULL 与没有数据不同，它代表着未知的数据。

例如，前面创建的 students 表，name 字段设置了非空约束，不接受空值。

```
1.    CREATE TABLE students (
2.        student_id SERIAL PRIMARY KEY,
3.        name VARCHAR(100) NOT NULL,
4.        age INT,
5.        major VARCHAR(100),
6.        email VARCHAR(255)
7.    );
```

如果此时给 students 插入数据，当 name 字段插入空值时，数据库就会返回报错信息。

3.6.2 唯一约束（UNIQUE）

UNIQUE 表示唯一约束，用于确保某列或某组列的值是唯一的，但允许有 NULL 值。

例如，在 students 表中，可以为 email 字段设置 UNIQUE 约束，此时不能添加两条相同 email 的记录，否则会报错。

```
1.    CREATE TABLE students (
2.        student_id SERIAL PRIMARY KEY,
3.        name VARCHAR(100) NOT NULL,
4.        age INT,
5.        major VARCHAR(100),
6.        email VARCHAR(255) UNIQUE
7.    );
```

3.6.3 主键约束(PRIMARY KEY)

PRIMARY KEY 为主键，是数据表中每一条记录的唯一标识。主键约束声明表中的一个或者多个字段只能包含唯一的非 NULL 值。主键是非空约束和唯一约束的组合。一个表只能声明一个主键。

例如，students 表中，student_id 为主键，唯一标识数据库表中的每一行数据。

```
1.    CREATE TABLE students (
2.        student_id SERIAL PRIMARY KEY,
3.        name VARCHAR(100) NOT NULL,
4.        age INT,
5.        major VARCHAR(100),
6.        email VARCHAR(255)
7.    );
```

在上述命令中，还将 SERIAL 和 PRIMARY KEY 结合使用，SERIAL 是一个伪数据类型，它创建了一个自增的整数列。在一个列上定义 SERIAL 类型时，openGauss 会为这个列创建一个序列(sequence)，并在插入新记录时自动从该序列中获取下一个值。此外，SERIAL 还隐式地包括 NOT NULL 约束，因为自增列不能包含 NULL 值。

3.6.4 外键约束(FOREIGN KEY)

FOREIGN KEY 即外键约束，外键约束用于保证一个表中的数据匹配另一个表中的值的参照完整性。外键是表中的一列，其值必须在另一个表的主键列中有对应的值。

例如，前面创建的 enrollments 表，其中，student_id 就是外键，与 students 表中的 student_id 对应。

```
1.    CREATE TABLE enrollments (
2.        enrollment_id SERIAL PRIMARY KEY,
3.        student_id INT NOT NULL,
4.        course_id INT NOT NULL,
5.        grade INT ,
6.        FOREIGN KEY (student_id) REFERENCES students(student_id),
7.        FOREIGN KEY (course_id) REFERENCES courses(course_id)
8.    );
```

3.6.5 检查约束(CHECK)

CHECK 约束声明一个布尔表达式，检查约束保证列中的值符合一定条件。例如，可以确保年龄列的值大于 0。

例如，在 students 表中，对 age 字段新增检查约束，确保插入的年龄都大于 0。

```
1.    CREATE TABLE students (
2.        student_id SERIAL PRIMARY KEY,
3.        name VARCHAR(100) NOT NULL,
4.        age INT CHECK (age > 0),
5.        major VARCHAR(100),
6.        email VARCHAR(255)
7.    );
```

3.7　数据操作

3.7.1　数据插入

数据插入是数据库管理中的一个基本操作，用于向数据库表中添加新的数据行。数据插入通过 INSERT INTO 语句完成，该语句允许指定要插入数据的表和列，以及要插入的数据值。

1. 基本语法

```
1.    INSERT INTO table_name (column1, column2, column3, …)
2.    VALUES (value1, value2, value3, …);
```

上述语法中，table_name 表示要插入数据的目标表名。(column1，column2，column3，…)是表中要插入数据的列名，列名之间用半角逗号分隔。列名是可选的，但如果指定了列名，VALUES 中的值必须与列对应且顺序一致。VALUES (value1，value2，value3，…)是表中要插入指定列的数据值。每个值与前面指定的列一一对应。如果列名列表省略，则默认为向表的所有列插入数据，这时 VALUES 中的值顺序必须与表中列的定义顺序一致。

接下来针对数据的操作部分，均以 students 表为例，该表包含 student_id(学生 ID，自动增长)、name(姓名)、age(年龄)、major(专业)、email(电子邮件)字段。

2. 插入一条数据

```
1.    INSERT INTO students (name, age, major, email)
2.    VALUES ('John Doe', 20, 'Computer Science', 'john.doe@gmail.com');
```

3. 插入多条数据

在许多数据库系统中，可以一次性插入多行数据，方法是在 VALUES 子句中提供多组值，每组值之间用逗号分隔，这里一次性插入三行数据，具体语句如下。

```
1.    INSERT INTO students (name, age, major, email)
2.    VALUES
3.    ('Jane Smith', 22, 'Mathematics', 'jane.smith@gmail.com'),
4.    ('Alex Johnson', 20, 'Physics', 'alex.johnson@gmail.com'),
5.    ('Maria Garcia', 21, 'Chemistry', 'maria.garcia@gmail.com');
```

为了方便后续多表查询数据的使用，这里分别为 courses 表和 enrollments 表提前插入数据。首先为 courses 表插入数据，可以使用如下语句。

```
1.    INSERT INTO courses (course_name, credits)
2.    VALUES
3.    ('Introduction to Computer Science', 4),
4.    ('Advanced Mathematics', 3),
5.    ('General Physics', 4),
6.    ('Organic Chemistry', 3);
```

接下来为 enrollments 表插入数据。为 enrollments 表插入数据时，需要知道关联的学生 ID 和课程 ID。这里，students 表中 John Doe 的 student_id 是 1，Jane Smith 的 student_id 是 2。courses 表中，Introduction to Computer Science 的 course_id 是 1，Advanced Mathematics 的 course_id 是 2，插入数据如下。

```
1.    INSERT INTO enrollments (student_id, course_id, grade)
2.    VALUES
3.    (1, 1, 62),
4.    (1, 2, 93),
5.    (2, 1, 83),
6.    (2, 2, 73);
```

3.7.2 数据修改

在 openGauss 数据库中，修改数据是通过 UPDATE 语句来实现的，这与其他关系数据库管理系统的操作方法一样。UPDATE 语句允许更新表中已存在记录的值。以下是 UPDATE 语句的基本用法和一个示例，演示如何在 openGauss 数据库中修改数据。

1. 基本语法

```
1.    UPDATE table_name
2.    SET column1 = value1, column2 = value2, …
3.    WHERE condition;
```

上述语法中，table_name 表示要更新记录的目标表名。SET 子句指定了要更新的列和它们应该被赋予的新值。可以同时更新一个或多个列，列之间用逗号分隔。WHERE 子句指定了哪些记录应该被更新。如果省略 WHERE 子句，表中的所有记录都将被更新，这可能导致不希望的结果，因此使用 WHERE 子句是一个好习惯。

2. 更新单个记录

假设要想更新一位名为“John Doe”的学生的专业(major)为“Data Science”，可以使用如下语句。

```
1.    UPDATE students
2.    SET major = 'Data Science'
3.    WHERE name = 'John Doe';
```

3. 更新多个记录

如果想将所有 20 岁学生的年龄增加 1 岁，可以使用如下语句。

```
1.    UPDATE students
2.    SET age = age + 1
3.    WHERE age = 20;
```

上述命令，会查找 students 表中所有年龄为 20 岁的学生，并将他们的年龄增加 1。

3.7.3 数据删除

在 openGauss 数据库中，删除数据是通过 DELETE 语句来实现的。DELETE 语句允许从表中删除满足特定条件的行。如果没有指定条件，则可以删除表中的所有行，但这种操作需要谨慎进行，因为它会删除表中的所有数据。以下是 DELETE 语句的基本语法和示例，展示如何在 openGauss 数据库中删除数据。

1. 基本语法

```
1.    DELETE FROM table_name
2.    WHERE condition;
```

上述语法中，table_name 是要删除记录的目标表名，WHERE 子句指定了哪些记录应该被删除。如果省略 WHERE 子句,表中的所有记录都将被删除。

2. 删除特定记录

如果要删除一名特定学生的记录,例如,删除名为"John Doe"的学生,可以使用如下语句。

```
1.    DELETE FROM students
2.    WHERE name = 'John Doe';
```

3. 条件删除多条记录

如果要基于某个条件删除多条记录,例如,删除所有 Data Science 专业的学生,可以使用如下语句。

```
1.    DELETE FROM students
2.    WHERE major = 'Data Science';
```

4. 删除所有记录

要删除表中的所有记录,可以省略 WHERE 子句,使用如下命令。

```
1. DELETE FROM students;
```

除此之外,还可以使用 TRUNCATE 语句来删除数据,相比 DELETE 语句来说,TRUNCATE 执行效率更高,因为它不会逐行删除数据,而是直接移除所有数据并重置表的状态,但这也意味着它不能与 WHERE 子句一起使用,具体语句如下。

```
1.    TRUNCATE TABLE students ;
```

需要注意的是,如果存在主外键关联时,是不能使用 TRUNCATE 语句的。同时,如果数据表很大,那么删除操作可能会很慢,并且会锁定表直到操作完成,这可能影响到应用程序的性能。

3.8 数据查询

3.8.1 单表查询

单表查询是数据库操作中最基本且最频繁的操作之一,它允许从数据库的单个表中检索数据。在 openGauss 和其他数据库中,这种查询通常通过 SELECT 语句实现。SELECT 语句可以灵活地指定要检索的列、数据筛选条件、排序方法等。以下是单表查询的基本语法和一些示例。

1. 基本语法

```
1.    SELECT column1, column2, …
2.    FROM table_name
```

上述语法中,SELECT 后面表示想从表中检索的列名,使用星号(*)可以选择所有列。FROM 子句指定了查询将要访问的表名。

2. 查询特定列

获取所有学生的姓名和年龄,可以使用如下命令。

```
1.    SELECT name, age
2.    FROM students;
```

3. 查询所有列

获取所有学生的所有信息，可以使用如下命令。

```
1.    SELECT *
2.    FROM students;
```

单表查询是学习 SQL 的基础，通过掌握这些基本操作，可以有效地从数据库中检索出所需的信息。

3.8.2 条件查询

条件查询用于从数据库中检索满足特定条件的记录。这种查询通过在 SELECT 语句中使用 WHERE 子句实现，通过筛选条件来限制查询结果集中的行。条件查询在数据库操作中非常重要，因为它们使得数据检索变得更加灵活和强大。以下是条件查询的基本语法和一些示例。

1. 基本语法

```
1.    SELECT column1, column2, …
2.    FROM table_name
3.    WHERE condition;
```

上述语法中，SELECT 指定了要从表中检索的列。FROM 子句指定了查询将要访问的表名。WHERE 子句用于指定筛选条件，只有满足这些条件的行才会被包含在结果集中。

在 WHERE 子句中，可以使用多种条件表达式来筛选数据，包括但不限于以下几种。

- 比较操作符：=、＞、＜、＞=、＜=、＜＞(不等于)。
- 范围条件：BETWEEN … AND …用于匹配一个范围内的值。
- 列表条件：IN (list_of_values)用于匹配指定列表中的任意值。
- 模糊匹配：LIKE 用于基于模式匹配筛选字符串值。
- NULL 值检查：IS NULL 或 IS NOT NULL 用于筛选 NULL 值或非 NULL 值的列。

2. 基本的条件查询

假设想要查询 students 表中所有专业为 Computer Science 的学生信息，可以使用如下语句。

```
1.    SELECT * FROM students
2.    WHERE major = 'Computer Science';
```

上述语句会返回 students 表中所有 major 列值为“Computer Science”的行。

3. 使用比较运算符

假设想要查询年龄大于 20 岁的学生，可以使用“＞”运算符，具体语句如下。

```
1.    SELECT * FROM students
2.    WHERE age > 20;
```

4. 组合多个条件

可以使用 AND、OR 逻辑运算符来组合多个条件。例如，查询专业为 Computer Science 且年龄大于 20 岁的学生，可以使用如下语句。

```
1.    SELECT * FROM students
2.    WHERE major = 'Computer Science' AND age > 20;
```

5. 使用IN操作符

如果想查询属于多个指定专业的学生,可以使用IN操作符,具体语句如下。

```
1.    SELECT * FROM students
2.    WHERE major IN ('Computer Science', 'Chemistry');
```

上述语句将返回专业为Computer Science或Chemistry的所有学生。

6. 使用LIKE操作符进行模式匹配

假设想找出所有名字以"J"开头的学生,可以使用LIKE操作符,具体语句如下。

```
1.    SELECT * FROM students
2.    WHERE name LIKE 'J%';
```

上述语句中,%是一个通配符,代表任意字符出现任意次数。

7. 使用BETWEEN操作符查询范围

如果想要查询年龄为18～22岁的学生,可以使用BETWEEN操作符,具体语句如下。

```
1.    SELECT * FROM students
2.    WHERE age BETWEEN 18 AND 22;
```

上述语句将返回年龄为18～22岁(包括18岁和22岁)的学生。

3.8.3 多表查询

多表查询是数据库操作中一个重要的部分,它允许从两个或多个表中基于某种关联条件来检索数据。在SQL中,这通常是通过JOIN语句来实现的。JOIN语句能够合并来自不同表的行,提供了一种强大的方式来查询跨多个表的关系数据。

基本的JOIN类型如下。

- INNER JOIN(内连接):只返回两个表中匹配的行。
- LEFT JOIN(左连接):返回左表中的所有行,即使右表中没有匹配的行。
- RIGHT JOIN(右连接):返回右表中的所有行,即使左表中没有匹配的行。
- FULL JOIN(全连接):返回左表和右表中的所有行,无论另一边是否有匹配。

1. 内连接

内连接返回两个表中匹配的记录。如果某条记录在连接的另一表中没有对应的匹配,那么这条记录就不会出现在查询结果中。

示例:查询选修了课程的学生及其课程信息。

```
1.    SELECT s.name AS StudentName, c.course_name AS CourseName
2.    FROM enrollments e
3.    INNER JOIN students s ON e.student_id = s.student_id
4.    INNER JOIN courses c ON e.course_id = c.course_id;
```

查询结果:

```
1.    studentname |               coursename
2.    ------------+-------------------------------------
3.    John Doe    | Introduction to Computer Science
4.    John Doe    | Advanced Mathematics
5.    Jane Smith  | Introduction to Computer Science
6.    Jane Smith  | Advanced Mathematics
7.    (4 rows)
```

2. 左连接

左连接返回左表(FROM 子句中指定的表)的所有记录,即使在右表中没有匹配的记录。如果右表中没有匹配,则右表的列将返回 NULL。

示例:查询所有学生及其可能选修的课程信息。

```
1.    SELECT s.name AS StudentName, c.course_name AS CourseName
2.    FROM students s
3.    LEFT JOIN enrollments e ON s.student_id = e.student_id
4.    LEFT JOIN courses c ON e.course_id = c.course_id;
```

查询结果:

```
1.    studentname  |            coursename
2.    -----------+----------------------------------
3.    John Doe     | Introduction to Computer Science
4.    John Doe     | Advanced Mathematics
5.    Jane Smith   | Introduction to Computer Science
6.    Jane Smith   | Advanced Mathematics
7.    Alex Johnson |
8.    Maria Garcia |
9.    (6 rows)
```

上述查询中,确保了即使学生没有选修任何课程,也会被列出。

3. 右连接

右连接与左连接相反,它返回右表的所有记录,即使左表中没有匹配的记录。

示例:查询所有课程及其可能被哪些学生选修。

```
1.    SELECT s.name AS StudentName, c.course_name AS CourseName
2.    FROM students s
3.    RIGHT JOIN enrollments e ON s.student_id = e.student_id
4.    RIGHT JOIN courses c ON e.course_id = c.course_id;
```

查询结果:

```
1.    studentname  |            coursename
2.    -----------+----------------------------------
3.    John Doe     | Introduction to Computer Science
4.    John Doe     | Advanced Mathematics
5.    Jane Smith   | Introduction to Computer Science
6.    Jane Smith   | Advanced Mathematics
7.                 | General Physics
8.                 | Organic Chemistry
9.    (6 rows)
```

注意,大多数 SQL 数据库(包括 openGauss)优先支持 LEFT JOIN。RIGHT JOIN 可以通过改变表的顺序并使用 LEFT JOIN 来实现相同的效果。

4. 全连接

全连接返回左表和右表中所有的记录。当某条记录在其中一个表中没有匹配时,查询结果会用 NULL 来填充那个表的列。

示例:列出所有学生和所有课程,包括没有匹配的记录。

```
1.    SELECT s.name AS StudentName, c.course_name AS CourseName
2.    FROM students s
```

```
3.    FULL JOIN enrollments e ON s.student_id = e.student_id
4.    FULL JOIN courses c ON e.course_id = c.course_id;
```

查询结果：

```
1.    studentname  |           coursename
2.    -------------+------------------------------------
3.    John Doe     | Introduction to Computer Science
4.    John Doe     | Advanced Mathematics
5.    Jane Smith   | Introduction to Computer Science
6.    Jane Smith   | Advanced Mathematics
7.    Alex Johnson |
8.    Maria Garcia |
9.                 | General Physics
10.                | Organic Chemistry
11.   (8 rows)
```

请注意，不是所有的数据库系统都支持FULL JOIN。如果数据库不支持，可能需要通过UNION将LEFT JOIN和RIGHT JOIN的结果组合起来以模拟FULL JOIN的效果。

通过这4种类型的连接查询，可以灵活地从关联的表中检索出需要的信息。选择哪一种连接类型取决于具体需求，例如，想要的结果集是否应该包含没有匹配记录的行。

3.8.4 高级查询

高级查询在SQL中指的是超出基本SELECT、INSERT、UPDATE和DELETE操作的查询技巧和功能，用于解决更复杂的数据检索和处理需求。这些查询可能包括使用子查询、聚合函数、公用表表达式(Common Table Expression，CTE)、条件表达式等高级特性。

以下是基于之前定义的students、courses和enrollments表的一些高级查询示例。

1. 使用聚合函数统计信息

示例：统计每门课程的选修学生人数。

```
1.    SELECT c.course_name, COUNT(e.student_id) AS student_count
2.    FROM courses c
3.    LEFT JOIN enrollments e ON c.course_id = e.course_id
4.    GROUP BY c.course_name;
```

查询结果：

```
1.    course_name                      | student_count
2.    ---------------------------------+---------------
3.    General Physics                  |            0
4.    Advanced Mathematics             |            2
5.    Organic Chemistry                |            0
6.    Introduction to Computer Science |            2
```

上述查询中，显示了每门课程及其对应的选修学生人数。

2. 子查询

示例：查询选修课程数量最多的学生。

```
1.    SELECT s.name, s.email, COUNT(e.course_id) AS course_count
2.    FROM students s
3.    JOIN enrollments e ON s.student_id = e.student_id
4.    GROUP BY s.student_id
```

```
5.    HAVING COUNT(e.course_id) = (
6.     SELECT MAX(course_count) FROM (
7.       SELECT student_id, COUNT(course_id) AS course_count
8.       FROM enrollments
9.       GROUP BY student_id
10.     ) AS subquery
11.   );
```

查询结果：

```
1.    name       |          email            | course_count
2.    ---------+-----------------------+---------------
3.    John Doe   | john.doe@gmail.com        |            2
4.    Jane Smith | jane.smith@example.com    |            2
5.    (2 rows)
```

上述查询中，先计算每位学生选修的课程数量，然后通过子查询找出选修课程数量最多的学生。

3. 公用表表达式

示例：使用CTE查询每个专业的平均成绩。

```
1.    WITH average_grades AS (
2.      SELECT s.major, AVG(e.grade) AS avg_grade
3.      FROM students s
4.      JOIN enrollments e ON s.student_id = e.student_id
5.      GROUP BY s.major
6.    )
7.    SELECT major, avg_grade
8.    FROM average_grades
9.    WHERE avg_grade IS NOT NULL
10.   ORDER BY avg_grade DESC;
```

查询结果：

```
1.    major               |       avg_grade
2.    -----------------+----------------------
3.    Mathematics         | 78.0000000000000000
4.    Computer Science    | 77.5000000000000000
5.    (2 rows)
```

上述查询中，通过WITH average_grades AS定义了一个名为average_grades的CTE，来查询学生的平均成绩，并按专业分类。这个查询的目的是计算每个专业学生的平均成绩。

4. 使用CASE语句处理条件逻辑

示例：根据成绩评级学生。

```
1.    SELECT s.name, e.course_id,
2.    CASE
3.      WHEN e.grade >= 90 THEN 'Excellent'
4.      WHEN e.grade >= 80 THEN 'Good'
5.      WHEN e.grade >= 60 THEN 'Average'
6.      ELSE 'Needs Improvement'
7.    END AS performance
8.    FROM enrollments e
9.    JOIN students s ON e.student_id = s.student_id;
```

查询结果：

```
1.        name     | course_id    | performance
2.     -----------+------------+--------------
3.     John Doe    |           1 | Average
4.     John Doe    |           2 | Excellent
5.     Jane Smith  |           1 | Good
6.     Jane Smith  |           2 | Average
7.     (4 rows)
```

上述查询中，评估了学生在每门课程的表现。

高级查询技术能够对数据进行深入分析，提取出有价值的信息。上述示例展示了如何利用 SQL 的高级特性来执行复杂的查询操作。在实际应用中，可以根据具体需求选择合适的查询方法。

小结

本章首先讲解了什么是 SQL，然后针对数据库的基本操作和数据表的基本操作进行讲解，最后讲解了数据的添加、更新、修改、删除、查询等核心内容，学习完本章就可以掌握数据库的基本操作了。

习题

1. 请简要说明如何创建数据库以及创建数据表。
2. 请简要说明在数据库中如何进行条件查询。

第4章

openGauss体系结构与对象管理

学习目标：

- ❖ 了解 openGauss 的体系结构。
- ❖ 了解 openGauss 的逻辑结构。
- ❖ 了解 openGauss 存储引擎。
- ❖ 掌握数据对象的使用。

openGauss 数据库的体系结构和对象管理是学习该数据库必不可少的内容。通过深入了解 openGauss 的体系结构，能够理解数据如何被存储、处理和保护，从而为高效和安全地运用数据库打下坚实基础。

4.1 openGauss 体系结构

4.1.1 openGauss 体系结构介绍

openGauss 的体系结构主要分为两部分内容，第一部分是 Instance，主要包括一些内存结构和重要的线程；第二部分是 Database，主要包括各种物理文件，包括这里的配置文件、日志文件、数据文件等。接下来通过 openGauss 体系结构图进行详细说明，如图 4-1 所示。

在图 4-1 中，第一部分 Instance 内容比较多，包括内存结构和主要线程，接下来针对这两部分进行详细说明。

1. 内存结构介绍

- share buffer：数据库服务器的共享内存缓冲区。在数据库系统中的读写操作，都是针对内存中的数据，磁盘中的数据必须在处理前加载到内存，也就是数据库缓存中。利用内存充当慢速磁盘与快速 CPU 之间的桥梁，从而加速 I/O 的访问速度。
- cstore buffer：列存所使用的共享缓冲区。在列存表为主的场景中，几乎不用 share buffer。在此场景中，应减少 shared buffers，增加 cstore buffers。

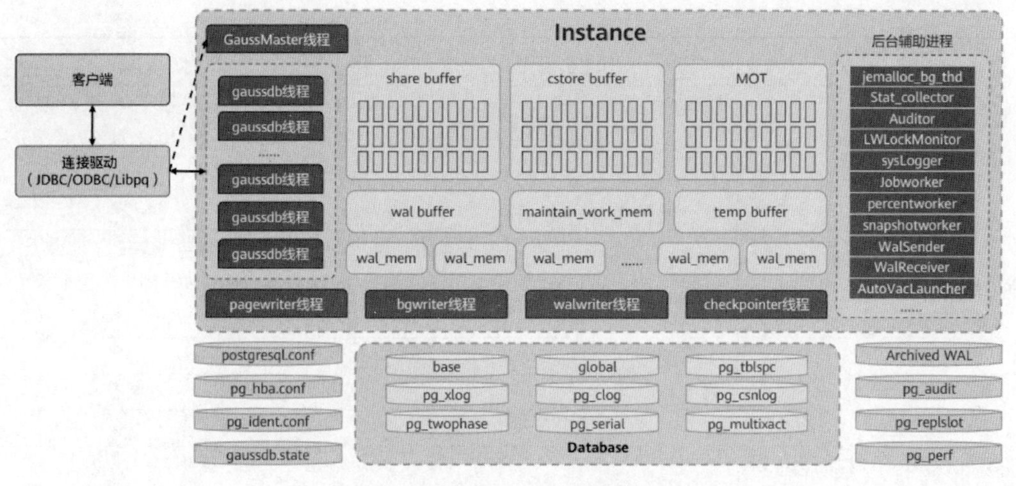

图 4-1 openGauss 体系结构图

- MOT：即 Memory-Optimized Table(内存优化表)，所有数据和索引都在内存中。MOT 在高性能(查询和事务延迟)、高可扩展性(吞吐量和并发量)甚至在某些情况下的成本(高资源利用率)这些方面拥有显著优势。
- wal buffer：用于还未写入磁盘的 WAL 日志的共享内存。
- maintain_work_mem：维护操作如 VACUUM、创建索引，修改表等使用的本地内存。
- work_mem：用于查询操作，例如，排序或哈希表等。
- temp buffer：数据库会话使用的临时缓存，用于访问临时表。

2. 主要线程介绍

- GaussMaster 线程：openGauss 的管理线程，也称为 postmaster 线程。用于数据库启停、消息转发等管理工作。
- pagewriter 线程：负责将脏页数据从内存刷到磁盘中。
- bgwriter 线程：负责将脏页数据复制至双写(double-writer)区域并落盘，然后将脏页转发给 bgwriter 子线程进行数据下盘操作。
- walwriter 线程：负责将内存中的预写日志(WAL)页数据刷新到预写日志文件中，确保已提交的事务都被永久记录，不会丢失。
- checkpoint 线程：周期性触发，每次触发会将全部脏页面刷到磁盘中。

4.1.2 openGauss 技术指标

openGauss 数据库用于高并发、高可用性和高性能的企业级应用，它通过一系列的技术指标和特性来满足这些需求，openGauss 的技术指标如表 4-1 所示。

表 4-1 openGauss 技术指标

技 术 指 标	最 大 值
数据库容量	受限于操作系统与硬件
单表大小	32TB
单行数据大小	1GB，astore 包含 CLOB/BLOB 类型单行上限为 32TB
每条记录单个字段的大小	1GB，astore 包含 CLOB/BLOB 类型单字段上限为 32TB

续表

技术指标	最大值
单表记录数	最大为 2^{32}×((8KB－页面头)/行宽)。代码层面的限制是单表最多 2^{32} 个页面,每个页面大小为 8KB。假设当前数据行宽是 1KB(包括 tuple 头),则单表记录数约为 7 ×2^{32} 行(当前页面大小是 8KB,除了页面头,每个页面包含 7 行数据)
单表最大列数	1600(随字段类型不同会有变化,建表时不校验字段类型,在存入数据时校验。例如,bigint 类型的字段,每个字段存入 8B 数据,则 1600 个字段,需要存入 12 800B,超过一个页面 8KB,插入时会报错)
单表中的索引个数	无限制
复合索引包含列数	32
数据库名长度	63
对象名长度(除数据库名以外的其他对象名)	63
单表约束个数	无限制
并发连接数	10 000
分区表的分区个数	2^{20}－1 个
分区表的单个分区大小	32TB
分区表的单个分区记录数	最大为 2^{32}×((8KB－页面头)/行宽)。代码层面的限制是单表最多 2^{32} 个页面,每个页面大小为 8KB。假设当前数据行宽是 1KB(包括 tuple 头),则单表记录数约为 7×2^{32} 行(当前页面大小是 8KB,除了页面头,每个页面包含 7 行数据)
LOB 最大容量	(1G－8203)B
SQL 文本最大长度	约为 1GB,不同报文接口和处理流程会使用额外空间而略微减少最大可行 SQL 长度

4.2 openGauss 逻辑结构

openGauss 是一款关系数据库管理系统。关系数据库是指采用了关系模型来组织数据的数据库,以行和列的形式存储数据。openGauss 的数据库节点负责存储数据,其存储介质也是磁盘。逻辑视角下,可以看到数据库节点上对象包含表空间、数据库、数据文件、表、数据块。对象之间的逻辑结构如图 4-2 所示。

从图 4-2 可以看出,在一个表空间中,可以存放一个或多个数据库,每个数据库中又可以存放多个表以及文件,文件又包含多个数据块。

4.2.1 表空间

在 openGauss 数据库中,表空间是一个目录,它用于指定数据库或数据库对象存储的物理位置。通过将表和索引放入不同的表空间,数据库管理员可以控制数据文件的存储方式和位置,如分配在不同的磁盘、分区或网络存储上,从而提高访问效率,便于维护和管理。表空间可以存在多个,创建好之后,创建数据库对象时可以指定该对象所属的表空间。

在 openGauss 中,自带两个默认的表空间,具体如下。

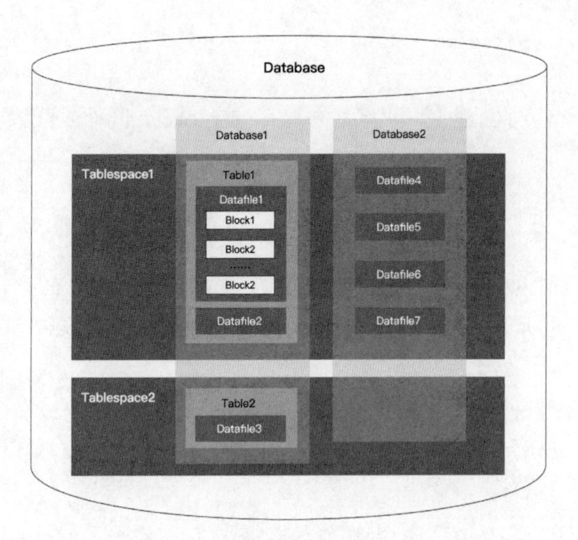

图 4-2　对象之间的逻辑结构

- pg_default：这是存储用户数据的默认表空间。当创建新表或数据库而不指定表空间时，它们通常会被创建在这个表空间中。
- pg_global：这个表空间用于存储全局共享的系统目录，如共享的系统目录表。

要想查看 openGauss 中所有可用的表空间及其位置，可以使用如下语句。

```
1.    SELECT spcname, pg_tablespace_location(oid) AS location
2.    FROM pg_tablespace;
```

查询结果：

```
1.    spcname      |      location
2.    -----------+-------------------
3.    pg_default  |
4.    pg_global   |
5.    (2 rows)
```

如果不想使用默认的表空间，还可以通过 CREATE TABLESPACE 语句自定义表空间。

1. 创建表空间

使用 CREATE TABLESPACE 命令创建新的表空间，指定其名称和存储位置，具体命令如下。

```
1.    CREATE TABLESPACE tablespace_name LOCATION 'directory_path';
```

假如要为用户数据创建一个专用的表空间，名为 my_tablespace，并将其存储在文件系统的/home/open-gauss 目录下，前提是要确保这个目录在数据库服务器上存在，并且 openGauss 数据库的使用用户有权限访问和写入这个目录。

```
1.    CREATE TABLESPACE my_tablespace LOCATION '/home/open - gauss';
```

查询结果：

```
1.    spcname      |      location
2.    -----------+-------------------
3.    pg_default  |
4.    pg_global   |
```

```
5.    testspace    | /home/open-gauss
6.    (3 rows)
```

my_tablespace 表空间创建完成后，就可以在这个表空间下创建数据库或者数据表等，可以使用如下语句。

```
1.    CREATE DATABASE my_database
2.    TABLESPACE my_tablespace;
```

上述命令中，在创建数据库的同时指定了该数据库存储在 my_tablespace 表空间中。这意味着该数据库下的所有数据将被存储在前面指定的物理目录/home/open-gauss 下。

2. 修改表空间

openGauss 中直接修改表空间的操作较为有限，大多数属性设置在创建时完成。但可以通过移动表或索引等方式间接修改使用的表空间。

3. 删除表空间

使用 DROP TABLESPACE 命令删除不再需要的表空间。请注意，删除表空间之前需要确保其中不包含任何数据库对象。

```
1.    DROP TABLESPACE tablespace_name;
```

4.2.2 系统表与系统视图

在 openGauss 数据库中，系统表和系统视图是管理和查询数据库元数据的重要工具。它们提供了数据库结构、配置、性能统计等关键信息的访问方式。理解系统表和系统视图对于数据库管理员和开发人员来说至关重要，因为它们是监控、优化和维护数据库的基础。

1. 系统表

系统表直接存储了数据库的元数据信息。这些表大多位于系统模式 pg_catalog 下，包含关于数据库对象(如表、视图、索引等)、用户权限、配置参数等详细信息。系统表是数据库内部操作的基础，通常不建议直接修改这些表，以免影响数据库的稳定性和一致性。

一些重要的系统表如下。

- pg_class：包含数据库中所有表、视图、索引等的信息。
- pg_attribute：存储了表的列信息。
- pg_database：记录了数据库实例中所有数据库的信息。
- pg_namespace：存储了命名空间(模式)的信息。

如果想要查看所有的系统表，可以使用如下语句。

```
1.    -- 列出所有系统表
2.    SELECT tablename FROM pg_tables WHERE schemaname = 'pg_catalog';
```

2. 系统视图

系统视图提供了一种更易于查询和理解的方式来访问系统表中的数据。它们是基于系统表的查询定义的视图，通常用于简化常见的元数据查询操作。系统视图同样位于 pg_catalog 模式下，许多系统视图也以 pg_为前缀。

一些常用的系统视图如下。

- pg_tables：显示了数据库中所有表的信息。
- pg_views：列出了所有视图及其定义。

- pg_index：提供了索引及其关联表的信息。
- pg_stat_activity：显示了当前数据库活动的统计信息，如正在执行的查询。

如果想要查看所有的系统视图，可以使用如下语句。

```
1.     -- 列出所有系统视图
2.     SELECT viewname FROM pg_views WHERE schemaname = 'pg_catalog';
```

注意，访问系统表和视图可能需要特定的权限，尤其是包含敏感信息的表和视图。虽然系统表提供了数据库内部结构的详细信息，但直接修改这些表可能会破坏数据的一致性和完整性。应通过SQL命令或数据库提供的接口进行数据的增删改查操作。

4.2.3　数据文件

在openGauss数据库系统中，数据文件是存储实际数据的物理文件，它们是数据库存储架构的核心部分。这些文件包含表的数据、索引、系统信息以及其他数据库对象的信息，通常每张表只对应一个数据文件。如果表中的数据大于1GB，则会分为多个数据文件存储。了解数据文件及其管理对于数据库管理员和开发者来说是至关重要的，因为它直接关系到数据库的性能、数据的安全性以及数据恢复能力。

1. 数据文件的作用

（1）数据存储：数据文件是存储表数据、索引以及其他数据库对象数据的物理介质。它们确保数据在数据库服务器重启后依然可用。

（2）事务持久性：通过写入数据文件，openGauss保证了事务的持久性。即使在系统崩溃或电源故障后，已提交事务的修改也不会丢失。

（3）数据恢复：在数据备份和恢复过程中，数据文件是恢复数据库到特定时间点状态的基础。结合事务日志，openGauss能够恢复因用户错误或系统故障而丢失或损坏的数据。

2. 数据文件的类型

（1）表数据文件：存储表的行数据。

（2）索引文件：存储数据库索引信息，用于加速数据检索。

（3）控制文件：包含数据库的重要元数据，如数据文件的列表、系统配置参数等。

（4）WAL（Write-Ahead Logging）文件：记录了所有的数据库事务日志，对于事务的恢复至关重要。

3. 数据文件的管理

（1）表空间管理：openGauss允许通过创建表空间来组织数据文件，管理员可以指定不同的表空间存储在不同的物理位置，以优化性能和管理存储。

（2）扩展和收缩：数据文件可以根据存储需求自动扩展。如果数据被删除，数据库管理员可以采取措施来收缩文件大小，释放未使用的空间。

（3）备份与恢复：定期备份数据文件是保证数据安全的重要手段。openGauss支持全备份及增量备份，以及点对点恢复（PITR）。

数据文件在openGauss数据库的运行和管理中起着至关重要的作用，不仅保证了数据的持久存储和安全性，也支持了高效的数据访问和恢复。数据库管理员需要合理规划数据文件的布局和管理策略，以确保数据库系统的高性能和数据的安全性。

4.2.4 数据块

在 openGauss 数据库中，数据块（也称为“页面”或“页”）是数据库存储结构的基本单位，默认大小为 8KB。一个数据块包含一定量的数据，它是数据库文件系统中用于存储和管理数据的最小单位。

1. 数据块的特点

（1）大小：openGauss 中的数据块大小通常为 8KB，这意味着数据库以 8KB 为单位读写数据。数据块的大小在数据库初始化时确定，并且对于同一个数据库实例来说是固定的。

（2）组成：每个数据块包含一个或多个数据库行（即表中的记录），取决于行的大小和数据块的配置。数据块还包含管理信息，如行偏移量和可用空间指示器。

（3）自动管理：openGauss 自动管理数据块的分配和回收。当表中的数据增加时，数据库会自动分配新的数据块；当数据被删除时，相关的数据块会被标记为可重用。

2. 数据块的作用

（1）效率：通过使用数据块，数据库可以高效地管理和访问存储在磁盘上的数据。数据块减少了磁盘 I/O 操作的次数，提高了数据访问的速度。

（2）并发控制：数据块支持多版本并发控制（MVCC），这允许多个事务同时访问同一数据块而不互相干扰，提高了并发访问性能。

（3）空间管理：数据库通过管理空闲和占用的数据块来优化存储空间的使用，提高存储效率。

4.3 openGauss 存储引擎

4.3.1 行存表

行存储表是最传统的数据库存储方式，它将一行数据存储在相邻的存储空间内。这种存储方式使得行存表在处理事务性工作负载时表现出色，因为它能够快速地执行增加、更新和删除操作。本书使用的就是行存表。

优势：

（1）高效的数据修改操作，适合频繁的 CRUD 操作。

（2）适用于需要频繁访问完整记录的应用场景。

4.3.2 列存表

列存储表采用列式存储方式，即将同一列的数据存储在一起。这种方式在分析处理等读密集型应用中非常有效，特别是当查询只需要访问表中的几列而不是全部列时。

优势：

（1）高效的数据压缩率，节约存储空间。

（2）加速聚合查询（如 SUM、AVG、COUNT），因为可以直接在列数据上操作而无须加载整行数据。

（3）提高了扫描特定列数据的速度，尤其适用于大规模数据分析。

4.3.3 内存优化表

内存优化表(Memory-Optimized Table,MOT)是存储在内存中的数据表,为了提供更高的事务处理速度和更低的延迟而设计。与传统的基于磁盘的表相比,内存表可以显著提高数据访问速度,因为它们避免了磁盘I/O操作的开销。

优势:

(1) 极高的数据访问速度和事务吞吐量。

(2) 降低查询延迟,适合对实时性要求极高的应用场景。

(3) 支持全面的事务语义,兼容SQL标准。

每种表的选择依赖于具体的应用场景和性能要求。行存储表适合事务处理和操作频繁的场景,列存储表适合数据仓库和分析查询,而内存优化表则适用于需要极高性能和低延迟的应用。在设计数据库和数据模型时,合理选择数据存储模型对于优化性能和资源使用至关重要。

4.4 数据库对象

在数据库系统中,数据库对象是存储或引用数据的结构。它们是数据库架构的基本组成部分,用于管理、存储和检索数据。不同类型的数据库对象支持数据库的不同功能,例如,存储数据、保证数据完整性、控制数据访问等。接下来将针对数据库对象进行详细讲解。

4.4.1 表对象

在数据库系统中,表对象是组成数据库结构的核心。表对象不仅包括基本的表结构,还包括与表相关联的一系列对象,这些对象用于定义数据的结构、维护数据的完整性和优化数据的访问。以下是与表对象相关的主要组成部分。

1. 表

表(Table)是数据库中最基本和最常用的对象类型,用于存储数据。表由行(记录)和列(字段)组成。用于存储实体的数据,如用户、订单等。

2. 索引

索引(Index)是一个数据库对象,用于提高查询数据的速度。它在表的一个或多个列上创建,可以视为数据库表的目录。索引虽然能加速数据的检索速度,但会增加写入数据时的开销。

3. 视图

视图(View)是基于SQL语句的结果集的可视化表现形式。它是一个虚拟表,由一个或多个表中的数据构成。其作用是简化复杂SQL查询,保护数据,限制对特定数据的访问。

4. 存储过程

存储过程(Stored Procedure)是一组为了完成特定功能的SQL语句集,存储在数据库中,可以通过特定的名称调用执行。其用途是封装逻辑,提高代码重用,减少网络通信量,增加安全性。

5. 触发器

触发器(Trigger)是数据库中的一种特殊类型的存储过程,它会在表上发生指定事件(如插入、更新或删除)时自动执行。其作用是自动执行操作,如维护数据的完整性和自动更新数据。

6. 序列

序列(Sequence)是数据库中用于生成数值序列的对象,通常用于自动生成唯一标识符(如主键值)。用于生成唯一的数值,用作记录的主键或其他需要唯一值的场合。

7. 约束

约束(Constraint)是在表上定义的规则,用于限制存储在表中的数据类型,保证数据的准确性和完整性,如主键约束(Primary Key)、外键约束(Foreign Key)、唯一约束(Unique)、检查约束(Check)等。

8. 模式

模式(Schema)是数据库对象的逻辑集合,它定义了数据库的结构和方式。一个数据库可以包含一个或多个模式,每个模式中可以包含表、视图等对象。主要用于组织和分隔数据库对象,便于管理。

这里对这些表对象有一个简单了解即可,后续会挑选重要的表对象进行详细讲解。

4.4.2 索引

在 openGauss 数据库中,索引是一个数据库对象,它可以帮助数据库快速定位表中的特定数据。索引通过为表中的一列或多列创建一个快速查找路径来加速数据检索操作,特别是对于大量数据的查询。索引的使用对于提高查询性能、优化数据访问速度至关重要。

当没有索引时,数据库执行查询操作需要进行全表扫描,即逐行检查表中的每条记录,以找到匹配的数据。这种方式随着数据量的增加而变得非常低效。索引通过创建一个排序的数据结构(通常是 B 树或变体,如 B+树),使得数据库可以通过索引快速定位到表中的特定行,从而避免全表扫描。

openGauss 支持多种类型的索引,常见的索引类型如下。

- B 树索引:最常用的索引类型,适用于等值查询、范围查询和排序操作。
- 哈希索引:适用于等值查询,使用哈希表实现。
- GiST 索引:一种通用搜索树,适用于多种复杂数据类型的索引,如地理空间数据。
- GIN 索引:倒排索引,适合索引包含多个值的数据类型,如数组和全文搜索。

创建索引是通过 CREATE INDEX 语句完成的,其基本语法如下。

```
1.    CREATE INDEX index_name ON table_name (column_name);
```

上述语法中,index_name 为索引指定的名称,table_name 是要创建索引的表名,column_name 是表中想要索引的列名。

前面创建了学生表 students,为了提高查询性能,这里可以为 students 表创建一个索引,尤其是如果经常根据某个字段查询数据,假设经常需要根据 major(专业)来查询学生信息,那么就可以在 major 字段上创建一个索引。

在 students 表的 major 字段上创建索引(不指定具体的索引类型则默认创建 B 树索引),可以使用如下命令。

```
1.    CREATE INDEX idx_students_major ON students(major);
```

创建索引后，当执行涉及该字段的查询时，数据库系统会自动使用该索引来加速查询。例如，如果想查找所有主修 Computer Science 的学生，可以使用如下语句。

```
1.    SELECT * FROM students WHERE major = 'Computer Science';
```

在执行查询时，数据库系统将利用刚刚创建的索引 idx_students_major 来快速定位所有专业为 Computer Science 的学生记录，而不需要扫描整个 students 表。这将大大减少查询所需的时间，特别是当表中包含大量记录时。

索引创建完成后，如果想要查看数据库中存在的索引，则可以通过系统目录视图来查询索引信息，在 openGauss 中，pg_indexes 视图提供了关于数据库中所有索引的信息，包括索引所在的模式(schema)、索引名、索引所属的表以及索引的定义(创建语句)，使用如下语句可以查询索引。

```
1.    SELECT schemaname, tablename, indexname, indexdef
2.    FROM pg_indexes
3.    WHERE tablename = 'students';
```

如果不想使用索引了，也可以通过 DROP 语句删除指定索引，具体如下。

```
1.    DROP INDEX idx_students_major;
```

需要注意的是，在某些数据库系统中，可能需要指定索引所在的模式(schema)，尤其是在数据库中使用了多个模式，并且相同的索引名称出现在不同的模式中。

4.4.3 视图

在 openGauss 数据库中，视图是一个虚拟的表，其内容由 SQL 查询定义。视图并不存储数据本身，而是在查询时动态生成数据。它们提供了一种强大的方式来简化复杂的查询、重用 SQL 语句，以及对数据进行逻辑上的抽象和封装。

1. 视图的用途

(1) 简化复杂的查询：将复杂的 SQL 查询封装在视图中，用户可以通过查询视图来获取需要的信息，而无须编写复杂的 SQL 语句。

(2) 保护数据：通过视图可以限制用户对某些数据的访问，只展示给用户他们需要的数据，从而保护表中的敏感信息或隐藏数据的复杂结构。

(3) 数据抽象：视图可以为数据提供逻辑上的抽象，使得用户不必关心数据的存储细节。

(4) 重用 SQL 语句：对于频繁执行的查询，可以创建视图来重用 SQL 语句，减少编码工作量。

2. 创建视图

创建视图可以通过 CREATE VIEW 语句，其语法格式如下。

```
1.    CREATE VIEW view_name AS
2.    SELECT column1, column2, …
3.    FROM table_name
4.    WHERE condition;
```

例如，创建一个视图来计算每个学生在所有选课中的平均成绩，可以使用如下语句。

```
1.    CREATE VIEW view_student_average_grade AS
```

```
2.    SELECT s.student_id, s.name AS student_name, AVG(e.grade) AS average_grade
3.    FROM students s
4.    JOIN enrollments e ON s.student_id = e.student_id
5.    GROUP BY s.student_id;
```

例如，创建一个学生选课视图，展示学生的选课信息，包括学生姓名、课程名称和成绩，可以使用如下语句。

```
1.    CREATE VIEW view_student_courses AS
2.    SELECT s.name AS student_name, c.course_name, e.grade
3.    FROM students s
4.    JOIN enrollments e ON s.student_id = e.student_id
5.    JOIN courses c ON e.course_id = c.course_id;
```

3. 使用视图

一旦创建了视图，就可以像查询普通表一样查询视图，具体语句如下。

```
1.    SELECT student_name, average_grade
2.    FROM view_student_average_grade
3.    WHERE average_grade > 70;
```

4. 更新视图

openGauss提供了CREATE OR REPLACE VIEW语句，允许直接更新视图的定义而不需要先删除它。如果视图不存在，此命令将创建一个新视图，因此也可以使用该语句创建视图；如果视图已存在，它将用新的查询替换旧的视图定义。

```
1.    CREATE OR REPLACE VIEW view_name AS
2.    SELECT …
```

5. 删除视图

使用DROP VIEW命令来删除不再需要的视图，具体语句如下。

```
1.    DROP VIEW if exists view_student_courses;
```

6. 注意事项

(1) 视图的性能：因为视图是在查询时动态生成的，所以复杂的视图可能会影响查询性能。应当注意视图定义的优化。

(2) 视图与基表的依赖关系：如果修改了视图所依赖的表结构(如删除一个列)，可能会导致视图无法正常使用。

视图是数据库设计中非常有用的工具，通过合理使用视图，可以提高数据库应用的安全性、灵活性和可维护性。

4.4.4 存储过程

存储过程是一组为了完成特定功能的SQL声明集，它们被编译并存储在数据库中，可以通过指定的名称调用执行。存储过程可以接收输入参数，返回输出参数和结果集。使用存储过程不仅可以提高SQL代码的重用性，还能减少网络通信量和提高性能，特别是在处理复杂的业务逻辑时。

1. 存储过程的优点

(1) 性能提升：存储过程在数据库中预编译，这意味着执行时减少了编译时间，尤其是对于复杂的查询和操作，可以显著提高效率。

（2）减少网络流量：通过执行数据库服务器端的存储过程而不是多次执行客户端到服务器的单独 SQL 语句，可以减少网络通信量。

（3）增强安全性：可以通过对存储过程的调用来限制用户对基础数据的直接访问，增强数据访问的安全性。

（4）重用性和维护性：存储过程将业务逻辑封装在一处，便于管理和更新。

2．创建存储过程

创建存储过程可以通过 CREATE PROCEDURE 语句，其语法格式如下。

```
1.    CREATE PROCEDURE procedure_name
2.       [ ( {[ argname ] [ argmode ] argtype [  =  expression ]}[,...]) ]
3.       { IS | AS }
4.       BEGIN
5.           procedure_body
6.       END
7.    /
```

说明如下。

（1）procedure_name：创建的存储过程名称。

（2）argname：参数的名称。

（3）argmode：参数的模式。取值范围为 IN、OUT、INOUT、VARIADIC。IN 表示输入参数，也是默认值。OUT 表示输出参数，该值可在存储过程内部被改变，并可返回。INOUT 表示输入输出参数。调用时指定，并且可被改变和返回。VARIADIC 用于声明数组类型的参数。

- argtype：参数的数据类型。
- expression：设定默认值。
- IS、AS：语法格式要求，必须写其中一个。
- BEGIN、END：语法格式要求，必须写。
- procedure_body：存储过程内容。

3．调用存储过程

使用 CALL 命令来调用存储过程，其语法格式如下。

```
1.    CALL procedure_name ( param_expr );
```

上述语法中，param_expr 表示参数列表。参数间用“,”隔开；参数名和参数值用“:=”或者“=>”隔开。

4．删除存储过程

使用 DROP PROCEDURE 命令删除存储过程，其语法格式如下。

```
1.    DROP PROCEDURE procedure_name;
```

5．存储过程示例

接下来使用前面创建的 students 表，创建存储过程，添加一条学生信息，具体语句如下。

```
1.    CREATE PROCEDURE insert_data(
2.      param0 INT,
3.      param1 VARCHAR(100),
```

```
4.     param2 INT,
5.     param3 VARCHAR(100),
6.     param4 VARCHAR(255)
7.   )
8.   IS
9.     BEGIN
10.    INSERT INTO students VALUES(param0,param1,param2,param3,param4);
11.  END;
12.  /
13.  --调用存储过程
14.  CALL insert_data(param0: = 100,param1: = 'Tom Doe' ,param2: = 21,param3: = 'Computer
     Science',param4: = 'Tom.doe@gmail.com');
15.  --删除存储过程
16.  DROP PROCEDURE insert_data;
```

上述命令中,创建了一个名为 insert_data 的存储过程,然后通过 CALL 调用存储过程,添加一个学生信息。最后通过 DROP PROCEDURE 删除存储过程。

4.4.5 触发器

触发器是一种特殊类型的存储过程,它会在数据库中发生特定事件(如 INSERT、UPDATE 或 DELETE 操作)时自动执行函数。触发器可以定义在表上,用于自动检查或更改数据库中的数据,以维护数据的完整性、实施业务规则或记录数据变更等。

1. 触发器的特点

(1) 自动执行:触发器不需要被显式调用,它会在定义的数据库事件发生时自动执行。

(2) 事件驱动:触发器的执行基于数据表中的数据修改事件,如数据的添加、修改或删除。

(3) 灵活性:触发器可以执行复杂的 SQL 语句,包括调用其他存储过程,实现复杂的业务逻辑。

2. 创建触发器

使用 CREATE TRIGGER 命令创建触发器,其语法格式如下。

```
1.   CREATE TRIGGER trigger_name { BEFORE | AFTER | INSTEAD OF } { event [ OR … ] }
2.        ON table_name
3.        [ FOR [ EACH ] { ROW | STATEMENT } ]
4.        [ WHEN ( condition ) ]
5.        EXECUTE PROCEDURE function_name ( arguments );
```

说明如下。

- trigger_name:触发器名称。
- BEFORE:触发器函数是在触发事件发生前执行。
- AFTER:触发器函数是在触发事件发生后执行。
- INSTEAD OF:触发器函数直接替代触发事件。
- event:启动触发器的事件,取值范围包括 INSERT、UPDATE、DELETE 或 TRUNCATE,也可以通过 OR 同时指定多个触发事件。
- table_name:触发器对应的表名称。
- FOR EACH ROW|FOR EACH STATEMENT:触发器的触发频率。FOR EACH ROW 是指该触发器是受触发事件影响的每一行触发一次。FOR EACH STATEMENT 是指该触发器是每个 SQL 语句只触发一次。默认为 FOR EACH STATEMENT。

- function_name：用户定义函数，必须声明为不带参数并返回类型为触发器，在触发器触发时执行。
- arguments：执行触发器时要提供给函数的可选的以逗号分隔的参数列表。

3. 修改触发器

使用 ALTER TRIGGER 命令修改触发器，其语法格式如下。

```
1.    ALTER TRIGGER trigger_name ON table_name RENAME TO new_trigger_name;
```

4. 删除触发器

使用 DROP TRIGGER 命令删除触发器，其语法格式如下。

```
1.    DROP TRIGGER trigger_name ON table_name [ CASCADE | RESTRICT ];
```

5. 触发器示例

假设有一个学生表 students 和一个记录修改历史的表 student_audit。下面是一个触发器示例，它会在 students 表中的记录被更新时，自动向 student_audit 表插入一条记录，具体语句如下。

```
1.    CREATE FUNCTION record_student_insert()
2.    RETURNS TRIGGER AS $ $
3.    DECLARE
4.    BEGIN
5.       INSERT INTO student_audit(student_id, updated_at) VALUES (NEW.student_id, NOW());
6.       RETURN NEW;
7.    END;
8.     $ $ LANGUAGE plpgsql;
9.
10.   CREATE TRIGGER student_insert_trigger
11.   AFTER UPDATE ON students
12.   FOR EACH ROW
13.   EXECUTE PROCEDURE record_student_insert();
```

在上述示例中，record_student_insert 是一个返回触发器类型的函数，它定义了触发器要执行的操作。student_insert_trigger 是触发器本身，它在 students 表上的每条记录被更新后执行。

需要注意的是，触发器可能会影响数据库操作的性能，特别是在频繁触发时。应谨慎使用触发器，避免产生复杂的级联操作和难以预料的情况。

小结

本章中，深入探讨了 openGauss 数据库的体系结构与对象管理，涵盖了从基础架构到具体的数据库对象。通过这一章的学习，读者获得了对 openGauss 数据库内部工作原理及其管理的深入理解，为后续的学习奠定了坚实的基础。

习题

1. 请简要说明 openGauss 的体系结构。
2. 请简要说明 openGauss 的存储引擎包括哪些。

第5章

事务管理与并发控制

学习目标：

❖ 了解什么是事务。

❖ 掌握常见的事务操作。

❖ 了解事务的隔离级别。

❖ 掌握事务的异常处理。

❖ 掌握事务的并发控制。

事务管理与并发控制，是数据库管理系统中保证数据完整性和一致性的关键技术。事务被定义为一个或多个数据库操作的集合，这些操作作为一个单一的工作单元执行，要么全部成功，要么全部失败，从而保证了数据库的一致性。本章将针对事务管理与并发控制进行详细讲解。

5.1 事务机制

5.1.1 事务的概念

事务是数据库管理系统中的一个基本概念，它指的是作为单个逻辑工作单位执行的一系列操作，也可以说是一系列操作的集合，这些操作作为一个整体一起执行，要么全部成功，要么全部失败。

以现实生活中转账为例，转账可以分为转入和转出，只有这两部分都完成才认为转账成功，在数据库中，这个过程是使用两条 SQL 语句来完成的，如果其中任意一条语句出现异常没有执行，则会导致两个账户的金额不同步，造成错误。此时就可以使用事务来解决这个问题，将两条语句作为一个整体一起执行，要么全部执行成功，要么全部执行失败，以确保账户金额的同步。

事务的核心特点是原子性、一致性、隔离性、持久性，这些特性常被称为 ACID 属性。

1. 原子性

原子性(Atomicity)意味着事务中的所有操作要么全部成功执行，要么全部不执行。事务作为一个整体被执行，不允许只执行事务中的一部分操作。如果事务中的某个操作失败，整个事务将被回滚（撤销）到事务开始之前的状态。

2. 一致性

一致性（Consistency）确保事务的执行将数据库从一个一致的状态转变到另一个一致的状态。一致状态的定义是基于数据库的完整性约束，如外键约束、唯一约束等。事务执行过程中不应违反这些约束。

3. 隔离性

隔离性（Isolation）是指并发执行的事务之间的操作是隔离的，一个事务的操作不应该被其他事务干扰。数据库系统通过并发控制机制实现事务的隔离性，以避免诸如脏读、不可重复读和幻读等问题。

4. 持久性

持久性（Durability）意味着一旦事务被提交，它对数据库所做的更改就是永久的，即使系统发生故障。提交后的事务结果被持久化存储在数据库中，不会因为系统故障而丢失。

事务的管理对于维护数据库的完整性和一致性至关重要。数据库管理系统提供了事务管理的机制，允许开发者控制事务的开始、执行、提交或回滚，以确保数据的准确性和可靠性。通过使用事务，开发者可以构建出强大且稳定的数据库应用程序，有效地处理并发数据访问，保护数据免受损坏。

5.1.2 事务的操作

openGauss 是一个开源的关系数据库管理系统，由华为主导开发。它支持 SQL 标准，并提供了事务管理功能，使得开发者可以在应用程序中利用事务来保证数据的一致性和隔离性。在 openGauss 中，事务的操作主要涉及以下几方面。

1. 开始事务

在 openGauss 中，可以使用 BEGIN 或 START TRANSACTION 命令来开始一个新的事务。这标志着事务的开始，之后的所有数据库操作都将作为这个事务的一部分。

```
1.    BEGIN;
2.    或
3.    START TRANSACTION;
```

2. 提交事务

当事务中的所有操作都成功完成，且想要将这些更改永久保存到数据库中时，可以使用 COMMIT 命令来提交事务。提交事务会将自事务开始以来进行的所有数据修改永久化到数据库中。

```
1.    COMMIT;
```

3. 回滚事务

如果在事务执行过程中遇到错误，或者出于某种原因决定放弃事务中所做的所有修改，可以使用 ROLLBACK 命令来回滚事务。回滚将撤销自事务开始以来所做的所有修改，将数据库恢复到事务开始时的状态。

```
1.    ROLLBACK;
```

4. 设置保存点

在事务执行的过程中,可以设置一个或多个保存点(SAVEPOINT)。保存点允许在事务内部标记一个特定的点,之后如果需要,可以仅将事务回滚到这个点,而不是完全回滚事务。使用 ROLLBACK TO SAVEPOINT 命令来回滚到特定的保存点。

```
1.    ROLLBACK TO SAVEPOINT;
```

5. 事务隔离级别的设置

在 openGauss 中,可以通过 SET TRANSACTION 命令来设置事务的隔离级别,具体语句如下。

```
1.    SET TRANSACTION ISOLATION LEVEL READ COMMITTED;
```

上述语句设置了当前事务的隔离级别为"读已提交",这是 4 种标准 SQL 隔离级别之一。使用事务是保持数据库一致性和完整性的关键机制,尤其是在并发访问的环境中。在 openGauss 中有效地使用事务,可以帮助开发者确保应用的数据处理逻辑既准确又高效。

下面通过一个例子来演示事务的操作。假设有一个简单的银行账户表 accounts,其中包含三个字段 id(账户 ID)、account_number(卡号)和 balance(账户余额)。账户 1 初始余额 1000 元,账户 2 初始余额 2000 元,然后来模拟转账的过程。

首先,需要创建这个表并插入一些初始数据,具体语句如下。

```
1.    CREATE TABLE accounts (
2.        account_id INT PRIMARY KEY,
3.        account_number VARCHAR(20),
4.        balance DECIMAL(10, 2)
5.    );
6.    INSERT INTO accounts (account_id, account_number, balance) VALUES (1, 6214850117715334,
      1000.00);
7.    INSERT INTO accounts (account_id, account_number, balance) VALUES (2, 6214850117715335,
      2000.00);
```

然后将通过一个事务来模拟从一个账户向另一个账户转账的过程,具体语句如下。

```
1.    BEGIN;
2.    UPDATE accounts SET balance = balance - 100 WHERE account_id = 1;
3.    UPDATE accounts SET balance = balance + 100 WHERE account_id = 2;
4.    COMMIT;
```

上述语句执行成功后,可以通过 SELECT 语句查询 accounts 表中两个账户的余额情况,查询结果如下。

```
1.    schooldb = # SELECT * FROM accounts;
2.    account_id | account_number | balance
3.    ------------+------------------+---------
4.             1 | 6214850117715334 |  900.00
5.             2 | 6214850117715335 | 2100.00
6.    (2 rows)
```

在上述例子中,首先开始了一个事务,然后执行转账操作,如果语句操作均正常,则执行事务的提交操作,完成转账功能。

在实际应用中,事务可能会涉及更复杂的逻辑和错误处理机制,还需要根据具体的业务逻辑和数据一致性要求来设计和实现事务。

5.1.3 事务的异常处置

在数据库操作中，事务异常处置是处理事务执行过程中遇到的错误和异常的过程。这些错误可能是由于多种原因造成的，包括数据冲突、违反约束条件、系统错误等。正确处理这些异常对于保持数据库的完整性和一致性至关重要。以下是一些常见的事务异常处置策略。

1. 回滚事务

回滚(Rollback)是处理事务异常的最直接方式。当事务中的一个操作失败时，可以使用回滚操作撤销事务中所有已执行的操作，使数据库回到事务开始之前的状态。这样可以保证数据库的一致性不被破坏。

```
1.    BEGIN;
2.    -- 执行一系列数据库操作
3.    DO SOMETHING;
4.    -- 如果发生错误
5.    ROLLBACK; -- 撤销所有更改
```

接下来仍以转账为例来演示事务回滚，设置账户1初始余额为1000元，账户2初始余额为2000元，假设账户1想要给账户2转账100元，此时可以开启一个事务，通过UPDATE语句将账户1的100元钱转给账户2，具体语句如下。

```
1.    BEGIN;
2.    UPDATE accounts SET balance = balance - 100 WHERE account_id = 1;
3.    UPDATE accounts SET balance = balance + 100 WHERE account_id = 2;
```

上述语句执行完成后，使用SELECT语句查询两个账户的余额，查询结果如下。

```
1.    schooldb = # SELECT * FROM accounts;
2.    account_id |  account_number  | balance
3.    ---------+----------------+---------
4.             1 | 6214850117715334 |  900.00
5.             2 | 6214850117715335 | 2100.00
6.    (2 rows)
```

从上述结果可以看出，账户1的余额为900元，账户2的余额为2100元，说明转账成功。然而此时账户1反悔了不想给账户2转账，由于事务还没有提交，就可以将事务回滚，取消本次转账操作，具体语句如下。

```
1.    ROLLBACK;
```

ROLLBACK语句执行成功后，再次使用SELECT语句查询两个账户的余额，查询结果如下。

```
1.    schooldb = # SELECT * FROM accounts;
2.    account_id |  account_number  | balance
3.    ---------+----------------+---------
4.             1 | 6214850117715334 | 1000.00
5.             2 | 6214850117715335 | 2000.00
6.    (2 rows)
```

从查询结果可以看出，账户1的金额是1000元且账户2的金额是2000元，并没有完成转账的功能，因此说明当前事务中的操作被取消了并没有执行。

2. 使用保存点

在事务执行过程中设置保存点(Savepoints),可以在事务失败时只回滚到特定的保存点,而不是完全回滚事务。这允许更细粒度的错误恢复,可以在不放弃整个事务的情况下修正错误,具体语句如下。

```
1.    BEGIN;
2.    SAVEPOINT savepoint_name; -- 设置保存点
3.     -- 执行一系列操作
4.    DO SOMETHING;
5.     -- 如果某个操作失败
6.    ROLLBACK TO savepoint_name; -- 回滚到保存点
7.     -- 继续其他操作或最终提交事务
8.    COMMIT;
```

还是以转账为例,设置账户 1 初始余额为 1000 元,账户 2 初始余额为 2000 元,假设账户 1 想要给账户 2 转账 100 元,此时可以开启一个事务,通过 UPDATE 语句将账户 1 的 100 元钱转给账户 2,具体语句如下。

```
1.    BEGIN;
2.    SAVEPOINT before_transfer;
3.    UPDATE accounts SET balance = balance - 100 WHERE account_id = 1;
4.    UPDATE accounts SET balance = balance + 100 WHERE account_id = 2;
```

上述语句执行完成后,使用 SELECT 语句查询两个账户的余额,查询结果如下。

```
1.    schooldb = # SELECT * FROM accounts;
2.    account_id |   account_number  | balance
3.    ---------+---------------+---------
4.              1 | 6214850117715334 |  900.00
5.              2 | 6214850117715335 | 2100.00
6.    (2 rows)
```

从上述结果可以看出,账户 1 的余额为 900 元,账户 2 的余额为 2100 元,说明转账成功。假设此时发生错误,如账户 2 不存在或转账金额不正确等,需要回滚到 before_transfer 保存点,撤销从账户 1 扣除的金额,就可以将事务回滚到保存点,具体语句如下。

```
1.    ROLLBACK TO before_transfer;
```

上述语句执行成功后,再次使用 SELECT 语句查询两个账户的余额,查询结果如下。

```
1.    schooldb = # SELECT * FROM accounts;
2.    account_id |   account_number  | balance
3.    ---------+---------------+---------
4.              1 | 6214850117715334 | 1000.00
5.              2 | 6214850117715335 | 2000.00
6.    (2 rows)
```

从查询结果可以看出,账户 1 的金额是 1000 元且账户 2 的金额是 2000 元,并没有完成转账的功能。这样当账户 2 时发生错误,可以使用 ROLLBACK TO before_transfer;语句回滚到 before_transfer 保存点,这样账户 1 的扣款操作就会被撤销,保持了数据的一致性。

5.1.4 事务的隔离级别

事务的隔离级别定义了一个事务可能受到其他并发事务的影响程度。隔离级别的设置是为了在并发访问数据库时,平衡数据的正确性和访问速度。SQL 标准定义了 4 种隔离级别,每个级别在并发性和数据一致性之间提供不同的权衡。以下是这 4 种隔离级别,从最低到最高。

1. 读未提交(Read Uncommitted)

在这个级别下,一个事务可以读取另一个事务未提交的数据。这种级别的并发性最高,但是它允许"脏读"(即读取到其他事务未提交的更改)。

2. 读提交(Read Committed)

事务只能读取到其他事务已经提交的数据。这个级别防止了脏读,但是仍然允许"不可重复读",即在同一事务中,两次读取同一记录可能会得到不同的结果,因为其他事务在这两次读取之间进行了更新并提交。

3. 可重复读(Repeatable Read)

保证在同一个事务内,多次读取同一数据的结果是一致的,即避免了不可重复读。但是这个级别仍然可能出现"幻读",即事务在读取某个范围的记录时,另一个事务插入了新的记录,导致第一个事务再次读取时会发现之前未见过的新记录。

4. 串行化(Serializable)

串行化是事务的最高隔离级别,它通过锁定涉及的所有行来防止脏读、不可重复读和幻读。这保证了完全的隔离,使得并发执行的事务看起来就像是依次串行执行的。

选择合适的隔离级别是在数据一致性需求和系统性能之间做出的重要权衡。较低的隔离级别提高了并发性能,但降低了数据的一致性保障;而较高的隔离级别虽然提供了更强的数据一致性保护,却以牺牲一定的并发性能为代价。数据库设计者和开发者需要根据具体的应用场景和业务需求,选择最适合的事务隔离级别。

5.2 并发控制

5.2.1 并发问题介绍

在数据库系统中,当多个事务同时执行时,如果没有适当的并发控制机制,就可能出现各种并发问题。这些问题不仅会影响数据的一致性和完整性,还可能导致数据的不一致性,破坏数据库的可靠性。主要的并发问题如下。

1. 脏读

脏读(Dirty Read)发生在一个事务读取了另一个事务未提交的数据时。如果那个事务回滚,它所做的更改就会消失,这意味着第一个事务读到了根本不存在的数据。

实际上,在 openGauss 中,即使设置事务的隔离级别为较低的 READ UNCOMMITTED,也不会导致脏读。这是因为 openGauss 使用多版本并发控制(MVCC)来保证即使在最低隔离级别下也不会出现脏读。脏读主要在理论上讨论,以更好地理解事务隔离级别对并发事务处理的影响。在生产环境中,通常应该避免脏读,因为脏读可能导致数据不一致。

介于上述原因,在 openGauss 中演示脏读可能比较困难,这里仅演示脏读出现的过程。接下来就以前面 accounts 表中的数据为例来演示脏读出现的过程,假设有两个并发事务 T1 和 T2,具体步骤如下。

T1：更新账户 1 的余额但未提交。

```
1.  -- T1 开始
2.  BEGIN;
3.  UPDATE accounts SET balance = balance - 100 WHERE account_id = 1;
```

T2：读取了 T1 修改后的账户 1 余额。

```
1.  -- 设置隔离级别以演示脏读
2.  SET TRANSACTION ISOLATION LEVEL READ UNCOMMITTED;
3.  -- T2 开始
4.  BEGIN;
5.  -- 在 T1 提交或回滚之前读取账户 1 的余额
6.  SELECT balance FROM accounts WHERE account_id = 1;
7.  COMMIT;
```

T1：T1 回滚更改。

```
1.  ROLLBACK
```

在上述操作中，如果 T2 在 T1 回滚之前读取了账户 1 的余额，则说明 T2 就发生了脏读。

2. 不可重复读

不可重复读(Non-repeatable Read)发生在一个事务中两次读取同一数据集合时，另一个并发事务更新了这些数据并提交，导致第一个事务两次读取的结果不一致，这主要是由于更新操作造成的。

接下来演示不可重复读，首先将事务隔离级别设置为 READ COMMITTED(这通常是默认级别，可以省略不写)，然后开始一个事务并读取数据，具体步骤如下。

T1：开始一个新事务，读取数据。

```
1.  -- 设置隔离级别以演示不可重复读
2.  SET TRANSACTION ISOLATION LEVEL READ COMMITTED;
3.  -- 事务 1 开始
4.  BEGIN;
5.  SELECT balance FROM accounts WHERE account_id = 1; -- 假设返回 1000.00
```

查询结果：

```
1.  balance
2.  -------------
3.  1000.00
4.  (1 row)
```

T2：开始一个新事务，修改同一条记录的数据，然后提交。

```
1.  -- 事务 2 开始
2.  BEGIN;
3.  UPDATE accounts SET balance = 900 WHERE account_id = 1;
4.  COMMIT;
```

T1：在 T1 中再次读取相同的记录。

```
1.  SELECT balance FROM accounts WHERE account_id = 1;
    -- 在 READ COMMITTED 级别下，可能返回 900
2.  COMMIT;
```

查询结果：

```
1.    balance
2.    --------------
3.    900.00
4.    (1 row)
```

在上述操作中，如果T1在T2提交更新后，再次读取时发现账户1的余额已经变了，就说明发生了不可重复读。

需要注意的是，由于MVCC的实现，openGauss的REPEATABLE READ以及更高的事务隔离级别提供了对不可重复读的保护，就不会出现不可重复读的现象。

3. 幻读

幻读(Phantom Read)与不可重复读类似，但它涉及插入或删除操作。幻读发生在一个事务重新读取之前查询过的范围时，发现另一个事务插入或删除了符合查询条件的行。这样，第一个事务就会看到之前不存在的"幻影"数据。

接下来演示一下幻读，首先设置事务的隔离级别为REPEATABLE READ，然后再开启一个事务执行插入操作，具体步骤如下。

T1：设置事务隔离级别为REPEATABLE READ，然后开始一个事务并进行第一次查询。

```
1.    SET TRANSACTION ISOLATION LEVEL REPEATABLE READ;
2.    BEGIN;
3.    SELECT * FROM accounts WHERE balance > 100; -- 假设返回两行数据
```

查询结果：

```
2.    account_id |  account_number  | balance
3.    --------+---------------+---------
4.             1 | 6214850117715334 |  900.00
5.             2 | 6214850117715335 | 2000.00
6.    (2 rows)
```

T2：开始另一个事务，并插入一条符合之前查询条件的新记录，然后提交。

```
1.    BEGIN;
2.    INSERT INTO accounts (account_id, account_number, balance) VALUES (3, 6214850117715336,
      1500.00);
3.    COMMIT;
```

T1：再次执行相同的查询。

```
1.    SELECT * FROM accounts WHERE balance > 100; -- 在某些数据库系统中,可能返回三行数据
2.    COMMIT;
```

查询结果：

```
1.    account_id |  account_number  | balance
2.    --------+---------------+---------
3.             1 | 6214850117715334 |  900.00
4.             2 | 6214850117715335 | 1000.00
5.             3 | 6214850117715336 | 1500.00
6.    (3 rows)
```

在上述操作中，如果T1在T2提交插入操作后再次查询余额大于100的账户，会看到

之前未见过的新记录，即发生了幻读。

4. 丢失修改

丢失修改(Lost Update)发生在两个事务都尝试更新同一数据时。一个事务的更新可能会被另一个事务的更新所覆盖，结果是第一个事务的更新就丢失了。

在 openGauss 中，通过默认的事务隔离级别和锁机制，丢失修改(Lost Update)问题是被防止的，所以无法演示出丢失修改，也仅能演示过程。

T1：开始一个事务并查询 accounts 表中 account_id＝1 的余额，假设根据查询结果增加 100 元。

```
1.    BEGIN;
2.    SELECT balance FROM accounts WHERE account_id = 1;
```

T2：再开启另一个事务，查询同一记录的余额，然后更新这个余额，例如，增加 50 元。

```
1.    BEGIN;
2.    SELECT balance FROM accounts WHERE account_id = 1;
3.    UPDATE accounts SET balance = balance + 50 WHERE account_id = 1;
4.    COMMIT;
```

T1：基于最初的查询结果执行更新，假设增加 100 元。

```
1.    UPDATE accounts SET balance = balance + 100 WHERE account_id = 1;
2.    COMMIT;
```

在上述操作中，T2 的更新可能会被 T1 的更新所覆盖，因为 T1 没有考虑到在其事务开始后发生的 T2 更新，这就是典型的丢失修改问题。

通过上述示例说明了并发事务可能带来的问题。在实际应用中，通过设置合适的事务隔离级别，可以有效地控制这些并发问题。具体选择哪种隔离级别取决于应用的需求和对性能的考虑。

5.2.2 锁的分类介绍

锁是数据库管理系统中用来实现并发控制的一种机制，旨在管理不同事务对共享数据的访问。锁的基本原理是当一个事务在访问数据时，它会对数据加锁，以防止其他事务同时访问相同的数据，从而避免数据不一致性问题。

提到锁不得不介绍一下悲观锁和乐观锁，乐观锁和悲观锁是两种常见的并发控制机制，用于处理多个事务同时访问和修改同一资源的情况。

- 乐观锁：乐观锁假设多个事务在并发执行时不会彼此冲突，直到提交数据时才会检查是否有冲突。如果有冲突，则采取回滚等方式解决。相对悲观锁而言，采取了更加宽松的加锁机制，大多是基于数据版本(Version)记录机制实现，如版本号或时间戳等。
- 悲观锁：是指对数据被外界修改持保守态度，因此在整个数据处理过程中总是假设最坏的情况，认为会发生并发冲突，将数据处于锁定状态。悲观锁的实现通常依赖于数据库的锁机制。

了解了乐观锁和悲观锁的原理后，接下来可以根据锁的类型和粒度进行分类，从类型上进行细分，锁可以分为共享锁、排他锁、更新锁；从粒度上来分，锁可以分为行锁、页锁、表锁、库锁。接下来针对锁的分类进行更详细的讲解。

1. 按锁的类型分类

- 共享锁(Shared Lock):也称为读锁,允许多个事务同时读取一个资源,但阻止其他事务写入该资源。共享锁是一种乐观锁的实现,适用于读取操作频繁的场景。可以使用 SELECT…FOR SHARE 语句来获取共享锁。
- 排他锁(Exclusive Lock):也称为写锁,只允许一个事务对数据进行修改(读或写),阻止其他事务读取或者写入,直到排他锁被释放。排他锁是一种悲观锁的实现,适用于写入操作频繁的场景。可以使用 SELECT…FOR UPDATE 语句来获取排他锁。
- 更新锁(Update Lock):更新锁是共享锁和排他锁的混合,用于在读取数据的同时防止其他事务修改数据,直到更新锁被释放。更新锁也属于悲观锁,可以使用 SELECT…FOR UPDATE(既是排他锁,也可以理解为更新锁)或 SELECT…FOR NO KEY UPDATE(无键更新锁)语句来获取更新锁。

2. 按锁的粒度分类

- 行锁(Row Lock):锁定数据表中的特定行。这是最细的锁粒度,可以最大限度地减少锁冲突,但管理这种锁的开销也最大。
- 页锁(Page Lock):锁定数据表中的页,页是数据库存储结构中的一部分,包含多行数据。
- 表锁(Table Lock):锁定整个表。这种锁的粒度最大,会锁定表中的所有行,适用于对表执行大量操作的场景。
- 库锁(Database Lock):锁定整个数据库,这是最大的锁粒度,用得较少,通常在执行数据库级别的操作时使用。

锁的设计和实现是数据库管理系统中解决并发控制问题的关键。正确使用锁可以在保证数据一致性和完整性的同时,提高并发访问的性能。不同的应用场景和需求可能需要不同类型和粒度的锁来平衡数据的安全性和系统的性能。

5.2.3 锁并发控制

锁并发控制是一种通过锁机制来控制多个事务并发访问和修改数据库资源的手段。在 openGauss 中,锁机制用于确保数据的一致性和隔离性。不同类型的锁具有不同的特性和兼容性,如共享锁允许多个事务同时读取资源,而排他锁则只允许一个事务对资源进行修改。此外,意向锁用于表示事务的锁意向,以便其他事务能够做出相应的反应。锁的粒度决定了锁所覆盖的数据范围,而锁的兼容性则决定了不同锁之间是否可以同时持有。

在实际应用中,锁并发控制对于确保数据的安全性和一致性至关重要。例如,在银行转账场景中,通过锁定用户 A 的账户,可以防止其他事务在转账过程中修改该账户,从而确保转账的正确性。

需要注意的是,锁的使用也会带来一定的开销,如锁的获取、释放和等待等操作都会消耗系统资源。因此,在设计数据库系统时,需要根据实际应用场景和需求来选择合适的锁策略和粒度,以平衡并发性能和系统开销之间的关系。

接下来会通过案例的形式来演示不同类型锁的使用。

1. 共享锁

示例：多个事务同时读取同一份数据，但不允许其他事务修改该数据。

T1：查询账户信息。

```
1.    BEGIN;
2.    SELECT * FROM accounts WHERE account_id = 1 FOR SHARE; -- 获取共享锁
3.    COMMIT;
```

T2：查询账户信息。

```
1.    BEGIN;
2.    SELECT * FROM accounts WHERE account_id = 1 FOR SHARE; -- 获取共享锁,与事务 A 兼容
3.    COMMIT;
```

T3：更新账户余额。这里由于 UPDATE 操作会修改数据，因此 openGauss 会自动在相应的行上加上排他锁，以防止其他事务同时进行修改。

```
1.    BEGIN;
2.    UPDATE accounts SET balance = balance + 100 WHERE account_id = 1;
      -- 等待,因为排他锁与共享锁不兼容
3.    COMMIT;
```

在上述例子中，T1 和 T2 可以同时获取共享锁并读取数据，但 T3 尝试获取排他锁来修改数据时会被阻塞，直到 T1 和 T2 释放它们的共享锁。

2. 排他锁

示例：一个事务修改数据，阻止其他事务同时读取或修改该数据。

T1：获取排他锁，更新账户余额。

```
1.    BEGIN;
2.    SELECT * FROM accounts WHERE account_id = 1 FOR UPDATE; -- 获取排他锁
3.    UPDATE accounts SET balance = balance + 100 WHERE account_id = 1
4.    COMMIT;
```

T2：获取排他锁，查询账户信息。

```
1.    BEGIN;
2.    SELECT * FROM accounts WHERE account_id = 1 FOR UPDATE;
      -- 等待,因为排他锁与排他锁不兼容
3.    COMMIT;
```

在上述例子中，T1 获取排他锁后修改数据，T2 尝试获取同一资源的排他锁时会被阻塞，直到 T1 释放锁。

3. 更新锁

示例：一个事务正在读取数据并打算稍后更新，需要阻止其他事务修改这份数据，但允许其他事务继续读取。

T1：获取更新锁，读取账户余额数据，并对账户余额进行更新。

```
1.    BEGIN;
2.    SELECT * FROM accounts WHERE account_id = 1 FOR NO KEY UPDATE; -- 获取更新锁
3.    UPDATE accounts SET balance = balance + 100 WHERE account_id = 1
4.    COMMIT;
```

T2：获取共享锁，读取账户余额。

```
1.    BEGIN;
2.    SELECT * FROM accounts WHERE account_id = 1 FOR SHARE;
      -- 可以获取共享锁,因为更新锁与共享锁兼容
3.    COMMIT;
```

T3：获取排他锁,更新账户余额。

```
1.    BEGIN;
2.    UPDATE accounts SET balance = balance + 100 WHERE account_id = 1;
      -- 等待,因为排他锁与更新锁不兼容
3.    COMMIT;
```

在上述例子中,T1 获取更新锁后读取数据并计划修改,T2 可以获取共享锁来读取数据,但 T3 尝试获取排他锁来修改数据时会被阻塞。

5.2.4　多版本并发控制

多版本并发控制(Multiversion Concurrency Control, MVCC)是一种广泛使用的并发控制机制,它通过为数据库对象维护不同版本的数据来实现高效的事务隔离。MVCC 允许读操作和写操作并发执行,而不必彼此等待,极大地提高了数据库系统的并发性能。它特别适用于读操作远多于写操作的场景。

1. 工作原理

(1) 数据版本：每当数据被修改时,系统不是直接覆写旧数据,而是创建数据的一个新版本。每个版本都有一个唯一的时间戳或版本号。

(2) 读操作：当执行读操作时,MVCC 允许事务看到数据的一个一致性快照,这通常是事务开始时数据的状态。这意味着读操作可以访问到数据的旧版本,而不会被并发的写操作阻塞。

(3) 写操作：写操作创建数据的新版本,而不影响旧版本的数据,直到新事务提交。这样,不同的事务可以"同时"看到同一数据的不同版本。

2. 优点

(1) 非阻塞读操作：读事务不会被写事务阻塞,因为它们可以访问数据的旧版本。

(2) 减少锁争用：通过减少对共享数据的锁需求,MVCC 可以降低锁争用,提高系统的并发性能。

(3) 实现不同隔离级别：MVCC 可以灵活实现 SQL 标准定义的不同事务隔离级别,如读已提交(Read Committed)、可重复读(Repeatable Read)等。

3. 缺点

(1) 空间开销：因为需要为修改过的数据保留多个版本,MVCC 可能会增加数据存储的开销。

(2) 版本管理：系统必须有效地管理数据的不同版本,包括确定何时可以清理(或"回收")旧版本的数据,这个过程通常称为垃圾收集或版本清理。

(3) 写操作性能：虽然 MVCC 显著提高了读操作的并发性能,但写操作可能因为需要创建新的数据版本和管理这些版本而产生额外的开销。

MVCC 被许多现代数据库系统采用,如 openGauss、PostgreSQL、MySQL 等。每个系统的 MVCC 实现细节可能不同,但基本原理相似,都是通过为数据对象提供多个版本来支

持高效的并发访问。通过使用MVCC，数据库系统能够提供强大的并发性能，同时保持严格的事务隔离，确保数据的一致性和完整性。

需要注意的是，MVCC通常是数据库管理系统内部实现的一部分，而且它的工作原理主要体现在数据版本的管理和访问上，这些都是在数据库的底层操作中自动处理的，无须人为处理。

小结

本章深入探讨了数据库系统中事务管理与并发控制的核心概念，包括事务的ACID属性、事务隔离级别以及如何通过锁机制和多版本并发控制(MVCC)来处理多个事务同时访问数据库时可能出现的并发问题。通过理解这些基本原则和技术，开发者可以设计出既保证数据一致性和完整性，又能高效处理并发请求的数据库应用，满足现代应用对数据处理的复杂需求。

习题

1. 请简要说明事务操作包括哪些。
2. 请简要说明并发问题有哪些。

第6章

数据库设计

学习目标：

❖ 了解什么是数据库设计方法。

❖ 掌握数据库范式的使用。

❖ 掌握数据库设计流程。

数据库设计是建立高效、可靠数据库系统的基础。它涉及确定数据存储的结构、关系以及如何有效组织、处理和检索这些数据。良好的数据库设计可以最大化性能，确保数据一致性和减少冗余。本章将针对数据库设计进行详细讲解。

6.1 数据库设计方法与范式理论

6.1.1 数据库设计方法

数据库设计方法是指数据库建模、创建和优化的一系列步骤和技术。良好的数据库设计对于确保数据的完整性、提高查询效率和简化数据库维护工作至关重要。数据库设计通常包括以下几个关键阶段。

1. 需求分析

在设计数据库之前，首先要进行需求分析。这一阶段的目标是收集和分析用户的数据需求，了解系统应支持的业务流程、数据流以及信息的存储和访问需求。需求分析的结果通常以需求规格说明书的形式呈现。

2. 概念设计

概念设计阶段是将需求分析阶段得到的信息需求转换为数据模型的过程。最常用的方法是建立实体-关系模型(E-R 模型)。在这一阶段，设计者识别系统中的实体、实体属性和实体间的关系，并用图形化方式表示出来，从而得到数据库的结构设计。

3. 逻辑设计

在概念设计的基础上，逻辑设计阶段将 E-R 模型转换为具体的数据库模型，如关系模型。这一阶段的关键任务包括确定表结构、字段(属性)、键(主键和外键)等。逻辑设计的结果是一组详细的模式定义,描述了数据库的逻辑结构,但尚未涉及具体的数据库管理系统。

4. 物理设计

物理设计阶段是根据逻辑设计的结果,并考虑到数据库系统的特性,设计数据库的物理存储结构。这包括确定文件的存储方式、索引的建立、数据分区策略等,以优化数据库的性能和存储效率。

5. 数据库实施

在完成设计后,接下来是数据库的实施阶段。这通常涉及使用SQL或特定数据库管理系统提供的工具来创建数据库、表、索引、视图等数据库对象,以及输入初始数据。

6. 数据库维护

数据库设计并不是一次性完成的任务,随着业务需求的变化,数据库设计可能需要进行调整。维护阶段包括监控数据库性能、调整和优化设计、更新和管理数据等活动。

良好的数据库设计应考虑数据的完整性、安全性、性能和可扩展性,确保能够有效支持应用程序和用户的数据需求。

6.1.2 范式理论

范式理论是数据库设计中用于评估和改进数据库表结构的一套标准,目的在于减少数据冗余、避免更新异常,并保持数据的一致性。通过将数据库设计到适当的范式,可以提高数据库的逻辑清晰度和操作效率。以下是数据库范式理论中的几个关键范式。

1. 第一范式(1NF)

第一范式是为了确保每个表中的每个字段都是原子的,不能再分解。换句话说,表中的每一列都应该存储不可分割的数据项。其主要目的是消除重复的列,确保每一列的原子性。

2. 第二范式(2NF)

第二范式的前提是表已经处于第一范式的基础上。确保表中的所有非键字段完全依赖于主键。如果存在部分依赖(如非键字段只依赖于复合主键的一部分),则应该分离出不同的表。它的目的是解决部分依赖问题,进一步减少数据冗余。

3. 第三范式(3NF)

第三范式的前提是表已经处于第二范式。确保表中的所有非键字段只依赖于主键,不存在传递依赖,即非键字段依赖于其他非键字段。它的目的是消除传递依赖,确保数据的逻辑独立性。

4. 巴斯-科德范式(BCNF)

巴斯-科德范式的前提是表已经处于第三范式。在第三范式的基础上更严格,即使在主键是复合的情况下,也要确保表中的每个非键字段都直接依赖于主键,而不是依赖于任何候选键的一部分。它的目的是解决3NF中复合主键带来的问题,确保对任何候选键都没有部分依赖或传递依赖。

5. 更高范式

更高范式包括第四范式(4NF)、第五范式(5NF)等,主要关注多值依赖和更复杂的关系模式。这些高级范式在实际数据库设计中使用较少,通常用于解决特定类型的数据冗余问题。

将数据库设计到适当的范式可以减少数据存储的冗余，提高数据的一致性和完整性，但也可能导致查询性能的下降和数据结构的复杂化。因此，实际应用中需要根据具体情况在范式理论和性能之间做出权衡。在某些情况下，为了优化性能，可能会采取反规范化的措施，有意识地违反范式规则，以减少表的连接操作或提高查询效率。

6.1.3 模式分解

模式分解是将一个可能导致数据冗余和更新异常的数据库模式(或表结构)，分解成多个较小、符合高一级范式要求的模式的过程。目标是减少数据冗余、避免更新异常、提高查询效率，同时保持数据的一致性和完整性。

分解过程必须谨慎执行，确保分解后的模式可以无损地连接回原始模式。这通常涉及以下步骤。

(1) 识别不良依赖：分析现有模式中存在的部分函数依赖、传递函数依赖或多值依赖。

(2) 选择分解策略：根据识别出的不良依赖，选择一个合适的范式作为目标，进行模式分解。

(3) 分解模式：将原模式分解为多个较小的模式，每个模式满足目标范式的要求。

(4) 验证分解结果：检查分解是否为无损分解，并保证分解后的模式满足所有业务规则和约束。

假设有一个简单的未规范化图书信息(书名、作者、姓名、年龄)，存在传递依赖(书名→作者，姓名→年龄)，可以分解为两个 3NF 的模式：

(1) 图书(书名、作者)。

(2) 读者(姓名、年龄)。

这种分解减少了冗余，消除了传递依赖，使得每个模式都满足第三范式的要求。正确的模式分解可以提高数据库的逻辑清晰度、操作效率和数据的一致性。

6.1.4 数据完整性

数据完整性是指在数据库中保持数据的准确性和可靠性的一系列约束和规则。它是数据库设计的关键组成部分，确保了数据库系统中数据的正确性、一致性和有效性。数据完整性的维护可以防止数据丢失、错误和不一致性，对于构建高质量的信息系统至关重要。以下是实现数据完整性的几种主要机制。

1. 实体完整性

实体完整性(Entity Integrity)是指每个表都应该有一个唯一的标识符，通常是主键。主键的值必须是唯一的，不允许为空(NULL)，确保了表中每条记录的唯一性。这可以防止重复记录的出现，从而保持数据的准确性。

2. 参照完整性

参照完整性(Referential Integrity)是关系数据库中的一个关键概念，它要求外键值必须匹配另一表的主键值或唯一键值，或者完全为空。这种约束确保了表之间的逻辑关系得以维护，防止了因为数据不匹配或丢失而导致的不一致性。

3. 域完整性

域完整性(Domain Integrity)指的是表中每个字段值的有效性。通过定义数据类型、长度限制、默认值和可能的取值范围，可以保证数据符合预期的格式和限制，防止无效数据的输入。

4. 用户定义完整性

用户定义完整性（User-Defined Integrity）指的是根据具体的应用规则设定的数据约束。这些规则可能包括业务规则和条件，如工资不能为负数、员工的入职日期不能晚于离职日期等。这类完整性约束是根据特定业务需求定义的，超出了前面提到的基本完整性约束范畴。

数据库管理系统提供了多种机制来实现和维护数据完整性。

(1) 主外键约束：确保实体完整性和参照完整性。

(2) 检查约束：用于实现域完整性，确保数据符合特定的规则。

(3) 触发器(Triggers)：可以自定义复杂的业务逻辑来保持数据的一致性。

(4) 事务控制：通过事务的ACID属性来维护数据的一致性和完整性。

保持数据完整性对于任何数据库系统都是至关重要的，它直接影响到数据的质量和系统的可靠性。设计和实现有效的数据完整性策略，需要数据库设计者、开发者和管理员之间的紧密合作。

6.2 数据库设计流程

6.2.1 需求分析

在数据库设计中，需求分析是一个关键的初步阶段，它的目的是明确和理解系统用户的需求，以便设计出满足这些需求的数据库系统。需求分析阶段主要包括以下几个步骤。

(1) 收集需求：这是需求分析的第一步，涉及与系统的最终用户、管理人员以及其他相关方面的人员进行会谈，了解他们的需要和期望。在这个过程中，可能会使用问卷、访谈、观察等多种方式来收集信息。

(2) 分类和组织需求：收集到的需求可能是杂乱无章的，需要对其进行分类和组织。可以按照需求的类型来进行分类，如数据需求、功能需求、性能需求等，也可以根据需求的重要性或其他标准来组织。

(3) 需求建模：将收集到的需求转换成更加形式化的表示，如用例图、E-R图等。有助于更清晰地理解需求，并为后续的数据库设计奠定基础。

(4) 需求验证：确保所收集和整理的需求准确地反映了用户的实际需要。这可能涉及与用户的再次交流，以验证需求的准确性和完整性。

(5) 需求文档化：将分析和整理好的需求制成文档，这份文档将成为后续数据库设计、实现和测试工作的基础。需求文档应该清晰、详细，易于理解，同时需要得到所有相关方的批准。

需求分析是一个迭代的过程，可能需要多次反馈和调整才能最终确定下来。它为数据库设计的后续步骤提供了方向和依据，是建立数据库系统的基石。

6.2.2 概念结构设计

概念结构设计，也称为概念模型设计，是数据库设计过程中的一个关键阶段，紧随需求分析之后。在这个阶段,设计者将基于需求分析阶段收集和分析得到的信息,创建一个独立于任何数据库管理系统和技术细节的高层次数据模型。概念结构设计的主要目标是构建一个全面反映组织信息需求的抽象模型。这个模型通常使用 E-R(实体-关系)图或类图(在面向对象的设计中)来表示。

概念结构设计主要包括以下步骤。

(1) 识别实体:在这个步骤中,设计者需要识别出系统需求中提到的所有重要的实体。实体是现实世界中可以独立存在的事物,如人、地点、物体或事件。

(2) 确定实体属性:为每个实体确定属性。属性是实体的特征或性质,例如,一个"读者"实体可能包括"姓名""性别""年龄"等属性。

(3) 定义实体间的关系:确定实体间如何相互关联。这可能包括诸如一对一(1∶1)、一对多(1∶N)、多对多(M∶N)等关系。关系的确定有助于反映实体间的逻辑联系。

(4) 构建概念模型:使用所识别的实体、属性和关系构建概念模型。最常用的表示方法是 E-R(实体-关系)图,它可以直观地展示实体间的结构关系。

(5) 验证概念模型:与用户和其他利益相关者一起审查概念模型,确保它准确地反映了需求分析阶段定义的需求。这个步骤可能需要根据反馈进行多次迭代,以修正和完善概念模型。

(6) 优化模型:在必要时对模型进行优化,以提高其效率和实用性。这可能包括合并相似的实体、重新定义关系、调整属性等。

概念结构设计的结果是一个概念模型,它提供了一个高层次、抽象的视图,展示了系统的数据需求和数据间的关系,但不涉及任何具体的数据库系统或存储细节。这个模型是向逻辑模型和物理设计过渡的基础。

6.2.3 逻辑结构设计

逻辑结构设计是数据库设计过程中的第三个阶段,紧随概念结构设计之后。在这个阶段,设计者将概念模型转换为逻辑模型,这涉及选择合适的数据库管理系统和确定数据在数据库中的组织方式。逻辑结构设计阶段的主要任务包括定义数据表、确定字段(属性)、设置键(关键字)和建立表之间的关系。这个阶段的目标是创建一个既能满足需求分析阶段的需求,又能有效利用所选数据库系统。

主要步骤如下。

(1) 选择数据库管理系统:根据需求分析结果和概念设计的指导原则,选择适合项目需求的数据库管理系统,如 openGauss、MySQL、Oracle、SQL Server、MongoDB 等。

(2) 数据表设计:基于概念模型中的实体和实体之间的关系,设计数据表。每个实体通常转换为一个数据表。

(3) 定义字段和数据类型:为每个数据表确定需要哪些字段,并为每个字段选择合适的数据类型,如整数(INT)、字符串(VARCHAR)、日期(DATE)等。

(4) 设置主键和外键:为每个数据表定义一个主键,来唯一标识表中的每条记录。同时,根据实体间的关系,设置外键,以实现数据表之间的关联。

(5) 规范化:通过规范化过程,避免数据库中的数据冗余,提高数据一致性。规范化通常涉及将数据表分解成较小、互相关联的表,直到满足某个特定的规范化级别(如第三范式)。

(6) 定义视图、索引和约束。

① 视图：根据需要定义视图，以简化复杂查询，隐藏数据的复杂性。

② 索引：为提高查询性能，对一些经常查询的字段创建索引。

(7) 约束：定义数据完整性约束，以确保数据的准确性和完整性。

逻辑结构设计是确保数据库系统高效、可靠、易维护的关键步骤。通过精心设计，可以确保数据库在性能、安全性和灵活性方面满足用户的需求。

6.2.4 物理结构设计

物理结构设计是数据库设计过程中的第四个阶段，紧接着逻辑结构设计之后。在这个阶段，设计者将逻辑数据模型转换为物理存储结构，这涉及数据库的存储方式、文件组织、索引结构选择，以及数据访问路径的优化等。物理结构设计的目标是确保数据库系统在特定的硬件和软件环境下能够以最高效的方式运行。

主要步骤如下。

(1) 确定文件存储结构：基于所选择的数据库管理系统，决定数据文件的存储方式。这可能包括表空间的划分、数据文件的放置策略，以及考虑不同类型的存储介质，如 SSD 与 HDD。

(2) 设计索引：确定哪些字段应该建立索引以提高查询性能。选择合适的索引类型，如 B 树索引、哈希索引、全文索引等，并决定复合索引的策略。

(3) 选择存储参数：针对不同的数据库对象选择适当的存储参数。这可能包括数据块大小、填充因子、分区策略等，这些参数直接影响数据的存储效率和访问速度。

(4) 数据分区策略：根据数据访问模式和数据量，决定是否需要对表和索引进行分区，以及选择合适的分区策略，如范围分区、列表分区、散列分区等。

(5) 设计数据安全策略：确定数据备份和恢复策略，以确保数据的安全和可靠性。此外，还需要设计数据加密和访问控制策略，保护数据不被未授权用户访问。

(6) 优化数据访问路径：通过分析应用程序的数据访问模式，优化数据访问路径，减少数据访问延迟，提高查询效率。这可能涉及物化视图的创建、查询重写策略的应用等。

(7) 性能调优和测试：在实际的硬件和软件环境中对数据库进行性能测试，根据测试结果进行调优。这可能包括调整存储参数、重新设计索引结构、优化查询语句等。

物理结构设计是确保数据库性能和可靠性的关键步骤，需要考虑到实际的应用场景和硬件资源，通过合理的设计来实现数据的高效存取。这一阶段的设计决策直接影响到数据库系统的运行效率和维护成本。

6.2.5 数据库实施与维护

数据库实施与维护是数据库设计和开发过程的最后阶段，但它是一个持续的过程，随着数据库的使用和组织需求的变化，这个阶段可能会持续进行调整和优化。在这个阶段，数据库从概念模型最终转换为一个完全运行的系统，需要进行安装、配置、加载数据、测试、性能优化和日常维护。以下是数据库实施与维护阶段的关键任务。

1. 数据库实施

(1) 数据库安装和配置：根据逻辑结构设计和物理结构设计的要求，安装数据库管理系统软件，并进行相应的配置，以确保系统运行在最佳状态。

(2) 创建数据库结构：根据逻辑结构设计阶段的输出，创建数据库中的表、视图、索引、触发器、存储过程等数据库对象。

(3) 数据迁移和加载：如果是改进或替换现有系统，可能需要从旧系统迁移数据到新系统。这涉及数据的清洗、转换和加载过程。

(4) 测试：进行全面的测试，包括单元测试、系统测试和性能测试，以确保数据库系统满足设计要求，并且在各种情况下都能正常运行。

2. 数据库维护

(1) 性能监控和优化：定期监控数据库的性能，包括查询速度、事务处理能力和存储效率。根据监控结果调整索引、重新组织数据文件和调优查询语句，以保持系统的高性能。

(2) 备份和恢复：实施定期的数据备份策略，以防止数据丢失。同时，确保有有效的恢复计划，以便在数据丢失或系统故障时迅速恢复。

(3) 安全管理：管理用户访问权限，确保数据安全。定期更新系统和应用程序，以防止安全漏洞。

(4) 数据完整性和一致性维护：确保数据的准确性和一致性，包括定期检查和修复数据完整性问题。

(5) 变更管理：随着业务需求的变化，数据库可能需要进行调整。变更管理包括需求评估、设计变更、测试和部署，确保变更过程有序进行，减少对业务的影响。

数据库实施与维护是确保数据库长期有效支持组织运营的关键环节。通过持续的监控、优化和更新，可以确保数据库系统能够适应不断变化的业务需求和技术环境。

6.3　图书借阅管理系统数据库设计

设计一个图书借阅管理系统的数据库涉及定义图书、读者、借阅记录等实体的数据，以及这些实体之间的关系。下面是一个简化的设计流程和数据库结构示例，旨在满足基本的图书借阅管理需求。

1. 需求分析

(1) 存储图书信息，如编号、书名、作者、出版社、出版时间等字段。

(2) 存储读者信息，如编号、姓名、性别、年龄、联系方式等字段。

(3) 存储记录借阅记录，如编号、借阅时间、归还时间、借阅状态等字段。

2. 概念结构设计

在这一步，可以使用 E-R(实体-关系)模型来表示实体及其关系。

实体：图书、读者、借阅记录。

关系：读者与图书之间的借阅关系、读者与借阅记录之间的关系、图书与借阅记录之间的关系。

(1) 一本尚未被借阅的图书只可以借阅给一个用户，每个用户可以同时借阅多本尚未被借阅的图书。

(2) 一条借阅记录只记录一本图书的借阅信息，一本图书可以有多条借阅记录。

(3) 一个读者可以有多条借阅记录，一条借阅记录只能记录一个用户的借阅情况。

接下来通过一个 E-R 图来描述实体以及关系，具体如图 6-1 所示。

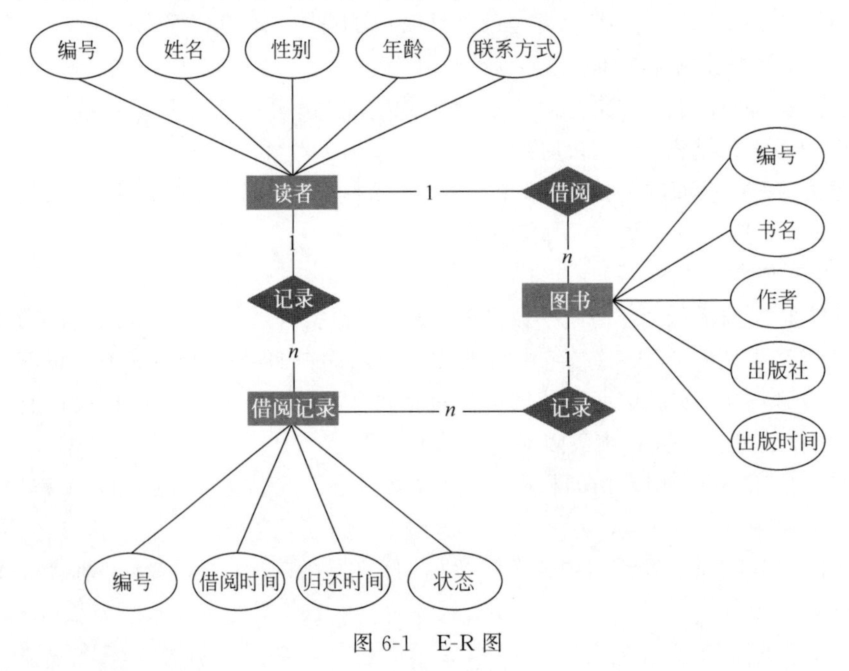

图 6-1 E-R 图

3. 逻辑结构设计

将概念模型转换为逻辑模型，定义数据表及其字段。

1）图书表（books）

- 编号：book_id
- 书名：title
- 作者：author
- 出版社：publisher
- 出版时间：publish_date

2）读者表（readers）

- 编号：reader_id
- 姓名：name
- 性别：gender
- 年龄：age
- 联系方式：contact

3）借阅记录表（borrowrecords）

- 编号：borrow_id
- 借阅时间：borrow_date
- 归还时间：return_date
- 状态：status
- 外键字段：book_id
- 外键字段：reader_id

4. 物理结构设计

这里主要演示为字段设置索引，原则是选择频繁查询的条件字段作为索引。由于经常需要根据书名来搜索图书，因此可以为图书表的 title 字段加上索引。同理，也可以为读者表的 name 字段加上索引。

5. 数据库实施

接下来选择指定的数据库管理系统 openGauss 创建数据库和数据表，然后设置数据类型和约束，并且插入一些初始数据进行测试。

1）创建 books 表

```
1.    CREATE TABLE books (
2.        book_id SERIAL PRIMARY KEY,
3.        title VARCHAR(255) NOT NULL,
4.        author VARCHAR(100) NOT NULL,
5.        publisher VARCHAR(100),
6.        publish_date DATE
7.    );
8.    CREATE INDEX idx_book_title ON books(title); -- 在 title 字段上创建索引
```

2）创建 readers 表

```
1.    CREATE TABLE readers (
2.        reader_id SERIAL PRIMARY KEY,
3.        name VARCHAR(100) NOT NULL,
4.        gender VARCHAR(10),
5.        age INT,
6.        contact VARCHAR(20)
7.    );
8.    CREATE INDEX idx_reader_name ON readers(name); -- 在 name 字段上创建索引
```

3）创建 borrowrecords 表

```
1.    CREATE TABLE borrowrecords (
2.        borrow_id SERIAL PRIMARY KEY,
3.        borrow_date DATE,
4.        return_date DATE,
5.        status VARCHAR(10),
6.        book_id INT,
7.        reader_id INT,
8.        FOREIGN KEY (book_id) REFERENCES Book(book_id),
9.        FOREIGN KEY (reader_id) REFERENCES Reader(reader_id)
10.   );
```

4）向 books 表添加数据

```
1.    INSERT INTO books (title, author, publisher, publish_date) VALUES
2.    ('The Great Gatsby', 'F. Scott Fitzgerald', 'Scribner', '1925-04-10'),
3.    ('To Kill a Mockingbird', 'Harper Lee', 'J.B. Lippincott & Co.', '1960-07-11'),
4.    ('1984', 'George Orwell', 'Secker & Warburg', '1949-06-08'),
5.    ('Pride and Prejudice', 'Jane Austen', 'T. Egerton, Whitehall', '1813-01-28'),
6.    ('The Catcher in the Rye', 'J.D. Salinger', 'Little, Brown and Company', '1951-07-16');
```

5）向 readers 表添加数据

```
1.    INSERT INTO readers (name, gender, age, contact) VALUES
2.    ('Alice', 'Female', 25, 'alice@example.com'),
```

```
3.     ('Bob', 'Male', 30, 'bob@example.com'),
4.     ('Charlie', 'Male', 22, 'charlie@example.com'),
5.     ('Diana', 'Female', 28, 'diana@example.com'),
6.     ('Eve', 'Female', 35, 'eve@example.com');
```

6）向 borrowrecords 表添加数据

```
1.     INSERT INTO borrowrecords (borrow_date, return_date, status, book_id, reader_id) VALUES
2.     ('2024-03-01', '2024-03-15', 'Returned', 1, 1),
3.     ('2024-03-05', '2024-03-20', 'Returned', 2, 2),
4.     ('2024-03-10', NULL, 'Borrowed', 3, 3),
5.     ('2024-03-15', NULL, 'Borrowed', 4, 4),
6.     ('2024-03-20', '2024-04-05', 'Returned', 5, 5);
```

6. 维护和优化

还需要根据实际使用情况对数据库进行监控和优化。同时还需要进行定期备份数据，确保数据安全。随着需求的变化，还会调整数据库结构。

目前学习的数据库设计只是一个基本的框架，在实际开发的过程中，还会根据具体需求调整某些表的结构。同时，在设计数据库时，还应考虑数据完整性、安全性和性能优化。

小结

本章首先针对数据库设计方法以及范式理论进行讲解，然后讲解了数据库设计流程，其中包括需求分析、概念结构设计、逻辑结构设计、物理结构设计、数据库实施与维护等。整体而言，数据库设计不仅是创建一个数据库结构的过程，它也是确保数据正确、安全和高效访问的关键。通过遵循数据库设计的最佳实践和原则，可以构建出既满足当前需求又具有足够灵活性以适应未来变化的数据库系统。

习题

1. 请简要说明数据库范式包括哪些。
2. 请简要说明数据库的设计流程。

第7章

安全与权限管理

学习目标：

❖ 了解什么是数据库安全。

❖ 掌握数据库安全技术。

❖ 掌握 openGauss 权限管理。

❖ 掌握 openGauss 数据审计。

❖ 了解 openGauss 常见的安全策略。

数据库的安全性和权限管理是确保数据安全和隐私的关键。安全与权限管理不仅能够防止未授权用户访问，还包括保护数据不受恶意攻击和滥用的风险。本章将针对安全与权限管理进行详细讲解。

7.1 数据库安全性

7.1.1 数据库安全性介绍

数据库安全性是指保护数据库免受非授权访问和数据泄露、损坏、丢失的措施。它是维护数据完整性、可用性和保密性的核心组成部分。在当今数据驱动的世界中，数据库通常包含敏感信息，如个人数据、财务记录和商业秘密，因此成为黑客攻击的主要目标。有效的数据库安全机制不仅可以防止数据泄露，还能确保数据的完整性和持续可用性。

数据库安全性包括以下几方面。

- 物理安全：保护数据库服务器和备份免受物理损害和盗窃。
- 网络安全：使用防火墙和网络隔离措施，防止未经授权的网络访问。
- 访问控制：确保只有授权用户才能访问数据库，基于角色的访问控制。
- 数据加密：对存储和传输的数据进行加密，防止数据被窃取。
- 审计和监控：跟踪对数据库的访问和操作，以便在出现安全问题时进行调查和应对。

• 数据备份和恢复：定期备份数据，并确保可以从数据丢失事件中快速恢复。

通过强大的数据库安全机制，不仅能够保护其数据免受外部威胁，还能防止内部威胁，从而维护业务的有序进行。

7.1.2 数据库安全技术

为了保障数据库的安全性，业界已经发展了一系列数据库安全技术和最佳实践。这些技术主要可以分为以下几方面。

• 访问控制：通过实施严格的访问控制机制来限制对数据库资源的访问。包括使用用户名和密码进行身份验证，以及基于角色的访问控制来限制用户根据其角色执行特定操作的能力。
• 加密技术：使用加密技术来保护数据的安全性。包括传输加密和静态加密，传输加密是数据在客户端与服务器之间传输过程中进行加密，静态加密是对存储在数据库中的数据进行加密。
• 数据脱敏：在某些场景下，对敏感数据进行脱敏处理，以便在不暴露原始数据的情况下进行数据分析和处理。
• 审计和监控：通过审计和监控来记录和分析数据库活动，以便及时发现和响应异常行为或潜在的安全威胁。
• 备份与恢复：建立有效的数据备份与恢复策略，确保在数据丢失或损坏的情况下可以迅速恢复业务运作。
• 安全配置与管理：对数据库进行安全配置，关闭不必要的服务和功能，定期更新和打补丁来修复安全漏洞。
• 安全开发实践：在应用程序开发过程中采用安全编码实践，例如，预防 SQL 注入攻击，以减少数据库安全风险。

以上这些技术和策略的有效实施，可以极大地增强数据库的安全性，保护数据免受威胁和攻击。

7.2 openGauss 权限模型

7.2.1 权限管理模型

由于数据库中存储着大量重要数据和各类敏感信息，这就要求数据库具备完善的安全防御机制来抵抗来自内部和外部的恶意攻击，以保障数据不丢失、隐私不泄露以及数据不被篡改等。

openGauss 数据库构建了一套权限管理模型，以保障数据安全。常见的权限控制模型有三种，具体说明如下。

(1) 基于策略的访问控制模型(Policy-Based Access Control，PBAC)：允许管理员定义具体的安全策略，这些策略基于不同的属性(用户身份、时间)来控制访问权限，再根据具体情境(如工作时间、地理位置)动态调整访问权限。

(2) 基于角色的访问控制模型(Role-Based Access Control，RBAC)：是一种更为传统

的权限管理方法，通过为用户分配特定的角色来控制权限，每个角色关联一组权限，这些权限定义了角色的访问能力。大多数数据库都是使用基于角色的访问控制模型。

(3) 基于会话和角色的访问控制模型：是对基于角色的访问控制模型的扩展，它不仅依赖于用户的角色，还考虑了用户的会话信息来动态调整权限。适用于需要根据用户会话或任务变化动态调整权限的应用，如多步骤的业务流程，用户在不同步骤可能需要不同的权限。

openGauss 采用的基于角色的权限访问控制模型，利用角色来组织和管理权限，能够大大简化对权限的授权管理。借助角色机制，当给一组权限相同的用户授权时，只需将权限授予角色，再将角色授予这组用户即可，而不需要对用户逐一授权。而且利用角色、权限分离可以很好地控制不同的用户拥有不同的权限，相互制约达到平衡。

7.2.2 权限等级管理

在 openGauss 数据库对象的逻辑结构中，每个实例下都允许创建多个数据库，每个数据库允许创建多个模式，每个模式允许创建多个对象，如表、函数、视图、索引等，每个表又可以依据行和列两个维度进行衡量，从而形成逻辑层次，如图 7-1 所示。

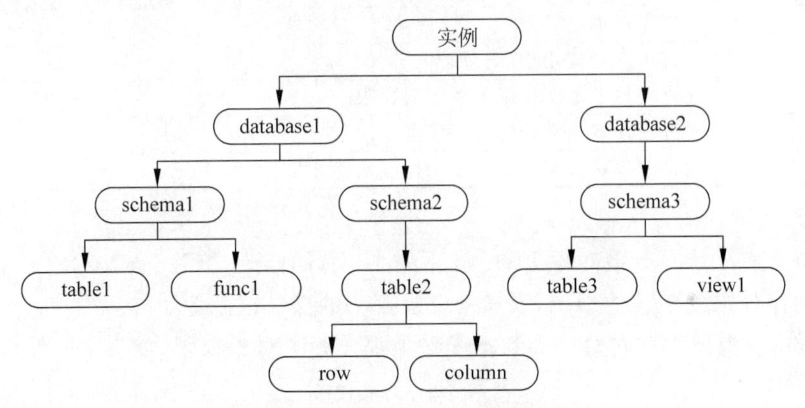

图 7-1 openGauss 的逻辑层次

在图 7-1 中，画出了 openGauss 的逻辑层次，根据这个逻辑层次可以画出 openGauss 的权限等级，如数据库权限、模式权限、对象级权限（表、函数、视图）、列级权限或行级权限等，每一层都有自己的权限控制，如图 7-2 所示。

在这个权限等级下，用户想要成功查看数据表中某一行的数据，就需要具备能够登录数据库这一系统的权限、表所在数据库的连接权限、表所在模式的使用权限和数据表本身的查看权限，同时还要满足对这一行数据的行级访问控制条件。

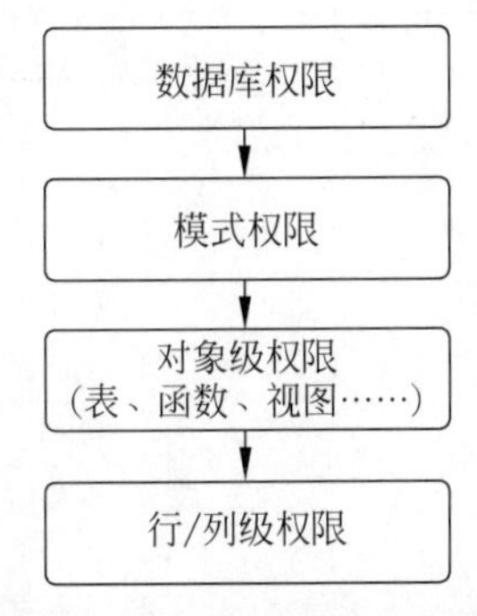

图 7-2 openGauss 的权限等级

7.2.3 权限分类

在 openGauss 中权限分为两种：系统权限和对象权限。系统权限是指系统规定用户使用数据库的权限，如登录数据库、创建数据库、创建用户/角色等。对象权限是指在数据库、模式、表、视图等数据库对象上执行特殊动作的权限。接下来针对这两种权限进行详细说明。

1. 系统权限

系统权限又称用户属性，具有特定属性的用户会获得指定属性所对应的权限。系统权限无法通过角色被继承。在创建用户或角色时可以通过 SQL 语句 CREATE ROLE/USER 指定角色/用户具有某些属性，或者通过 ALTER ROLE/USER 的方式给角色/用户添加属性。

openGauss 数据库支持的系统权限如表 7-1 所示。

表 7-1 系统权限

系统权限	权限范围
SYSADMIN	允许用户创建数据库，创建表空间 允许用户创建用户/角色 允许用户查看、删除审计日志 允许用户查看其他用户的数据
MONADMIN	允许用户对系统模式 dbe_perf 及该模式下的监控视图或函数进行查看和权限管理
OPRADMIN	允许用户使用 Roach 工具执行数据库备份和恢复
POLADMIN	允许用户创建资源标签、创建动态数据脱敏策略和统一审计策略
AUDITADMIN	允许用户查看、删除审计日志
CREATEDB	允许用户创建数据库
USEFT	允许用户创建外表
CREATEROLE	允许用户创建用户/角色
INHERIT	允许用户继承所在组的角色的权限
LOGIN	允许用户登录数据库
REPLICATION	允许用户执行流复制相关操作

2. 对象权限

对象所有者默认具有该对象上的所有操作权限，如修改、删除、查看对象的权限，还可以将对象的操作权限授予其他用户，或撤销已经授予的操作权限等。

openGauss 数据库针对每一类数据库对象都设置了对象权限，如表 7-2 所示。

表 7-2 对象权限

对象	权限	权限说明
TABLESPACE	CREATE	允许用户在指定的表空间中创建表
	ALTER	允许用户对指定的表空间执行 ALTER 语句修改属性
	DROP	允许用户删除指定的表空间
	COMMENT	允许用户对指定的表空间定义或修改注释
DATABASE	CONNECT	允许用户连接到指定的数据库
	TEMP	允许用户在指定的数据库中创建临时表
	CREATE	允许用户在指定的数据库里创建模式
	ALTER	允许用户对指定的数据库执行 ALTER 语句修改属性
	DROP	允许用户删除指定的数据库
	COMMENT	允许用户对指定的数据库定义或修改注释
SCHEMA	CREATE	允许用户在指定的模式中创建新的对象
	USAGE	允许用户访问包含在指定模式内的对象
	ALTER	允许用户对指定的模式执行 ALTER 语句修改属性
	DROP	允许用户删除指定的模式
	COMMENT	允许用户对指定的模式定义或修改注释

续表

对象	权限	权限说明
TABLESPACE	CREATE	允许用户在指定的表空间中创建表
	ALTER	允许用户对指定的表空间执行 ALTER 语句修改属性
	DROP	允许用户删除指定的表空间
	COMMENT	允许用户对指定的表空间定义或修改注释
TABLE	INSERT	允许用户对指定的表执行 INSERT 语句插入数据
	DELETE	允许用户对指定的表执行 DELETE 语句删除表中数据
	UPDATE	允许用户对指定的表执行 UPDATE 语句
	SELECT	允许用户对指定的表执行 SELECT 语句
	TRUNCATE	允许用户执行 TRUNCATE 语句删除指定表中的所有记录
	REFERENCES	允许用户对指定的表创建一个外键约束
	TRIGGER	允许用户在指定的表上创建触发器
	ALTER	允许用户对指定的表执行 ALTER 语句修改属性
	DROP	允许用户删除指定的表
	COMMENT	允许用户对指定的表定义或修改注释
	INDEX	允许用户在指定表上创建索引,并管理指定表上的索引
	VACUUM	允许用户对指定的表执行 ANALYZE 和 VACUUM 操作
FUNCTION	EXECUTE	允许用户使用指定的函数
	ALTER	允许用户对指定的函数执行 ALTER 语句修改属性
	DROP	允许用户删除指定的函数
	COMMENT	允许用户对指定的函数定义或修改注释

7.2.4 三权分立

openGauss 在默认情况下,未开启三权分立,数据库系统管理员 SYSADMIN(具备最高权限)具有与对象所有者相同的权限。也就是说,对象创建后,默认只有对象所有者或者系统管理员可以查询、修改和销毁对象,以及通过 GRANT 将对象的权限授予其他用户。

在实际业务管理中,为了避免系统管理员拥有过度集中的权利带来高风险,可以设置三权分立。三权分立是对系统权限管理机制的补充,核心思想是将系统管理员的部分权限分给安全管理员和审计管理员,形成系统管理员、安全管理员和审计管理员三权分立的状态。

三权分立后,系统管理员将不再具有 CREATEROLE 属性(安全管理员)和 AUDITADMIN 属性(审计管理员)。即不再拥有创建角色和用户的权限,并不再拥有查看和维护数据库审计日志的权限。初始用户的权限不受三权分立设置影响。因此建议仅将此初始用户作为数据管理用途,而非业务应用。

三权分立通过 postgresql.conf 文件来配置 GUC 参数,打开三权分立开关,具体如下。

```
1.    enableSeparationOfDuty = on
```

三权分立后各管理员的权限范围如表 7-3 所示。

表 7-3 三权分立的权限范围

系统权限	权限范围
SYSADMIN	允许用户创建数据库,创建表空间
CREATEROLE	允许用户创建用户、角色
AUDITADMIN	允许用户查看、删除审计日志

从表 7-3 可以看出，SYSADMIN 系统管理员仅负责创建数据库、创建表空间，CREATEROLE 安全管理员负责创建用户、角色，AUDITADMIN 审计管理员负责用户查看、删除审计日志。

7.3 openGauss 权限管理

7.3.1 用户与角色管理

openGauss 的权限管理提供了一套细致的权限和角色管理机制，以保证数据库安全和数据访问控制。权限管理主要包括用户管理、角色管理、权限授予与回收等方面。这里提供一个概览和一些常用的操作指令。

1. 用户管理

在 openGauss 中，用户是执行数据库操作的实体。创建、修改和删除用户是权限管理的基础。

1）创建用户

```
1.    CREATE USER david WITH PASSWORD 'david@123';
```

2）查询用户

```
1.    SELECT * FROM pg_user;
```

3）修改用户密码

```
1.    ALTER USER david WITH PASSWORD 'david@456';
```

4）删除用户

```
1.    DROP USER david;
```

2. 角色管理

角色是一组权限的集合，可以被分配给用户。通过角色，可以更方便地管理和分配权限。

1）创建角色

```
1.    CREATE ROLE readonly WITH PASSWORD 'readonly@123';
```

2）查询角色

```
1.    SELECT * FROM pg_roles;
```

3）将角色分配给用户

```
1.    GRANT readonly TO david;
```

4）删除角色

```
1.    DROP ROLE readonly;
```

3. 用户组管理

用户组是一个包含一组用户角色的容器，也是一种特殊的角色，用于将多个用户角色组织在一起，方便管理他们的权限。

1）创建用户组

```
1.    CREATE GROUP my_group WITH PASSWORD 'group@123';;
```

2）将角色添加到用户组

```
1.    ALTER GROUP my_group ADD USER david;
```

3）将角色从用户组中删除

```
1.    ALTER GROUP my_group DROP USER my_user;
```

4）删除用户组

```
1.    DROP GROUP my_group;
```

需要注意的是，虽然用户组和角色在功能上有些相似，但它们的主要区别在于角色可以用来登录数据库，而用户组不能。此外，用户组通常用于将一组相关的用户角色进行组织和管理，从而简化权限管理。

7.3.2　角色授权

权限控制是通过 GRANT 和 REVOKE 语句来实现的，允许精细地控制哪些用户可以执行哪些操作。

1. 授予权限

给用户 david 授权在 students 表上进行查询。

```
1.    GRANT SELECT ON students TO david;
```

给用户组 my_group 授权在 students 表上进行查询。

```
1.    GRANT SELECT ON students TO GROUP my_group;
```

给角色 readonly 授权在 students 表上进行查询

```
1.    GRANT SELECT ON students TO readonly;
```

给角色 readonly 授权在所有表上进行查询。

```
1.    GRANT SELECT ON ALL tables IN SCHEMA my_schema TO readonly;
```

2. 撤销权限

从用户 david 撤销在 students 表上的查询权限。

```
1.    REVOKE SELECT ON students FROM david;
```

从用户组 my_group 撤销在 students 表上的查询权限。

```
1.    REVOKE SELECT ON my_table FROM GROUP my_group;
```

从角色 readonly 撤销在 students 表上的查询权限。

```
1.    REVOKE SELECT ON students FROM readonly;
```

从角色 readonly 撤销在所有表上的查询权限。

```
1.    REVOKE SELECT ON ALL tables IN SCHEMA my_schema FROM readonly;
```

7.3.3 权限设置

在 openGauss 数据库中，权限设置是确保数据安全和控制数据访问的关键环节。数据库管理员可以为用户和角色设置不同的权限，包括数据访问权限、数据修改权限和数据定义权限等。下面详细介绍如何在 openGauss 中进行权限设置。

1. 数据访问权限

SELECT 权限：允许用户读取表或视图中的数据。

示例：授予用户 david 对 students 表的 SELECT 权限。

```
1.    GRANT SELECT ON students TO david;
```

2. 数据修改权限

(1) INSERT 权限：允许用户向表中插入新行。

示例：授予用户 david 对 students 表的 INSERT 权限。

```
1.    GRANT INSERT ON students TO david;
```

(2) UPDATE 权限：允许用户更新表中的现有行。

示例：授予用户 david 对 students 表的 UPDATE 权限。

```
1.    GRANT UPDATE ON students TO david;
```

(3) DELETE 权限：允许用户从表中删除行。

示例：授予用户 david 对 students 表的 DELETE 权限。

```
1.    GRANT DELETE ON students TO david;
```

3. 数据定义权限

(1) CREATE 权限：允许用户在数据库中创建新的表或数据库对象。

示例：授予用户 david 在默认模式下创建表的权限。

```
1.    GRANT CREATE ON SCHEMA public TO david;
```

(2) ALTER 权限：允许用户修改现有的数据库对象，如更改表结构。

示例：授予用户 david 修改 students 表结构的权限。

```
1.    GRANT ALTER ON students TO david;
```

(3) DROP 权限：允许用户删除数据库中的对象。

示例：授予用户 david 删除 students 表的权限。

```
1.    GRANT DROP ON students TO david;
```

4. 特殊权限

CONNECT 权限：允许用户连接到数据库。

示例：授予用户 david 连接到数据库 schooldb 的权限。

```
1.    GRANT CONNECT ON DATABASE schooldb TO david;
```

在使用权限时，应尽可能地使用角色管理权限，将权限授予角色，然后将角色分配给用户，这样可以更灵活、更容易地管理权限。

7.4 openGauss 日志管理

日志管理是任何数据库管理系统中的关键组成部分，它对于确保数据的完整性、故障恢复以及性能优化都至关重要。通过有效的日志管理，用户可以更好地监控数据库活动、优化性能以及满足合规性要求。openGauss 提供了丰富的配置选项来管理各类日志，通过修改 postgresql.conf 配置文件以及使用 SQL 命令进行动态调整。

本书由于 openGauss 安装在/opt/modules/open-gauss/data/single_node 目录下，因此 postgresql.conf 配置文件就在该目录下，根据自己安装的目录查找即可。

openGauss 中的日志管理主要涉及以下几方面。

1. 系统日志

系统日志记录了数据库系统级别的事件，如系统启动、停止、配置变更等信息。这对于跟踪系统状态变化、故障诊断非常重要。

2. 日志记录参数

```
1.    # 设置日志记录级别,可以捕获大部分系统事件
2.    log_min_messages = notice
3.    # 指定日志的输出位置,可以是 stderr、csvlog 等
4.    log_destination = 'stderr'
5.    # 开启日志收集器(默认开启状态)
6.    logging_collector = on
7.    # 设置日志文件的保存目录
8.    log_directory = 'pg_log'
```

3. 操作日志

操作日志记录了对数据库执行的具体操作，如数据更新、删除操作。这类日志对于理解数据变更历史、回溯和审计非常有价值。

操作日志的配置同样在 postgresql.conf 中，可以通过调整日志级别来捕获对数据库执行的操作。

```
1.    # 设置记录所有 DDL 操作和修改数据的操作
2.    log_statement = 'mod'
```

4. 事务日志（WAL 日志）

事务日志（Write-Ahead Logging，WAL）是用于保证数据库事务安全的关键机制。在事务提交之前，所有的更改都会先写入 WAL 日志中。这样，在发生故障时，可以利用 WAL 日志恢复未提交的事务数据，确保数据的一致性和完整性。WAL 日志的配置影响数据恢复和系统性能。

```
1.    # 配置 WAL 日志的归档策略
2.    archive_mode = on
3.    archive_command = 'cp %p /opt/modules/open-gauss/data/single_node/archive/%f'
```

需要注意的是，archive_mode 表示归档模式。当设置为 on 时，表示开启归档模式，数据库会将 WAL 文件归档到指定的位置。archive_command 用于指定归档命令，这个命令将 WAL 文件归档到指定位置的方式。cp 命令将%p（WAL 文件的路径）复制到指定的归档路径，并将%f（WAL 文件的文件名）作为归档文件的名称。

在上述命令中,archive 文件夹是在 openGauss 安装目录下创建的,用于存放归档的 WAL 文件。此外,归档命令需要确保目标位置的文件系统具有足够的空间来存储归档的 WAL 文件,并且为安全起见,通常还需要确保归档路径的备份。

5. 错误日志

错误日志用于记录数据库运行过程中的错误信息,包括系统错误、执行失败的 SQL 语句等。这些日志对于诊断问题和优化数据库性能非常有用。

错误日志的配置主要通过调整日志级别来实现,以便记录不同级别的错误信息。

```
1.    # 设置记录错误及以上级别的日志
2.    log_min_error_statement = error
```

6. 性能日志

性能日志专注于记录数据库的性能指标,如查询执行时间、系统资源使用情况。这对于识别性能瓶颈、进行系统优化至关重要。

性能日志的配置可以通过开启查询监控和设置日志记录慢查询来实现。

```
1.    # 开启慢查询日志
2.    log_min_duration_statement = 1800000        # 记录执行时间超过 1800000 的查询,这个
                                                # 值是默认值
3.    # 开启对所有 SQL 语句的执行时间统计
4.    track_activities = on
5.    track_counts = on
```

7. 审计日志

审计日志记录了数据库的操作事件,包括用户登录、数据修改、权限变更等信息。通过审计日志,可以对数据库的访问和操作进行监控和审计,增强数据的安全性。

审计日志需要开启审计功能并配置审计级别,在 postgresql. conf 文件中,加上相应配置即可使用 openGauss 自带的审计功能,具体如下。

```
1.    -- 记录所有类型的审计事件
2.    pgaudit.log = 'all'
3.    -- 设置审计日志记录的操作类型,如记录所有 DDL 和 DML 操作
4.    pgaudit.log_level = 'LOG'
```

在 openGauss 中,审计日志级别从低到高依次如下。

- DEBUG:最详细的日志级别,记录了所有的审计事件,包括调试信息和更低级别的事件。
- LOG:记录了常规的信息级别事件,如 SQL 查询、DDL、DML 操作等。
- INFO:记录了一般的信息级别事件,包括 LOG 级别及更高级别的事件。
- NOTICE:记录了比 INFO 更重要的事件,例如,用户认证、连接和断开连接等。
- WARNING:记录了警告级别的事件,如错误的用户登录尝试等。
- ERROR:记录了错误级别的事件,如 SQL 语法错误、权限错误等。
- FATAL:记录了致命错误级别的事件,如数据库崩溃等。

需要注意的是,更改 postgresql. conf 配置文件后,需要重启 openGauss 服务或者使用 SELECT pg_reload_conf();命令使配置生效。此外,根据具体需求和系统环境,可能还需要安装或启用额外的工具或插件来支持上述某些日志类型的高级特性,尤其是审计日志和性能日志。

7.5 openGauss 数据审计

7.5.1 openGauss 审计配置

在 openGauss 中，审计功能是一项重要的安全特性，它允许跟踪和记录数据库活动，对于确保数据安全、合规性审核以及排查问题都至关重要。openGauss 提供了灵活的审计配置选项，可以在 postgresql.conf 文件中配置审计日志的基本参数，包括启用审计、设置审计日志的存储位置和管理审计日志的大小。

1. 启用审计

audit_enabled 用于启动与停用审核。

```
1.    audit_enabled = on
```

2. 设置审计日志目录

audit_directory 用于指定审计日志存储的目录。

```
2.    audit_directory = 'pg_audit'
```

3. 审计日志文件切割

audit_cut_file 用于设置审计日志的切割方式，可以是按时间或大小切割。

```
1.    audit_rotation_interval = '1d' -- 每天切割
```

在这个设置中，'1d' 表示审计日志文件将按照每天（每个自然日）的时间间隔进行轮换。这意味着系统将每天创建一个新的审计日志文件。

在启用或禁用审计功能的情况下，通常建议重新启动数据库服务以确保配置更改生效。这样可以避免配置更改可能带来的不一致或者意外行为。

7.5.2 openGauss 审计管理

在 openGauss 中，审计管理涉及审计策略的创建、配置、应用以及审计日志的维护。这是数据库安全管理的重要组成部分，有助于追踪数据库活动，满足合规性要求，并辅助安全监控。

openGauss 采用的是统一审计策略，传统审计会产生大量的审计日志，且不支持定制化的访问对象和访问来源配置，不方便数据库安全管理员对审计日志的分析。而统一审计策略支持绑定资源标签、配置数据来源输出审计日志，可以提升安全管理员对数据库监控的效率。

在使用审计策略之前，需要开启统一审计开关，即在 postgresql.conf 文件中，设置 GUC 参数 enable_security_policy=on 审计策略才可以生效。

创建审计策略的语法格式如下。

```
1.    CREATE AUDIT POLICY [ IF NOT EXISTS ] policy_name { { privilege_audit_clause | access_
      audit_clause } [ filter_group_clause ] [ ENABLE | DISABLE ] };
```

上述语法格式中包括三个子句，需要特别说明，具体如下。

privilege_audit_clause：特权审计子句，用于指定要审计的特权操作，如 CREATE 等。

```
1.    PRIVILEGES { DDL | ALL } [ ON LABEL ( resource_label_name [, … ] ) ]
```

access_audit_clause：访问审计子句，用于指定要审计的访问操作，如 SELECT、INSERT、UPDATE、DELETE 等。

```
1.    ACCESS { DML | ALL } [ ON LABEL ( resource_label_name [, … ] ) ]
```

filter_group_clause：过滤组子句，用于指定审计策略的过滤条件。

```
1.    FILTER ON { ( FILTER_TYPE ( filter_value [, … ] ) ) [, … ] }
```

参数说明：

- policy_name：审计策略名称，需要唯一，不可重复。
- DDL：指的是针对数据库执行如下操作时进行审计，目前支持 CREATE、ALTER、DROP、ANALYZE、COMMENT、GRANT、REVOKE、SET、SHOW、LOGIN_ANY、LOGIN_FAILURE、LOGIN_SUCCESS、LOGOUT。
- ALL：指的是上述 DDL 支持的所有对数据库的操作。
- resource_label_name：资源标签名称。
- DML：指的是针对数据库执行如下操作时进行审计，目前支持 SELECT、COPY、DEALLOCATE、DELETE、EXECUTE、INSERT、PREPARE、REINDEX、TRUNCATE、UPDATE。
- FILTER_TYPE：描述策略过滤的条件类型，包括 IP | APP | ROLES。
- filter_value：指具体过滤信息内容。
- ENABLE|DISABLE：可以打开或关闭统一审计策略。若不指定 ENABLE|DISABLE，语句默认为 ENABLE。

1. 创建和删除审计策略

1）创建审计策略

使用 CREATE AUDIT POLICY 创建审计策略，指定审计的行为和对象，各种审计策略示例如下。

```
1.    -- 创建资源标签
2.    CREATE RESOURCE LABEL adt_lb0 ADD TABLE(students);
3.    -- 1.对数据库执行所有操作的审计策略
4.    CREATE AUDIT POLICY adt1 PRIVILEGES ALL;
5.    -- 2.对数据库执行 CREATE 操作的审计策略
6.    CREATE AUDIT POLICY adt2 PRIVILEGES CREATE;
7.    -- 3.对数据库执行 SELECT 操作的审计策略
8.    CREATE AUDIT POLICY adt3 ACCESS SELECT;
9.    -- 4.仅记录用户 testuser 在执行针对 adt_lb0 资源进行的 CREATE 操作的审计策略
10.   CREATE AUDIT POLICY adt4 PRIVILEGES CREATE ON LABEL(adt_lb0) FILTER ON ROLES(testuser);
11.   -- 5.仅记录用户 testuser 在执行针对 adt_lb0 资源进行的 SELECT、INSERT、DELETE 操作数据
      库的审计策略
12.   CREATE AUDIT POLICY adt5 ACCESS SELECT ON LABEL(adt_lb0)、INSERT ON LABEL(adt_lb0)、
      DELETE FILTER ON ROLES(testuser);
```

上述命令中，创建了多种类型的审计策略，并指定该策略记录所有可能的操作，包括 DDL、DML 等。

2）删除审计策略

当不再需要某个审计策略时，可以通过 DROP 语句将其删除。

```
1.    DROP AUDIT POLICY adt1;
```

2. 审计日志查看和分析

审计日志通常以文件形式存储在服务器上的指定目录中,前面指定了审计日志的存储位置 pg_audit(/opt/modules/open-gauss/data/single_node/pg_audit),在这个目录下可以查看审计日志,由于默认文件格式为二进制,所以建议在数据库终端查看审计操作,可以通过 pg_query_audit(startTime, endTime)函数查询审计日志。

```
1.    SELECT * FROM pg_query_audit('2024 - 04 - 03 00:00:00','2024 - 05 - 06 00:00:00')WHERE
      RESULT = 'ok';
```

查询结果如图 7-3 所示。

time	type	result	userid	username	database	client_conninfo	object_name	detail_info	node_name	thread_id
2024-04-03 00:00:00+08	internal_event	ok	0	[unknown]	[unknown]	[unknown]@[unknown]	file	create a new audit file	sgnode	139886297544448@765
2024-04-03 00:15:47+08	user_logout	ok	24639	testuser	schooldb	Navicat@192.168.1.4	schooldb	session timeout, logout	sgnode	139885702280960@765
2024-04-03 00:34:07+08	login_success	ok	24639	testuser	schooldb	Navicat@192.168.1.4	schooldb	login db(schooldb) succ	sgnode	139885702280960@765
2024-04-03 00:34:07+08	login_success	ok	24639	testuser	schooldb	Navicat@192.168.1.4	schooldb	login db(schooldb) succ	sgnode	139885562558208@765
2024-04-03 00:34:08+08	login_success	ok	24639	testuser	schooldb	Navicat@192.168.1.4	schooldb	login db(schooldb) succ	sgnode	139885663418112@765
2024-04-03 00:42:30+08	login_success	ok	24639	testuser	schooldb	Navicat@192.168.1.142	schooldb	login db(schooldb) succ	sgnode	139885590935296@765
2024-04-03 00:42:30+08	login_success	ok	24639	testuser	schooldb	Navicat@192.168.1.142	schooldb	login db(schooldb) succ	sgnode	139885524743936@765

图 7-3　审计日志查询

openGauss 提供的审计日志详细记录了各种数据库活动,包括用户操作、系统事件等,日志格式设计以便于解析和分析。

3. 审计日志维护

(1) 日志轮转:根据配置自动进行日志文件的轮转,前面通过. audit_rotation_interval='1d'设置按照每天的时间间隔进行轮换,避免单一文件过大。

(2) 日志清理:定期删除旧的审计日志文件,释放存储空间。这一步骤可以通过自动化脚本实现,也可以手动执行。

(3) 日志备份:为了保证审计数据的安全性,定期备份审计日志至安全的存储位置。

需要注意的是,启用审计功能可能会对数据库性能产生一定影响,特别是在大量活动被审计时。因此,建议根据实际需要合理配置审计策略。

7.6 openGauss 常见安全策略

7.6.1 账户安全策略

在 openGauss 数据库环境中,账户安全策略涉及确保所有数据库账户都安全地管理和配置。以下是一些实施账户安全策略的关键措施。

1. 账户锁定策略

对于多次登录失败的账户,实施账户锁定策略,暂时锁定账户以防止密码猜测攻击。

```
1.    ALTER USER david ACCOUNT LOCK; -- 锁定账户
2.    ALTER USER joe ACCOUNT UNLOCK; -- 解锁账户
```

2. 使用账户到期策略

对于临时账户或特定期限内只需要访问数据库的账户,设置账户到期日期。过期后,账户自动失效,无法登录。

3. 禁用或删除不必要的账户

定期审查数据库账户,禁用不活跃或不再需要的账户。如果某个账户确定不再使用,应将其删除，删除用户前先要取消对应赋予的权限。

```
1.    DROP USER IF EXISTS david;
```

4. 最小权限原则

按照最小权限原则分配用户权限，确保用户只有完成其工作所必需的权限。这意味着避免将过多的权限分配给单一账户，并且使用角色来管理和分配权限集合。

```
1.    CREATE ROLE readonly WITH PASSWORD 'readonly@123';
2.    GRANT SELECT ON ALL TABLES IN SCHEMA public TO readonly;
3.    GRANT readonly TO david;
```

5. 账户审计

开启用户操作的审计，记录关键操作和更改，如权限变更、密码更改等。审计日志可以帮助识别未授权的访问尝试或不当的权限使用。

6. 角色和用户组管理

通过角色和用户组来管理用户权限，而不是直接将权限分配给单个用户。这样做可以简化权限管理，并确保一致的权限分配。

通过以上措施，可以在 openGauss 数据库中建立强大的账户安全体系，有效防止未授权访问和提高数据安全性。

7.6.2 密码安全策略

密码安全策略主要包括一系列设计用来提高密码安全性的规则和方法。这些策略的目的是防止未授权访问和保护系统免受攻击。以下是一些常见的密码安全策略。

1. 使用强密码

确保所有账户都采用强密码，这通常意味着密码至少包含 8 个字符，且包括大写字母、小写字母、数字和特殊字符。openGauss 支持密码策略的设置，可以通过修改数据库的配置文件来强制实施密码复杂度要求。

2. 定期更换密码

鼓励或强制用户定期更换密码，如每 90 天更换一次，以减少密码被猜测或泄露的风险。这需要通过培训和安全策略来实施，因为 openGauss 不直接支持自动强制更换密码。

3. 禁止密码重用

防止用户在多个系统或不同的账户之间重用相同的密码，或者在一定时间内重用旧密码。

4. 双因素认证(2FA)

除了密码之外，还需要第二种形式的验证，如短信验证码、电子邮件验证码或生物识别，以增加安全性。

5. 密码存储安全

确保密码以安全的方式存储，通常是通过加密或散列技术，如使用 SHA-256 或更高级别的加密算法。

7.6.3 数据安全策略——动态脱敏

数据安全策略中的动态脱敏指的是在数据被访问或使用时实时地对敏感信息进行隐藏或替换的过程，以保护个人隐私或商业机密不被未授权的访问者看到。与静态数据脱敏不同，动态脱敏不会更改数据库中的实际数据，而是在数据呈现给用户时临时修改数据的展示。这种方法特别适用于需要在保证数据使用灵活性的同时，确保数据安全的场景。以下是动态数据脱敏的一些实施策略。

- 定义敏感数据：明确哪些数据属于敏感信息，如个人身份信息、财务信息、健康记录等。
- 分类与标记：对数据进行分类和标记，以确定不同数据的脱敏规则和级别。
- 角色与权限管理：根据用户的角色和权限来定义对数据的访问级别，确保只有授权用户才能访问未脱敏的数据。
- 实施脱敏规则：采用适当的技术手段，如数据掩码、伪造、加密等，来动态地实施脱敏操作。

动态数据脱敏是数据安全策略中的重要组成部分，它帮助组织在满足业务需求的同时，有效地保护敏感数据免受泄露。正确实施动态脱敏不仅能提高数据的安全性，还能增强客户和用户对企业的信任。openGauss 内置了多个脱敏函数，如表 7-4 所示。

表 7-4 预置的脱敏函数

脱敏函数名	含 义	脱 敏 前	脱 敏 后
creditcardmasking	仅针对信用卡格式的文本类数据。仅对后 4 位之前的数字进行脱敏	4880-9898-4545-2525	xxxx-xxxx-xxxx-2525
basicemailmasking	仅针对 email 格式的文本类型数据。对出现第一个'@'之前的文本进行脱敏	abcd@gmail. com	xxxx@gmail. com
fullemailmasking	仅针对 email 格式的文本类型数据。对出现最后一个'.'之前的文本(除'@'符外)进行脱敏	abcd@gmail. com'	xxxx@xxxxx. com
alldigitsmasking	仅针对包含数字的文本类型数据。仅对文本中的数字进行脱敏	alex123alex	alex000alex
shufflemasking	仅针对文本类型数据，随机打乱顺序脱敏	hello word	hlwoeor dl
randommasking	仅针对文本类型数据，按字符随机脱敏	hello word	ad5f5ghdf5
maskall	全脱敏策略	4880-9898-4545-2525	xxxxxxxxxxxxxxxxxxx

动态数据脱敏机制基于资源标签进行脱敏策略的定制化，可根据实际场景选择特定的脱敏方式，也可以针对某些特定用户制定脱敏策略。创建脱敏策略的语法格式如下。

```
1.    CREATE RESOURCE LABEL label_for_creditcard ADD COLUMN(user1.table1.creditcard);
2.    CREATE RESOURCE LABEL label_for_name ADD COLUMN(user1.table1.name);
3.    CREATE MASKING POLICY msk_creditcard creditcardmasking ON LABEL(label_for_creditcard);
4.    CREATE MASKING POLICY msk_name randommasking ON LABEL(label_for_name) FILTER ON IP(local),
      ROLES(dev);
```

其中，label_for_creditcard 和 msk_name 为本轮计划脱敏的资源标签，分别包含两个列对象；creditcardmasking、randommasking 为预置的脱敏函数；msk_creditcard 定义了所有用户对 label_for_creditcard 标签所包含的资源访问时执行 creditcardmasking 的脱敏策略，不区分访问源；msk_name 定义了本地用户 dev 对 label_for_name 标签所包含的资源访问时执行 randommasking 的脱敏策略；当不指定 FILTER 对象时则表示对所有用户生效，否则仅对标识场景的用户生效。

接下来根据上述语法格式为前面的 accounts 表中的 account_number 列创建脱敏策略，具体语句如下。

```
1.  CREATE RESOURCE LABEL mask_credcard1 ADD COLUMN(accounts.account_number);
2.  CREATE MASKING POLICY msk_creditcard creditcardmasking ON LABEL(mask_credcard1);
```

为了验证脱敏策略是否创建成功，可以在上述语句执行完成后，通过 SELECT 语句查询 accounts 表中的数据，查询结果如下。

```
1.  schooldb=# SELECT * FROM accounts;
2.  account_id |  account_number  | balance
3.  -----------+------------------+---------
4.           1 | xxxxxxxxxxxx5334 | 1000.00
5.           2 | xxxxxxxxxxxx5335 | 2000.00
6.  (2 rows)
```

从查询结果可以看出，account_number 列正常应该输出完整的卡号，现在仅输出部分卡号，说明 account_number 列的脱敏策略创建成功了。

小结

本章首先介绍了数据库安全性的基础概念，然后深入讲解了权限管理系统的设计和实现，这是控制用户对数据库操作权限的机制。最后讲解了 openGauss 的常见安全策略，包括使用加密技术来保护数据，以及实施审计和监控策略以跟踪对数据的访问和更改。通过本章的学习，读者能够有效保护数据库免受各种威胁。

习题

1. 请简要说明数据库的安全性包括哪些。
2. 请简要说明 openGauss 的常见安全策略有哪些。

第8章

SQL进阶

学习目标：

❖ 了解 SQL 的执行顺序。

❖ 掌握查询优化器的原理。

❖ 了解执行计划的组成与生成。

❖ 掌握查询优化的基本操作。

本章深入讲解了 SQL 的高级特性和技术，旨在提升读者对于数据库查询和管理的深度理解与使用。通过本章的学习能够进一步提高读者对数据库的操作能力，更有效地处理复杂的数据查询、分析和管理任务。

8.1 SQL 执行顺序

SQL 执行顺序指的是数据库管理系统处理和执行 SQL 语句的内部顺序，这个顺序对于理解如何编写高效的查询和预测查询结果非常重要。SQL 语句的编写顺序与实际的执行顺序不同。下面是 SQL 语句的常见编写顺序和对应的执行顺序，如表 8-1 所示。

表 8-1 SQL 执行顺序

SQL 语句的编写顺序	SQL 的实际执行顺序
SELECT	FROM/JOIN：确定查询的数据来源，包括连接表
FROM/JOIN	WHERE：根据 WHERE 子句过滤行
WHERE	GROUP BY：接着对剩余的行进行分组
GROUP BY	HAVING：然后过滤分组，仅保留满足 HAVING 条件的组
HAVING	SELECT：选择指定的列，执行列中的计算或转换
ORDER BY	DISTINCT：如果有，去除重复的行
LIMIT	ORDER BY：对结果进行排序。值得注意的是，排序操作是在最后执行的，这意味着排序不会影响任何 WHERE、GROUP BY 或 HAVING 等子句的操作
	LIMIT/OFFSET：限制返回的行数，或者跳过一定数量的行

理解 SQL 语句执行顺序有助于进行性能优化和解决复杂查询中可能遇到的问题。例如,知道 WHERE 子句在 GROUP BY 之前执行可以帮助用户决定在哪一步对数据进行过滤,以提高查询效率。

8.2 openGauss 查询优化器

8.2.1 查询优化器的原理

查询优化器是数据库管理系统的核心组成部分,它负责将用户编写的 SQL 查询转换成一个或多个高效的执行计划。这些执行计划定义了如何从数据库中检索、合并和处理数据,以生成查询结果。查询优化器的目标是最小化查询的执行时间和资源消耗,从而提高数据库的性能和响应速度。下面介绍查询优化器的基本原理和工作流程。

查询优化器的工作基于以下原理。

- 成本基准:查询优化器评估不同执行计划的成本,这包括数据访问成本、CPU 使用成本、I/O 成本等。成本的计算通常基于统计信息,如表的大小、索引的存在和数据的分布。
- 统计信息:数据库维护有关表和索引的统计信息,如行数、唯一值的数量、数据分布等。查询优化器利用这些信息来预测不同操作的成本。
- 查询重写:在生成执行计划之前,优化器可能会对查询进行重写,以简化查询或转换为更高效的形式。例如,将子查询转换为连接操作。
- 执行计划生成:查询优化器探索不同的执行策略,如连接顺序、索引使用等。它可能会生成多个潜在的执行计划。
- 成本评估:对于每个潜在的执行计划,优化器估算其执行成本。这个过程涉及对数据访问路径、操作成本和资源消耗的评估。
- 执行计划选择:基于成本评估,优化器选择成本最低的执行计划进行实际执行。

工作流程如下。

- 解析查询:将 SQL 查询分解成逻辑组件,如 SELECT、FROM、WHERE 子句。
- 查询重写:根据数据库的规则和统计信息优化查询逻辑。
- 生成潜在的执行计划:通过考虑不同的数据访问方法和连接策略来生成多个执行计划。
- 成本评估:为每个执行计划估算成本,通常基于预测的行数、磁盘 I/O 操作和 CPU 使用。
- 选择最优执行计划:比较不同执行计划的成本,选择成本最低的执行。

查询优化器的效果和效率依赖于准确的统计信息和高效的成本估算模型。因此,定期更新统计信息和理解不同查询优化策略对查询性能的影响是非常重要的。

8.2.2 查询优化器的高级功能

查询优化器的高级功能可以进一步提升数据库查询的执行效率和速度,利用复杂的算法和策略来优化查询。这些高级功能包括但不限于:

1. 成本估算模型的改进

高级查询优化器采用更复杂、更精细的成本估算模型来预测查询执行的各种成本。这些模型可能考虑到更多的因素，如数据局部性、缓存效应、并行处理的开销等，从而更准确地评估执行计划的成本。

2. 查询重写和优化规则

高级优化器实现了更多的查询重写规则和优化策略，例如，将笛卡儿积转换为更高效的连接操作，或者识别并消除不必要的查询部分。这些优化可以在不改变查询结果的前提下显著提高查询效率。

3. 自动索引管理

某些高级查询优化器可以分析查询模式并自动推荐或创建索引来提高查询性能。这种功能可以极大减轻数据库管理员的负担，优化数据库的物理设计。

4. 并行处理

高级查询优化器能够有效地将查询操作分配到多个处理器或多个核心上并行执行，以减少查询执行时间。它会考虑到操作的并行化潜力、资源可用性和负载平衡。

5. 物化视图

通过使用物化视图，查询优化器可以直接访问预先计算和存储的查询结果，而不是在每次查询时重新计算。优化器能够识别何时可以利用这些视图来加速查询执行。

6. 适应性查询处理

适应性查询处理允许查询优化器在查询执行过程中动态调整执行计划。基于执行时收集的实际运行时数据，优化器可以做出调整，如改变连接策略或操作顺序，以适应实际数据分布。

7. 高级统计信息收集

高级查询优化器使用更复杂的统计信息，如列间依赖性、数据分布的详细直方图等，这些都有助于更准确地估算查询成本。

8. 查询计划缓存和重用

为了减少优化开销，高级优化器会缓存经过优化的查询计划，并在遇到相似查询时重用这些计划。这减少了优化过程的开销，加快了查询响应时间。

这些高级功能使得数据库管理系统能够更智能、更高效地处理复杂查询，满足现代应用对数据处理的高要求。然而，实现和维护这些高级功能也增加了数据库系统的复杂性，需要数据库管理员和开发者有较高的专业知识。

8.3 openGauss 执行计划

8.3.1 执行计划概述

执行计划（也称查询计划）是数据库管理系统中查询优化器生成的一个详细的步骤列表，用于说明如何执行 SQL 查询。执行计划描述了数据库将如何利用其各种数据库操作算子（如扫描、索引查找、连接等）来完成查询任务。

执行计划是优化器根据查询语句和数据库的统计信息、现有的索引、数据库的物理结构等因素计算出的最佳执行路径。

8.3.2 执行计划组成与生成

执行计划的组成与生成是数据库查询处理的核心部分，它涉及查询优化器如何将用户的SQL查询转换为数据库实际执行的操作步骤。以下是执行计划的主要组成部分以及它们是如何生成的详细过程。

1. 组成部分

(1) 操作符：执行计划由一系列的操作符或节点组成，每个操作符执行一个特定的数据库操作，如表扫描、索引查找、数据排序、连接操作等。

(2) 树状结构：执行计划通常呈现为一种树状结构，其中，叶子节点通常是数据访问操作(如表扫描或索引查找)，而内部节点表示数据处理操作(如连接、排序、聚合等)。树的根节点代表返回结果集的最终操作。

(3) 访问路径：它指的是数据库系统访问表中数据的方式。访问路径可以是全表扫描、索引扫描、位图扫描等。

(4) 连接策略：当查询涉及多个表的连接时，执行计划会包含连接这些表的策略，如嵌套循环连接、哈希连接或合并连接。

(5) 成本估算：对于每个操作符，查询优化器都会计算一个成本估算，包括CPU成本、I/O成本等。成本估算是基于表的统计信息，如行数、列的基数等。

2. 生成过程

(1) 解析：数据库系统会解析SQL查询，检查语法是否正确，并将其转换成一种内部表示形式，通常是一棵解析树。

(2) 逻辑优化：查询优化器可能会对这棵树进行一系列的转换，以优化查询的逻辑结构。这可能包括消除冗余的操作、重写子查询为连接查询等。

(3) 物理优化：在逻辑优化之后，优化器会考虑不同的物理实现方式，为每个逻辑操作选择最合适的物理操作。这个阶段包括选择具体的数据访问方法(如使用哪个索引)和连接方法。

(4) 成本估算和计划选择：对于每个可能的执行计划，优化器都会基于统计信息计算其成本，并选择成本最低的那个作为最终执行计划。

(5) 计划缓存：在某些情况下，如果一个查询被频繁执行，其执行计划可能会被缓存起来，以便下次直接使用，避免重复的优化过程。

执行计划的生成是一个复杂但极其重要的过程，直接关系到数据库查询的效率。通过理解执行计划的组成与生成过程，开发者和数据库管理员可以更好地分析查询性能问题，并采取措施进行优化。

8.4 查询优化

查询优化是数据库管理和使用中的一个重要环节，旨在提高查询效率和降低数据库的负载。在openGauss这样的关系型数据库管理系统中，查询优化可以从多个维度进行，包括但不限于SQL查询本身的编写、数据库的设计、索引的使用以及系统配置的调整。下面将针对这些方面提供一些查询优化的策略和例子。

8.4.1 查询重写

查询重写是查询优化中的一个关键步骤，旨在通过修改原始查询语句的形式来改进查询执行的效率，而不改变查询结果。这一过程通常由数据库管理系统自动完成，以确保数据检索操作的性能最优化。查询重写可以通过多种方式实现，包括利用视图、重组查询条件、引入或消除聚合操作等。

为了演示查询重写，首先创建一个员工表 employees 和一个销售表 sales，并分别添加 5 条数据。

(1) 创建 employees 表。

```
1.    CREATE TABLE employees (
2.          employee_id SERIAL PRIMARY KEY,
3.          name VARCHAR(50) NOT NULL,
4.          gender CHAR(1),
5.          age INT,
6.          department VARCHAR(100),
7.          position VARCHAR(100)
8.    );
9.    CREATE INDEX idx_department ON employees (department);
10.   INSERT INTO employees (name, gender, age, department, position)
11.   VALUES
12.     ('John Doe', 'M', 30, 'IT Department', 'Software Engineer'),
13.     ('Jane Smith', 'F', 35, 'HR Department', 'HR Manager'),
14.     ('Michael Johnson', 'M', 40, 'Sales Department', 'Financial Analyst'),
15.     ('Emily Davis', 'F', 28, 'Marketing Department', 'Marketing Specialist'),
16.     ('David Wilson', 'M', 33, 'Sales Department', 'Sales Representative');
```

(2) 创建 sales 表。

```
1.    CREATE TABLE sales (
2.          sale_id SERIAL PRIMARY KEY,
3.          employee_id INT NOT NULL,
4.          sale_date DATE,
5.          amount NUMERIC(10, 2),
6.          product_name VARCHAR(100),
7.          FOREIGN KEY (employee_id) REFERENCES employees(employee_id)
8.    );
9.    INSERT INTO sales (employee_id, sale_date, amount, product_name)
10.   VALUES
11.     (1, '2024-04-01', 100.00, 'Product A'),
12.     (2, '2024-04-02', 150.50, 'Product B'),
13.     (1, '2024-04-03', 200.75, 'Product C'),
14.     (3, '2024-04-04', 120.00, 'Product D'),
15.     (2, '2024-04-05', 180.25, 'Product E');
```

1. 利用物化视图重写查询

数据库可能会利用物化视图来重写查询，特别是在处理大量数据并执行复杂聚合时。物化视图存储了查询结果的实际数据，使得相应的查询可以直接从物化视图中检索数据，从而避免了重复的计算和数据处理。

假设有一个查询，它经常对销售数据进行聚合以获取每个员工的平均销售额。

```
1.    SELECT employee_id, AVG(amount) FROM sales GROUP BY employee_id;
```

查询结果：

```
1.    employee_id |          avg
2.    ----------+----------------------
3.              1 | 150.3750000000000000
4.              3 | 120.0000000000000000
5.              2 | 165.3750000000000000
6.    (3 rows)
```

如果存在一个物化视图 monthly_sales，包含每个月的销售总额，具体如下。

```
1.    CREATE VIEW average_sales_view AS
2.    SELECT employee_id, AVG(amount) AS average_amount
3.    FROM sales
4.    GROUP BY employee_id;
```

那么上述查询可以被重写，具体如下。

```
1.    SELECT employee_id,average_amount FROM average_sales_view;
```

通过视图返回每个员工的平均销售额。视图提供了一个方便的方式来获取查询结果，同时还可以对其进行进一步的过滤、连接或其他操作。

2. 引入或消除聚合操作

根据查询的上下文，引入或消除聚合操作可以减少需要处理的数据量，从而提高查询性能。例如，下面的查询方式：

```
1.    SELECT employee_id, AVG(amount) FROM sales GROUP BY employee_id;
```

如果存在一个预先计算的 average_sales 表，该表直接存储了每个员工的平均销售额，具体如下。

```
1.    CREATE TABLE average_sales (
2.        employee_id INT PRIMARY KEY,
3.        average_amount NUMERIC(10, 2),
4.        FOREIGN KEY (employee_id) REFERENCES employees(employee_id)
5.    );
6.    INSERT INTO average_sales (employee_id, average_amount)
7.    VALUES
8.        (1,100.00),
9.        (2,150.50),
10.       (3, 165.00);
```

查询结果：

```
1.    employee_id | average_amount
2.    ----------+----------------
3.              1 |        100.00
4.              2 |        150.50
5.              3 |        165.00
6.    (3 rows)
```

查询可以被重写，具体如下。

```
1.    SELECT employee_id, average_amount FROM average_sales;
```

3. 查询谓词的重组

通过重新组织查询中的谓词(例如 WHERE 子句中的条件),可以提高查询的效率。例如,将多个条件合并为一个条件,或者重组这些条件以利用索引。

```
1.    SELECT * FROM employees WHERE age > 30 AND department = 'Sales Department';
```

查询结果:

```
1.    employee_id |       name       | gender | age |     department     | position
2.    ------------+------------------+--------+-----+--------------------+-----------------
3.              5 | David Wilson     | M      |  33 | Sales Department   | Sales Representative
4.              3 | Michael Johnson  | M      |  40 | Sales Department   | Financial Analyst
5.    (2 rows)
```

若 department 列上有索引,而 age 列没有,那么就可以优先使用 department 条件,优化查询。

```
1.    SELECT * FROM employees WHERE department = 'Sales Department' AND age > 30;
```

4. 利用连接顺序和类型的调整

改变连接操作的顺序或类型,可以根据数据的特点和索引结构显著影响查询性能。

假设有两个表 orders 和 customers。需要查询所有订单以及对应的客户信息,但特别关注 Electronics 类别的订单。假设 orders 表中数据非常多,而 customers 表中数据相对较少。下面创建 customers 表和 orders 表,并分别添加三条数据。

(1) 创建 customers 表。

```
1.    CREATE TABLE customers (
2.        customer_id SERIAL PRIMARY KEY,
3.        name VARCHAR(100) NOT NULL,
4.        contact VARCHAR(20)
5.    );
6.    -- 向 customers 表插入数据
7.    INSERT INTO customers (name, contact)
8.    VALUES
9.        ('John Doe', '123 - 456 - 7890'),
10.       ('Jane Smith', '987 - 654 - 3210'),
11.       ('Michael Johnson', '456 - 789 - 0123');
```

(2) 创建 orders 表。

```
1.    CREATE TABLE orders (
2.        order_id SERIAL PRIMARY KEY,
3.        customer_id INT NOT NULL,
4.        order_date DATE,
5.        total_amount NUMERIC(10, 2),
6.        product_name VARCHAR(100),
7.        category VARCHAR(50),
8.        FOREIGN KEY (customer_id) REFERENCES customers(customer_id)
9.    );
10.   -- 向 orders 表插入数据
11.   INSERT INTO orders (customer_id, order_date, total_amount, product_name, category)
12.   VALUES
13.       (1, '2024 - 04 - 01', 100.00, 'Product A', 'Category A'),
14.       (2, '2024 - 04 - 02', 150.50, 'Product B', 'Category B'),
```

```
15.        (1, '2024 - 04 - 03', 200.75, 'Product C', 'Category C');
```

在没有特别指定连接类型的情况下,可能会写出如下查询。

```
1.    SELECT o.order_id, c.name AS customer_name
2.    FROM orders o
3.    JOIN customers c ON o.customer_id = c.customer_id
4.    WHERE o.category = 'Category C';
```

查询结果:

```
1.    order_id | customer_name
2.    -------+---------------
3.           3 | John Doe
4.    (1 row)
```

在这个查询中,数据库可能会首先进行表 o 和表 c 的连接操作,然后再对结果应用 WHERE 过滤条件。如果 orders 表非常大,这种策略可能不是最优的。

接下来重写查询考虑连接顺序,一个优化策略是先对 orders 表应用过滤条件,减少连接操作需要处理的数据量,具体如下。

```
1.    SELECT o.order_id, c.name AS customer_name
2.    FROM (SELECT * FROM orders WHERE category = 'Category C') o
3.    JOIN customers c ON o.customer_id = c.customer_id;
```

在这个重写的查询中,通过子查询先过滤出 Electronics 类别的订单,然后再与 customers 表进行连接。这样可以显著减少连接操作的数据量,提高查询效率。

在实际开发中,大多数数据库系统都会自动执行这些和其他复杂的查询重写策略,以优化查询执行计划。开发人员和数据库管理员只需了解这些概念即可,以便在必要时手动调整查询或设计更有效的数据库结构。

8.4.2 路径搜索

在数据库优化和查询计划中,"路径搜索"通常涉及选择最佳的数据检索和处理路径。这一过程依赖于查询优化器的决策,包括如何访问表以及在分布式数据库环境中如何有效执行查询。这一部分不涉及具体的 SQL 代码修改,而是关于数据库如何进行内部处理和优化查询的。不过,理解这个过程可以帮助开发者更好地设计数据库结构和编写查询语句。

优化器最核心的问题是针对某个 SQL 语句获得其最优解。这个过程通常需要枚举 SQL 语句对应的解空间,也就是枚举不同的候选执行路径。这些候选执行路径互相等价,但是执行效率不同,需要对它们计算执行代价,最终获得一个最优的执行路径。

依据候选执行路径的搜索方法的不同,可以将优化器的结构划分为如下几种模式。

1. 自底向上模式

在这种模式下,优化器从底层的物理操作开始,逐步向上搜索可能的执行路径。它通过评估每个操作的代价和效率,选择最优的执行路径。这种模式通常用于代价模型较为复杂的情况,如成本估算较为困难的情况,如图 8-1 所示。

2. 自顶向下模式

与自底向上搜索相反,自顶向下搜索模式从顶层的查询计划开始,逐步向下搜索可能的执行路径。它通过拆分查询计划为更小的子问题,并评估每个子问题的执行成本,选择最优的执行路径。这种模式通常用于代价模型相对简单的情况，或者在需要快速生成执行计划的场景下，如图 8-2 所示。

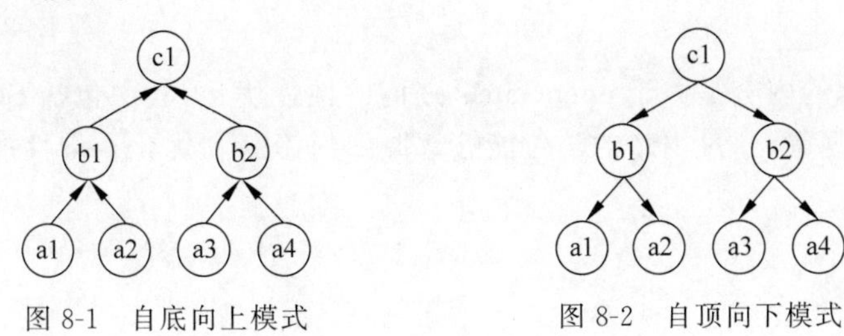

图 8-1 自底向上模式　　图 8-2 自顶向下模式

3. 混合搜索模式

混合搜索模式结合了自底向上和自顶向下两种搜索模式的优点。在这种模式下，优化器根据具体情况灵活选择搜索路径，可以根据代价模型的复杂度、查询的特性以及其他因素来决定是自底向上搜索还是自顶向下搜索。

openGauss 的查询优化器主要依赖于传统的自底向上的查询优化方法，很多传统的关系型数据库管理系统都采用这种方法。这种方法允许优化器通过成本评估来构建和选择最低成本的查询执行计划。

8.4.3 代价估算

代价估算(Cost Estimation)是查询优化器进行查询计划选择的核心组成部分。查询优化器利用代价估算模型来选择不同的执行策略，以找到最低成本的查询执行计划。这一过程涉及评估不同查询执行方案的资源消耗，包括磁盘 I/O、内存使用、CPU 周期以及网络开销等。

代价估算的主要目的是预测执行给定查询的资源消耗。数据库系统通常使用一个代价模型，该模型基于多种统计信息和启发式规则来估算以下几种成本。

(1) I/O 成本：访问磁盘上数据所需的时间，通常是查询代价中最重要的部分，特别是对于大数据量的查询。

(2) CPU 成本：处理查询所需的 CPU 时间，包括过滤数据、执行计算和函数等。

(3) 通信成本：在分布式数据库系统中，节点之间传输数据所需的时间。

(4) 内存成本：在执行查询时存储临时数据所需的内存资源。

代价估算的实施通常包括以下步骤。

(1) 收集统计信息：数据库优化器依赖于表、索引、数据分布等的统计信息来进行估算。这些统计信息包括但不限于表的行数、索引的唯一值数量、数据分布的直方图等。

(2) 评估数据访问路径：对于每个可能的数据访问路径，估算其代价。例如，全表扫描与使用索引扫描的代价通常会有很大不同。

(3) 生成和比较执行计划：基于不同的连接方法、连接顺序和操作实现方式，生成多个可能的执行计划，并为每个计划估算总代价。

(4) 选择最低成本计划：最终，查询优化器会选择预估代价最低的执行计划进行实际执行。

小结

本章核心讲解的内容是关于openGauss查询的性能优化，其中包括SQL执行顺序、查询优化器、执行计划等，通过本章的学习能够掌握如何诊断和优化查询性能，以确保数据库的高效运行。

习题

1. 请简要说明SQL的执行顺序。
2. 请简要说明openGauss的查询优化方式有哪几种。

运维管理

学习目标：

❖ 了解什么是数据库迁移。

❖ 掌握数据的备份与恢复。

❖ 掌握数据库的性能检查与调优。

运维管理在数据库管理和维护中扮演着至关重要的角色，它确保数据库系统不仅能够稳定运行，还能高效地处理数据和请求，同时保证数据的安全性和可靠性，有效的运维管理不仅直接影响到组织的运营效率和成本，也关系到用户的满意度。本章将针对数据库的运维管理进行详细讲解。

9.1 数据迁移

9.1.1 数据迁移概述

数据迁移是将数据从一个系统转移到另一个系统的过程。在数据库管理领域，通常是将数据从一个数据库平台移动到另一个数据库平台，例如，将数据从 openGauss 迁移到 MySQL，或者是在同一平台内部的不同版本或不同配置的数据库之间进行迁移。数据迁移是软件开发中的常见需求，可能是由于技术升级、性能优化、成本效益，或是为了利用新的技术特性等多种原因。

数据迁移的关键要素如下。

- 数据提取：从源数据库系统中提取数据。这可能涉及数据的导出或使用数据库提供的工具直接连接源数据库提取数据。
- 数据清洗：在迁移过程中，可能需要对提取的数据进行清洗，以确保数据的质量。这包括修正错误、去除重复项、转换数据格式等。
- 数据转换：根据目标数据库系统的要求，对数据进行必要的转换。可能涉及改变数据的结构、格式或编码方式等。

- 数据加载：将清洗和转换后的数据导入目标数据库系统。这一步骤可能需要使用特定的工具或脚本，特别是当源数据库和目标数据库使用不同平台时。

在数据迁移过程中，需要注意一些问题，具体如下。

- 数据一致性：迁移过程中保持数据的一致性和完整性是至关重要的，特别是需要迁移大量数据时。
- 停机时间：对于需要 24×7 小时运行的业务系统，需要尽量减少迁移过程中的停机时间。
- 兼容性问题：源数据库和目标数据库之间可能存在不兼容问题，如数据类型不匹配、性能差异等。
- 数据安全：在迁移过程中保护数据免受损坏或未授权访问是非常重要的。

9.1.2 迁移工具

在数据库管理和维护的过程中，迁移是一个常见且关键的任务。为了简化迁移过程、减少错误和数据丢失的风险，开发了多种迁移工具。以下是一些常用的数据库迁移工具。

1. pgAdmin

主要用于 PostgreSQL 数据库，但由于 openGauss 与 PostgreSQL 兼容，所以 pgAdmin 可用于 openGauss 做数据迁移工作。

2. DBeaver

DBeaver 是一个多平台数据库工具，支持多种数据库，包括 PostgreSQL、MySQL、SQL Server、SQLite、Oracle、openGauss。其特点是通过图形界面提供数据迁移功能，包括数据导出和导入功能，支持不同数据库之间的数据迁移。

3. Navicat

Navicat 是一个可创建多个连接的数据库管理工具，支持连接多种数据库，包括 openGauss、MySQL、PostgreSQL、Oracle、SQL Server、SQLite 和 MongoDB 等。它提供了数据迁移、同步、备份和恢复功能，因此接下来的操作依然使用 Navicat 工具来完成。

4. og_migrator

og_migrator 是专为 openGauss 设计的数据迁移工具，支持从 Oracle、MySQL、SQL Server 等数据库迁移到 openGauss。它的特点是提供数据迁移和数据库对象迁移（如表结构、索引、触发器等），并支持数据类型映射和转换。

5. pg_dump 和 pg_restore

由于 openGauss 与 PostgreSQL 兼容，可以使用 PostgreSQL 的 pg_dump 工具导出数据，然后使用 pg_restore 或 psql 命令导入 openGauss 数据库中。其特点是适用于从 PostgreSQL 迁移数据到 openGauss，支持多种格式的数据导出和导入，包括纯文本 SQL 脚本和自定义格式。

6. SQL Developer

如果从 Oracle 数据库进行迁移，可以使用 SQL Developer 的数据泵功能（Data Pump）导出数据，然后通过适配的工具将数据导入 openGauss。其特点是需要结合 openGauss 的工具如 og_migrator 来完成迁移过程，特别适用于从 Oracle 迁移。

7. 自定义脚本和工具

对于复杂的迁移需求,可能需要开发自定义的迁移脚本或使用第三方数据迁移服务。这种方式提供灵活性,可以针对特定的迁移需求进行定制。

在选择数据库迁移工具时,重要的是考虑源数据库和目标数据库之间的兼容性、迁移数据的大小和复杂性,以及是否需要迁移数据库对象和结构。一些工具可能更适合大规模数据迁移,而其他工具可能在处理特定类型的数据转换时更为高效。

9.1.3 迁移案例

这里以 openGauss 向 MySQL 迁移为例进行讲解,使用 Navicat 工具进行数据库迁移。Navicat 提供了一个图形界面来帮助用户完成数据迁移任务,非常简单,以下是使用 Navicat 迁移数据的基本步骤。

步骤 1:下载 MySQL

在 MySQL 官网(https://www.mysql.com/downloads/)下载 MySQL 数据库,这里选择免费的社区版,如图 9-1 所示。

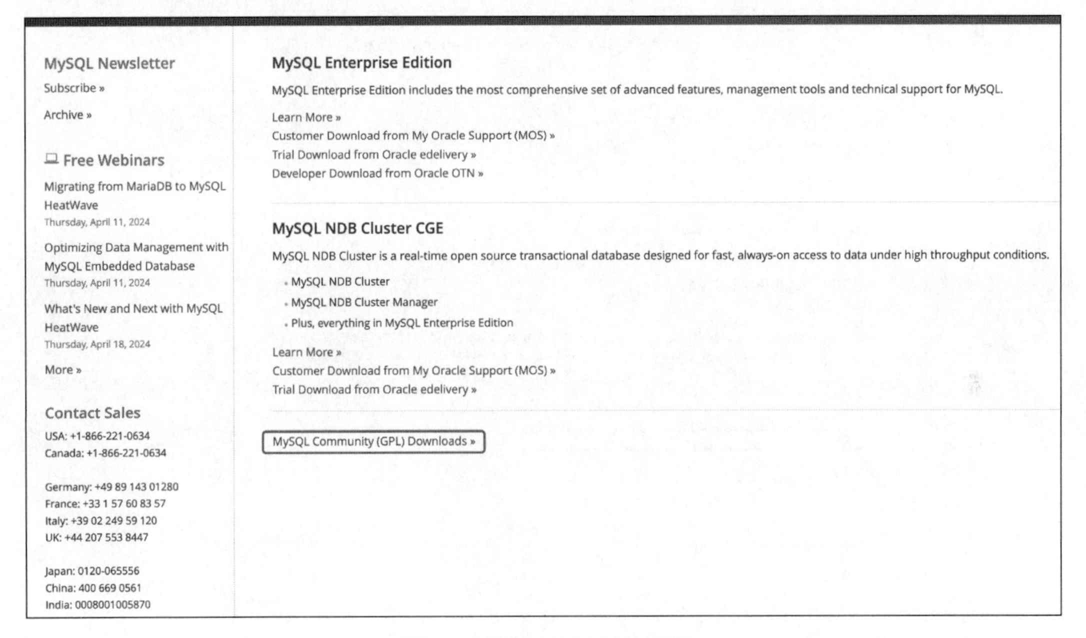

图 9-1 选择 MySQL 社区版

在图 9-1 中,单击对应的超链接,进入 MySQL Community Downloads 界面,选择适合 Windows 平台的 MySQL,如图 9-2 所示。

在图 9-2 中,单击对应的超链接进入选择 MySQL 版本界面,这里选择 MySQL 5.7.44,如图 9-3 所示。

在图 9-3 中,单击 Download 按钮后,会进入登录注册界面,这里直接单击 No thanks, just start my download. 即可开始下载,如图 9-4 所示。

MySQL 下载完成后,按照安装向导一步步安装即可,安装完成后就可以使用 MySQL 数据库了。

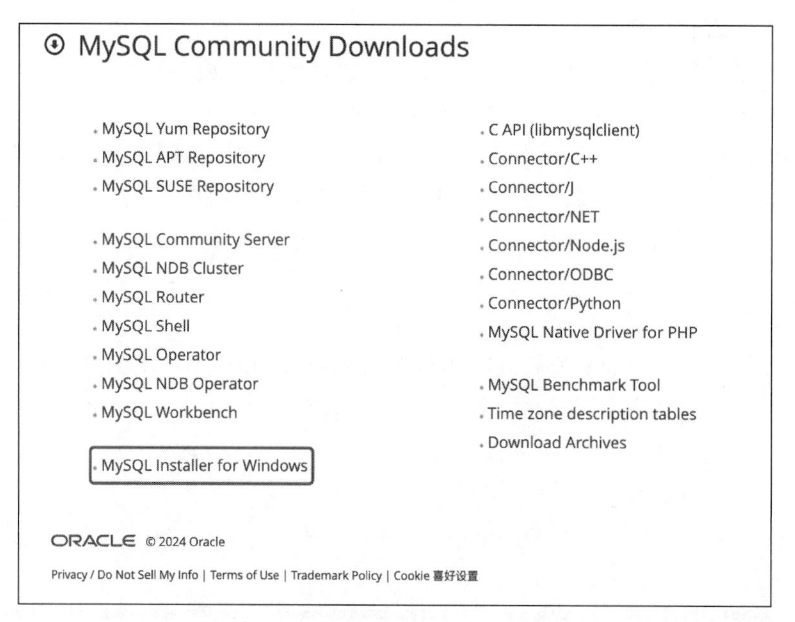

图 9-2 适合 Windows 平台的 MySQL

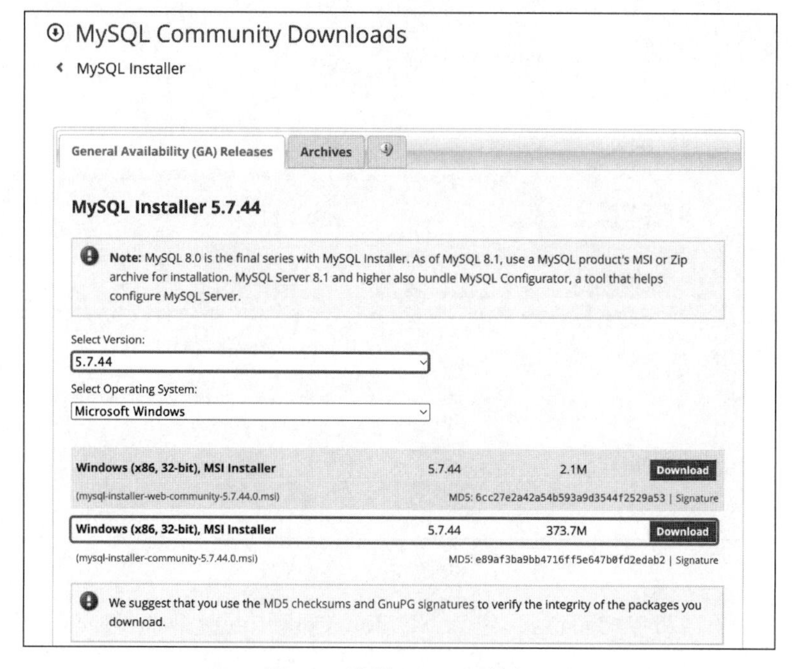

图 9-3 选择 MySQL 版本

步骤 2：使用 Navicat 连接 MySQL

打开 Navicat，创建一个新的数据库连接，选择 MySQL 数据库，如图 9-5 所示。

在连接窗口中，输入连接信息，如连接名、主机、端口、用户名和密码，单击“确定”按钮，新建一个 MySQL 数据库连接，如图 9-6 所示。

连接成功后，需要新建一个 MySQL 的数据库，因为要迁移 openGauss 中的 schooldb 数据库，因此需要在 MySQL 中创建一个同名的数据库，如图 9-7 所示。

图 9-4　下载 MySQL

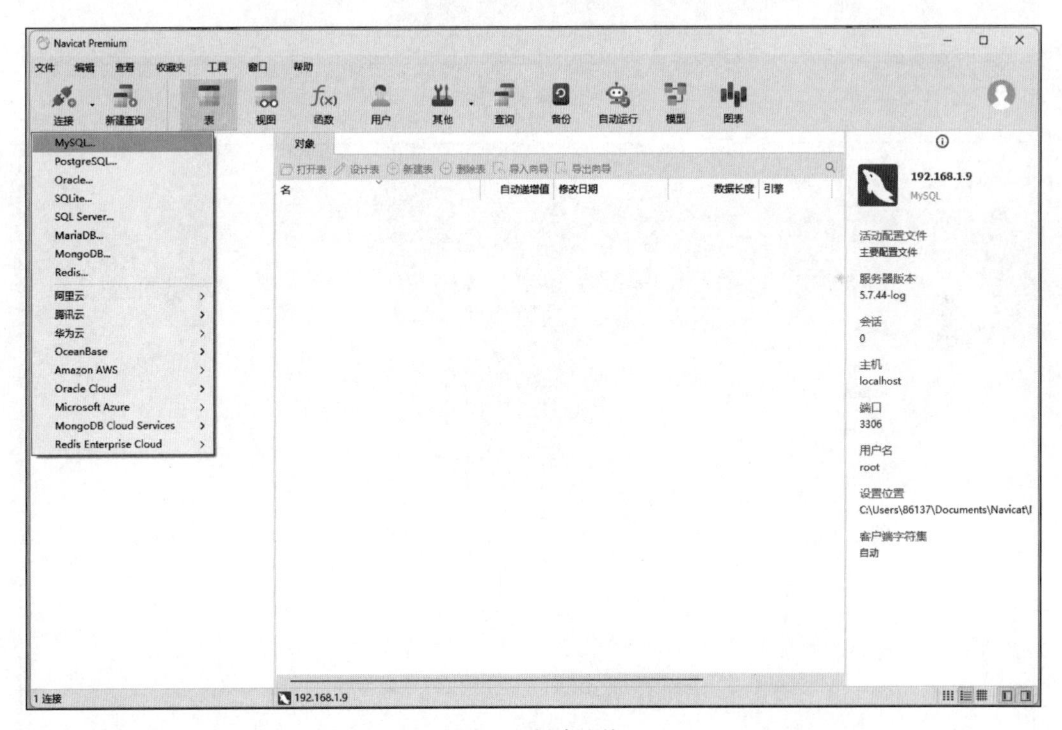

图 9-5　创建连接

输入数据库名、字符集，如图 9-8 所示。

至此，schooldb 数据库就创建完成了，如图 9-9 所示。

步骤 3：开始数据迁移

打开数据传输向导，在 Navicat 中，选择“工具”菜单中的“数据传输”选项，建立数据传输，如图 9-10 所示。

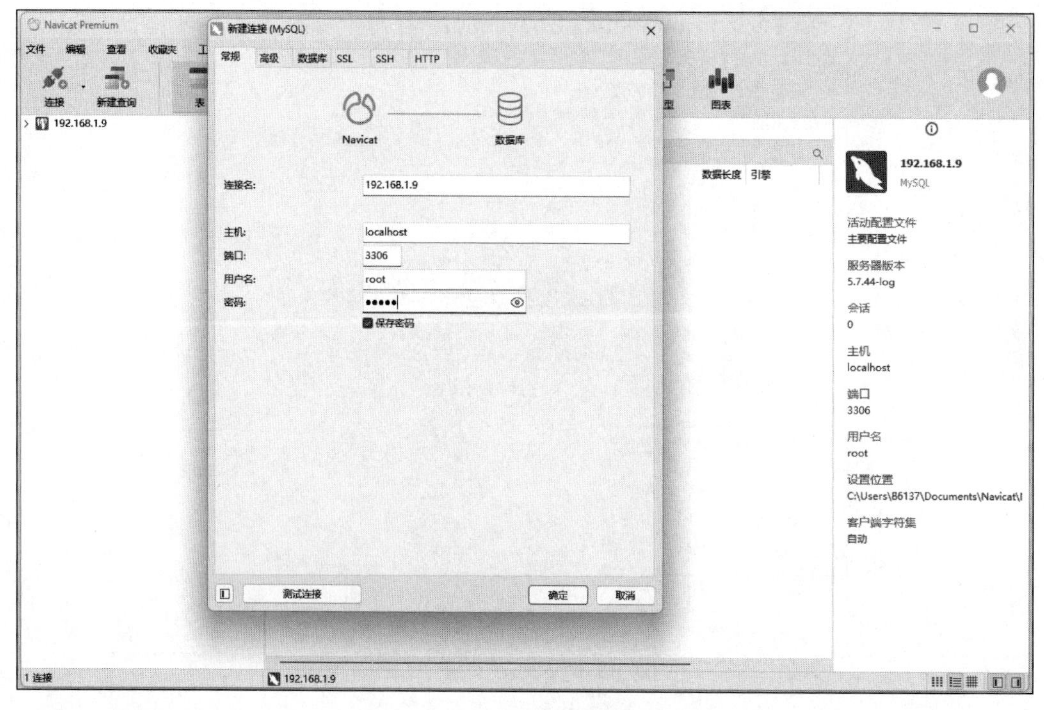

图 9-6　输入连接信息

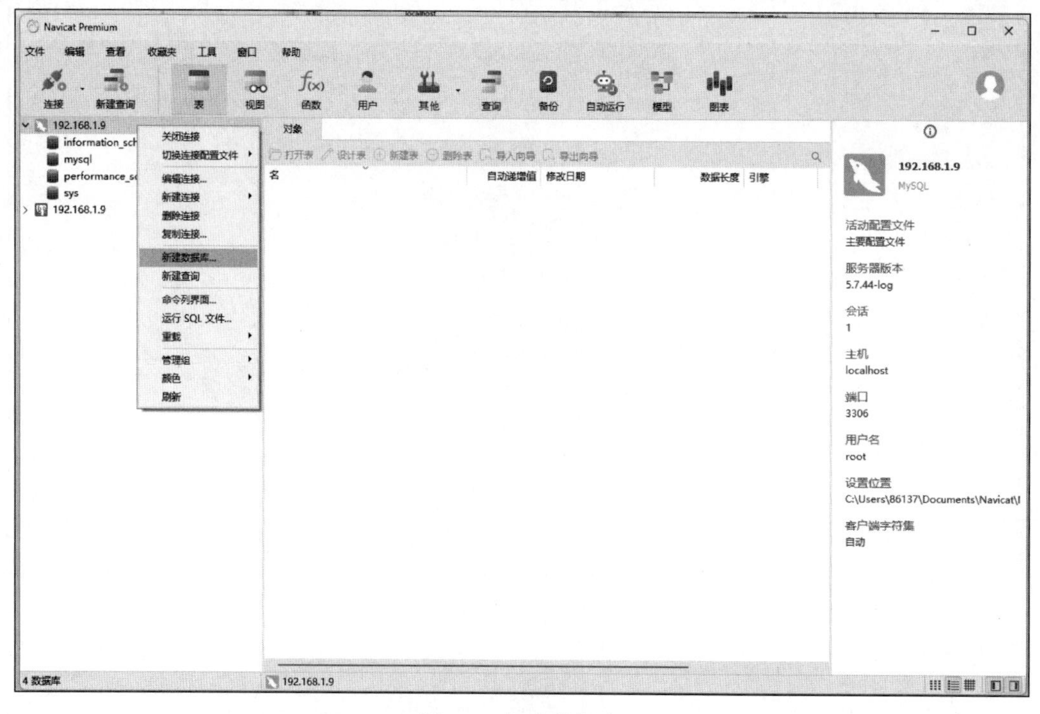

图 9-7　新建数据库

在“数据传输”窗口中，左侧选择作为源的 openGauss 数据库连接，右侧选择目标的 MySQL 数据库连接。然后选择要迁移的数据库，如图 9-11 所示。

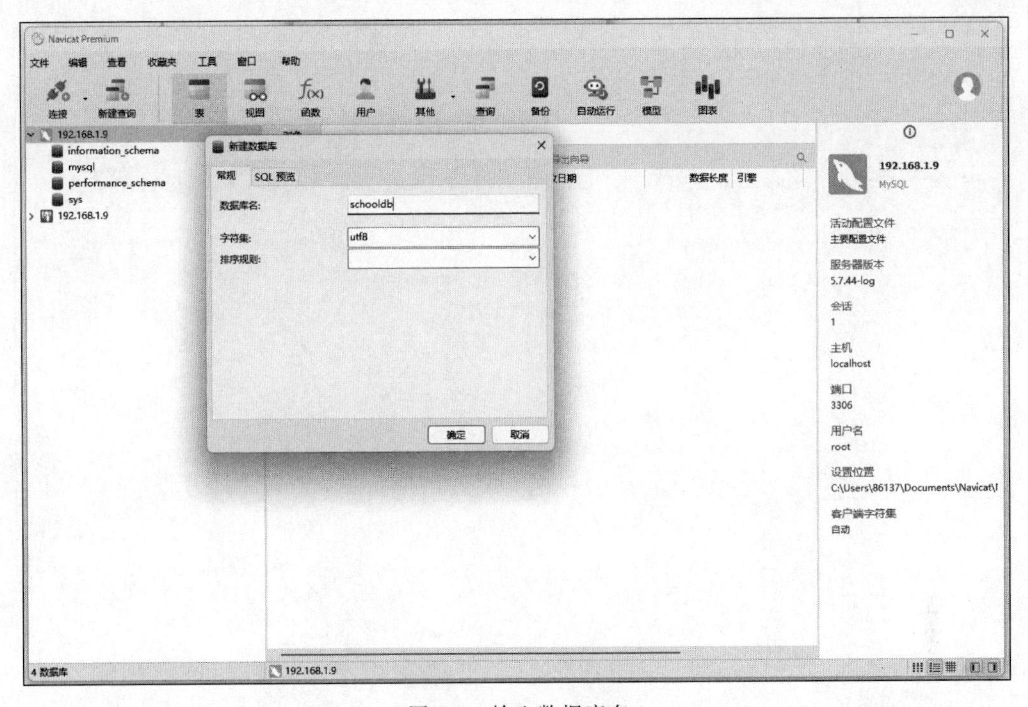

图 9-8 输入数据库名

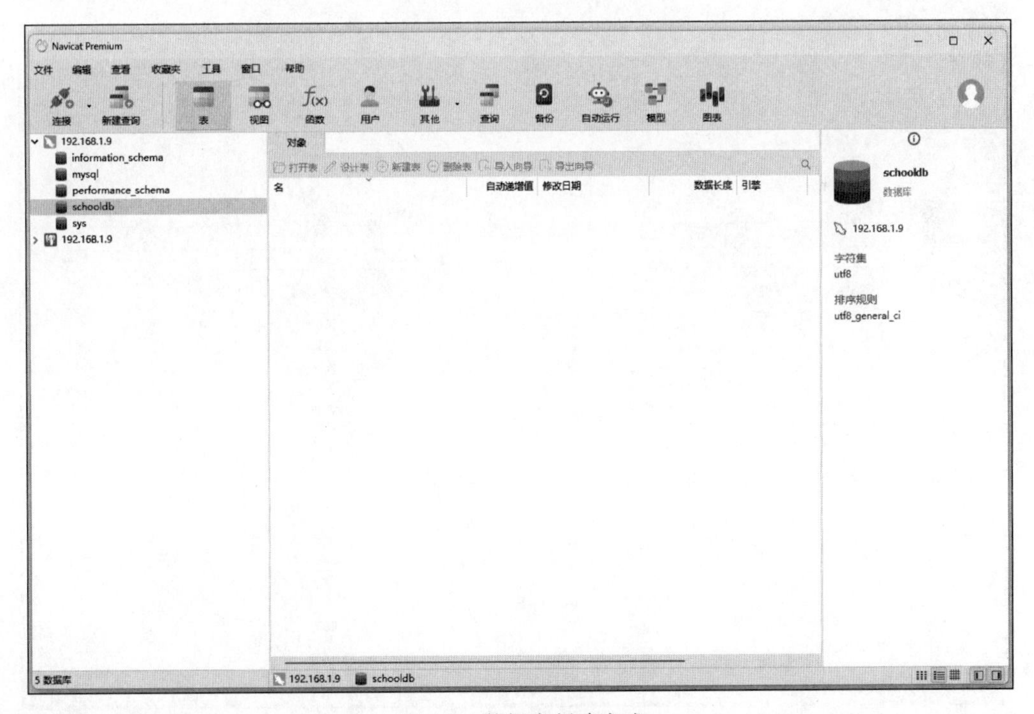

图 9-9 数据库创建完成

在图 9-11 中，单击“下一步”按钮，开始选择迁移的数据库对象，这里选择“运行期间的全部表”，如图 9-12 所示。

在图 9-12 中，单击“下一步”按钮，进行数据传输配置，如图 9-13 所示。

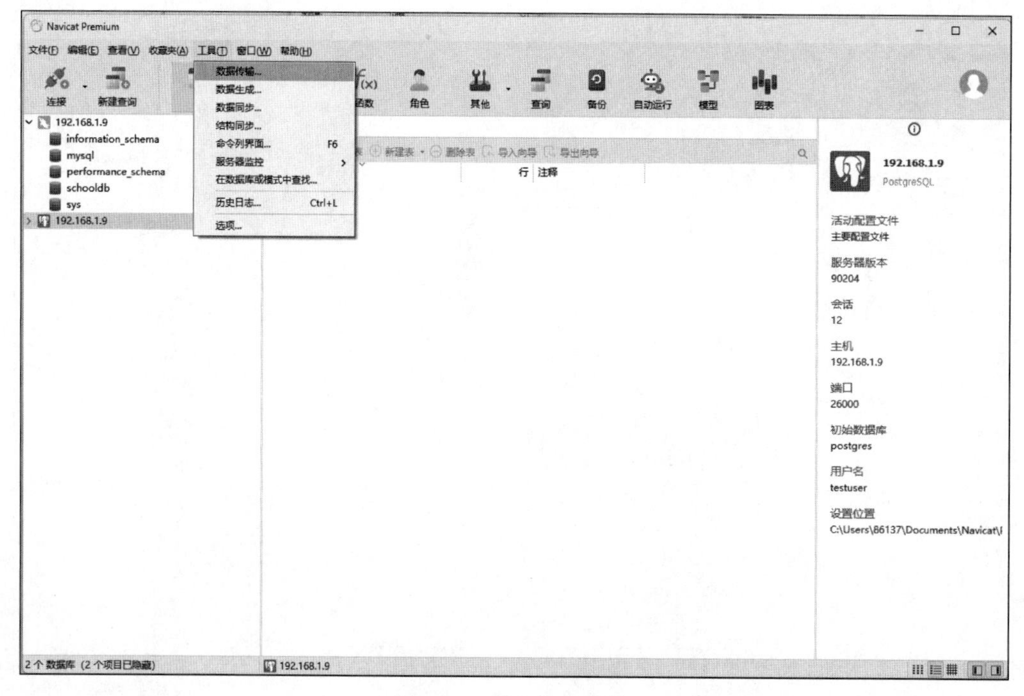

图 9-10　建立数据传输

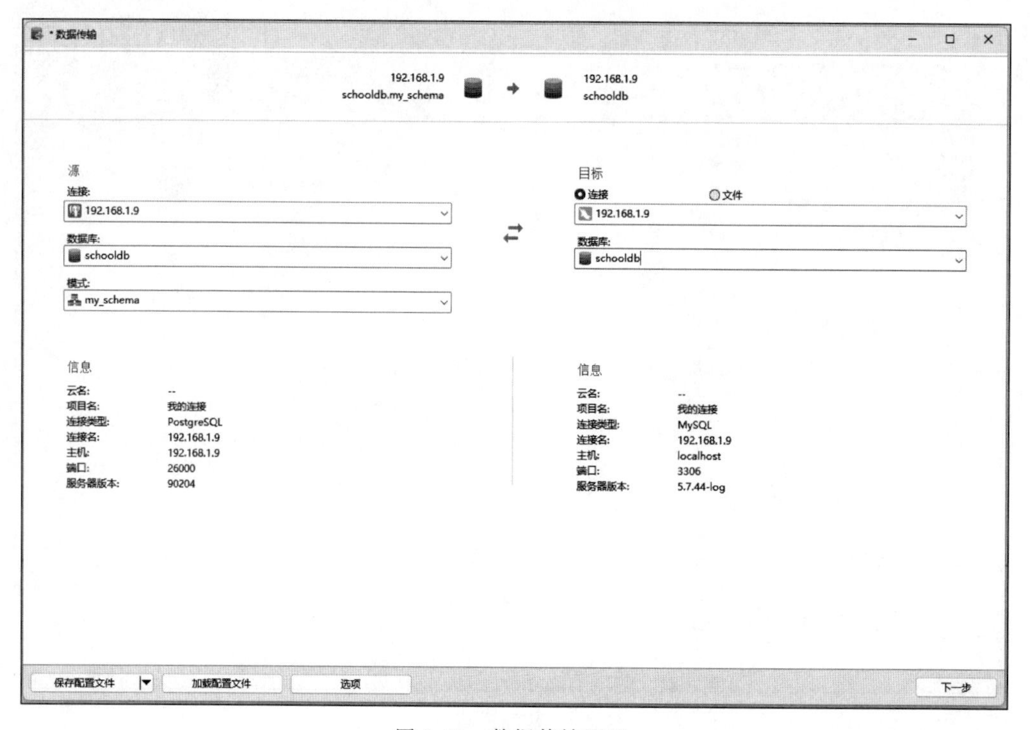

图 9-11　数据传输配置

在图 9-13 中，单击“开始”按钮，开始数据传输，如图 9-14 所示。

传输完成后，单击“关闭”按钮，在 MySQL 数据库中就可以看到 schooldb 数据库了，说明迁移成功，如图 9-15 所示。

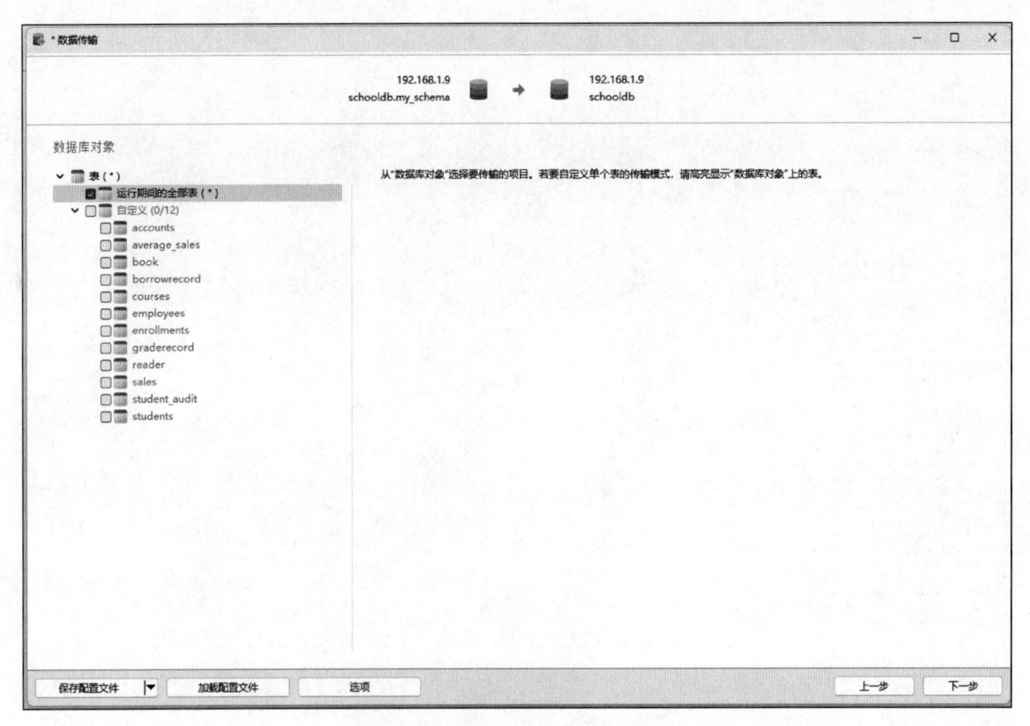

图 9-12　选择传输的数据库对象

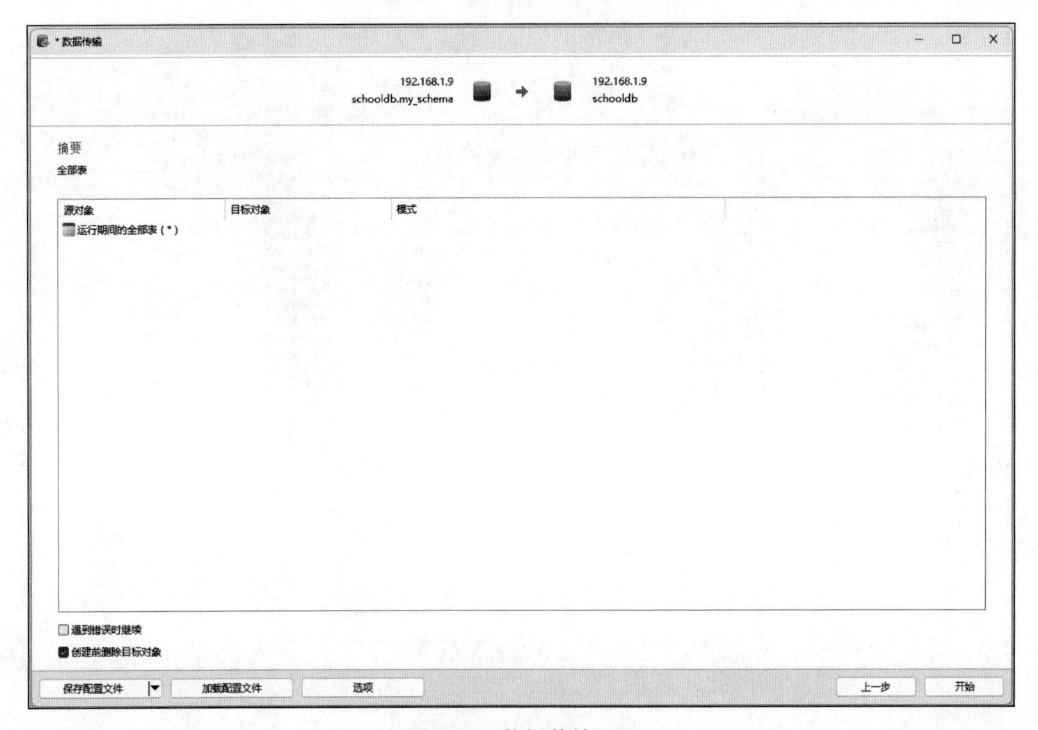

图 9-13　数据传输配置

从 openGauss 迁移到 MySQL 时，虽然两者都是关系数据库管理系统，但它们在 SQL 语法、数据类型、功能特性等方面存在一些差异。这些差异可能会导致在迁移过程中遇到兼容性问题。下面列出了一些常见的兼容性问题及对应的解决方案。

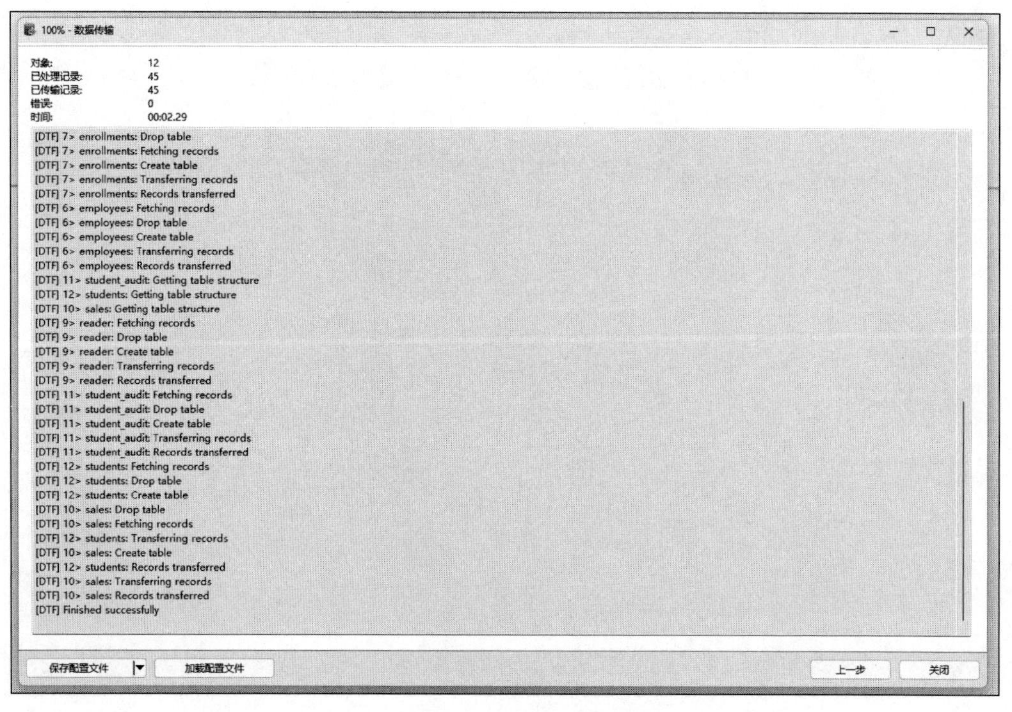

图 9-14　数据传输

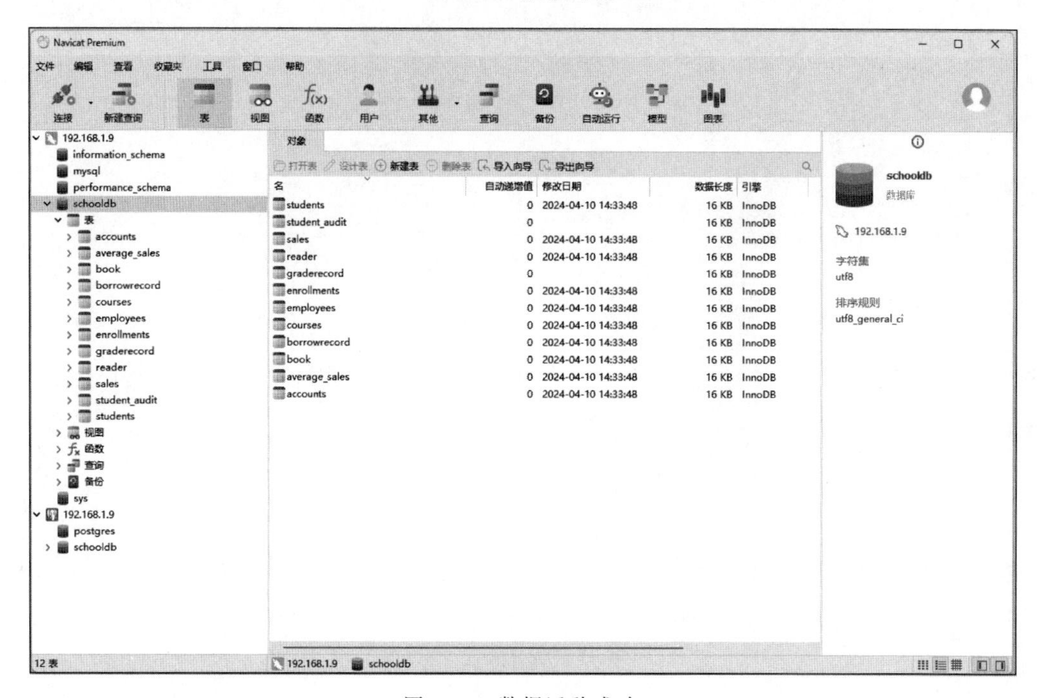

图 9-15　数据迁移成功

1. 数据类型差异

日期和时间类型：openGauss 和 MySQL 中日期和时间类型的名称和精度可能有所不同。例如，openGauss 使用 timestamp 和 timestamp with time zone，而 MySQL 使用 datetime 和 timestamp，且对时区的处理方式也有所不同。

数组类型：openGauss 支持数组类型，而 MySQL 不支持。迁移包含数组类型的数据时，需要转换成兼容 MySQL 的格式，例如，将数组拆分成多行或存储为字符串格式。

JSON 类型：两者都支持 JSON 数据类型，但是函数和操作符的支持可能有差异。需要检查并修改依赖于特定数据库 JSON 功能的代码。

2. SQL 语法和函数差异

SQL 函数：虽然大部分 SQL 标准函数在两个系统中都有支持，但是还存在一些特定于数据库的函数。例如，字符串处理、日期时间函数等在细节上可能存在差异。

窗口函数和高级 SQL 特性：openGauss 支持一些高级 SQL 特性，如窗口函数，这些在 MySQL 中的支持程度可能有所不同。尤其是在较旧的 MySQL 版本中，这方面的支持可能较为有限。

3. 索引和性能特性

物化视图：openGauss 支持物化视图，而 MySQL 不直接支持。在迁移这类对象时，可能需要将物化视图转换为常规表，并通过定期更新数据来模拟物化视图。

分区表：两者都支持分区表，但是分区键的定义和分区类型可能有所不同。迁移分区表时，需要重新设计分区策略以适应 MySQL 的分区机制。

4. 事务和锁定机制

事务隔离级别：openGauss 和 MySQL 都支持 SQL 标准的事务隔离级别，但是默认的隔离级别和具体实现的细节可能有所不同。这可能会影响到事务的并发行为和性能。

对于兼容性的问题也有对应的解决方案，在进行迁移之前，需评估两个数据库系统之间的差异，特别是数据类型和 SQL 语法的差异。对于不兼容的数据类型，考虑使用中间层（如转换脚本或临时表）来转换数据。考虑使用数据库迁移工具或服务，它们可能提供了处理某些兼容性问题的功能。

由于 openGauss 是基于 PostgreSQL 开发的，因此许多从 openGauss 到 MySQL 的迁移问题也可能与 PostgreSQL 到 MySQL 的迁移问题类似。所以寻找 PostgreSQL 到 MySQL 迁移的相关资源和工具也可能对解决兼容性问题有所帮助。

9.2 数据备份与恢复

9.2.1 备份与恢复概述

备份与恢复是数据库管理的两个基本而重要的概念，它们共同确保了数据的安全性和可靠性。

1. 备份

备份（Backup）是指将数据库中的数据和有关的系统信息复制到某种存储介质中的过程，以便于在原始数据丢失、损坏或者因其他原因需要时能够进行数据恢复。备份是防范数据丢失的一种重要手段，它可以帮助恢复因用户错误、硬件故障、软件故障或其他灾难导致的数据损坏或丢失。备份通常根据需要存储在本地硬盘、移动存储设备、网络存储或云存储服务上。

2. 恢复

恢复（Recovery）是指使用备份数据来还原丢失或损坏的数据的过程。在数据遭遇不测时，恢复操作使得业务能够继续运行，将数据丢失或损害带来的影响降到最低。恢复过程的复杂性可以根据备份的类型（如全备份、增量备份、差异备份）和数据损失的范围而变化。备份与恢复是任何数据库管理策略中不可或缺的组成部分，对于维护数据的完整性和确保组织运营的连续性至关重要。

9.2.2 备份的分类

备份的类型主要可以分为以下几种，每种备份类型根据备份范围、备份数据量、备份所需时间以及恢复过程的复杂性有所不同。

1. 全备份

全备份（Full Backup）是指复制数据库中的所有数据到备份介质上。它是最基本且最完整的备份类型，包括所有的文件、数据库、表和日志。

优点：简化了数据恢复过程，因为所有数据都包含在单个备份集中。

缺点：由于需要备份全部数据，因此全备份通常耗时较长，且占用的存储空间最大。

2. 增量备份

增量备份（Incremental Backup）仅备份自上一次备份（无论是全备份还是增量备份）之后发生变化的数据。这意味着只有新变化的或修改过的数据被备份。

优点：减少了备份所需的时间和存储空间，因为只备份新的或更改的数据。

缺点：恢复数据时可能比较复杂，需要首先恢复最近的全备份，然后依次恢复所有相关的增量备份。

3. 差异备份

差异备份（Differential Backup）是备份自上一次全备份以来所有变化过的数据。与增量备份不同，无论之间进行了多少次差异备份，每次差异备份都包含自上一次全备份后所有的变更。

优点：相对于全备份，差异备份减少了备份所需的时间和存储空间。恢复数据时只需要最近的全备份和最近的一次差异备份。

缺点：随着时间的推移，如果没有进行新的全备份，差异备份的大小会逐渐增加，恢复速度可能会变慢。

需要注意的是，openGauss不直接支持差异备份。可以使用一些脚本和工具来实现差异备份的功能。通常的做法是，先执行一次全备份，然后在每次备份时检查上次全备份以来的变化，并备份这些变化的数据和对象。增量备份和差异备份都需要在全备份的基础上进行，因此在实现这两种备份类型时，都需要首先执行一次全备份。

4. 日志备份

日志备份（Log Backup）是特定于某些数据库系统的备份类型，仅备份事务日志。这种备份通常用于恢复到特定时间点，因为它们记录了每个事务的详细信息。

优点：可以最大限度地减少数据丢失，允许进行点时间恢复（PITR）。

缺点：需要与全备份或差异备份结合使用才能完全恢复数据库。

选择哪种类型的备份取决于多种因素，包括数据的重要性、可接受的备份窗口时间、存储容量、恢复时间目标（RTO）和数据恢复点目标（RPO）。在设计备份策略时，通常会结合使用这些备份类型，以平衡备份与恢复的效率和成本。

9.2.3 数据库的备份与恢复操作

为了让读者更直观地看到备份的过程,可以通过 Navicat 工具来演示数据库备份与操作。

1. 数据备份

首先选择 my_schema 模式,单击菜单栏中的"备份"→"新建备份",如图 9-16 所示。

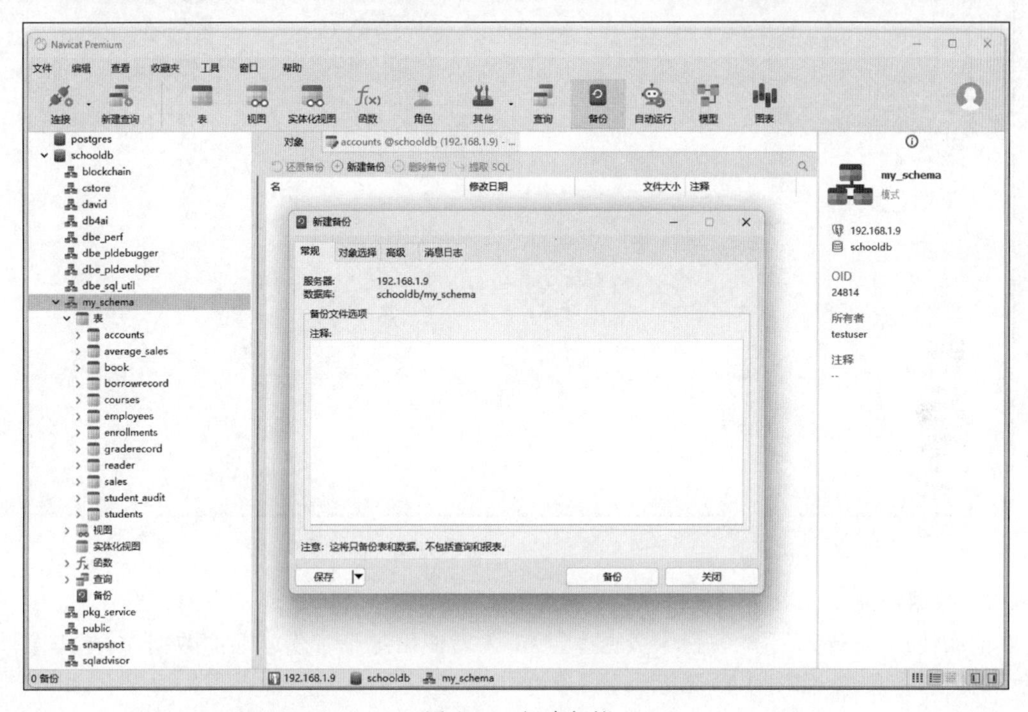

图 9-16 新建备份

单击"备份"按钮,开始备份数据库,如图 9-17 所示。

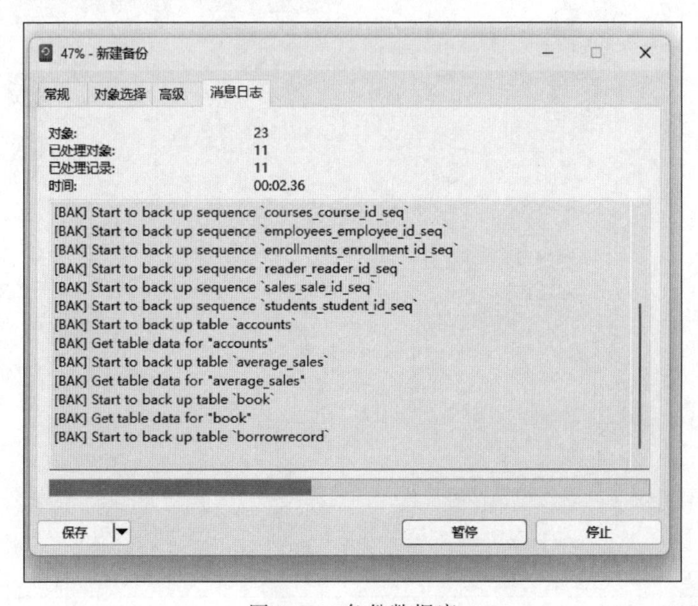

图 9-17 备份数据库

数据库备份完成后,可以在备份目录下看到产生的备份信息,如图 9-18 所示。

图 9-18　数据库备份完成

2. 数据恢复

前面使用 Navicat 手动备份了数据库,接下来就使用这个备份来还原数据库,单击菜单栏中的“备份”菜单,如图 9-19 所示。

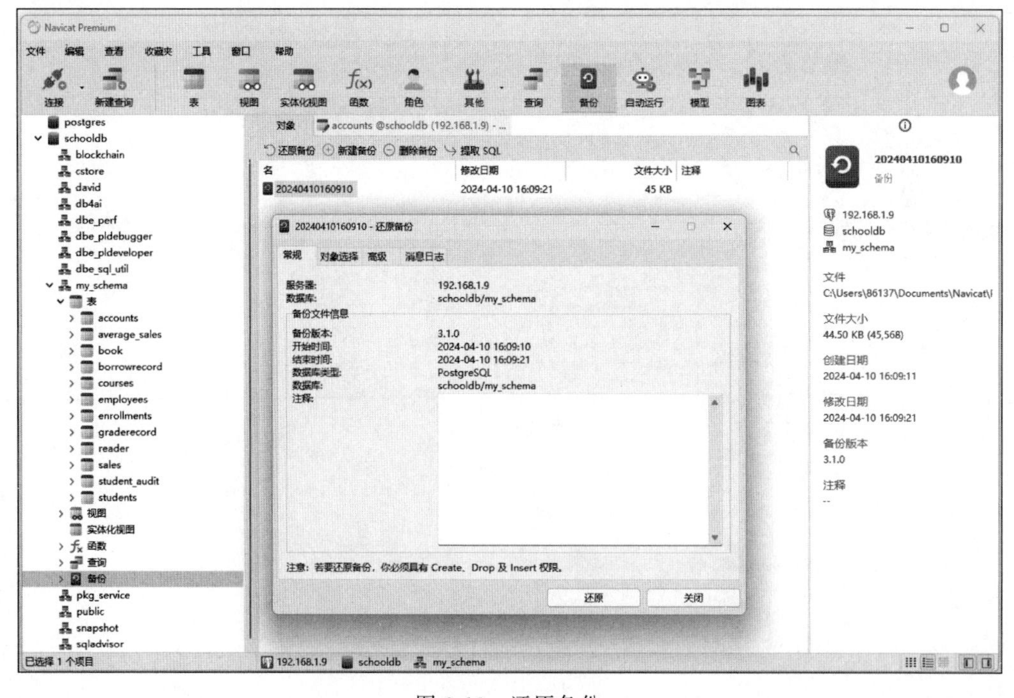

图 9-19　还原备份

单击“还原”按钮，就可以从备份中还原数据库了，如图 9-20 所示。

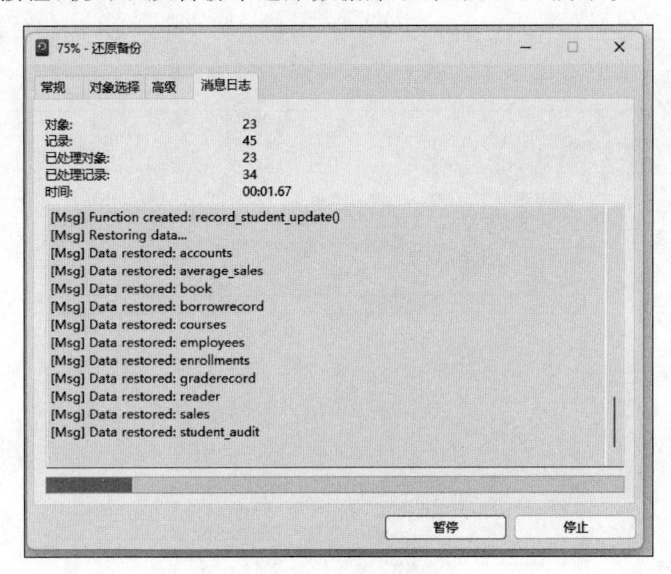

图 9-20　还原备份进度

页面中进度条执行完毕，数据库就还原成功了。

3. 自动备份

前面演示的是最简单的数据备份与恢复操作，其实数据备份一般都是定期自动备份的，接下来通过 Navicat 来演示如何进行数据库自动备份（全备份）。

首先选中模式 my_schema，单击菜单栏中的“自动运行”菜单，然后单击“新建批处理作业”，如图 9-21 所示。

图 9-21　新建批处理作业

在新建批处理作业窗口下方，选中“备份”→my_schema→Backup my_schema，双击 Backup my_schema 备份工作（或者拖动备份工作到工作区），此时备份工作已选择到了工作区，如图 9-22 所示。

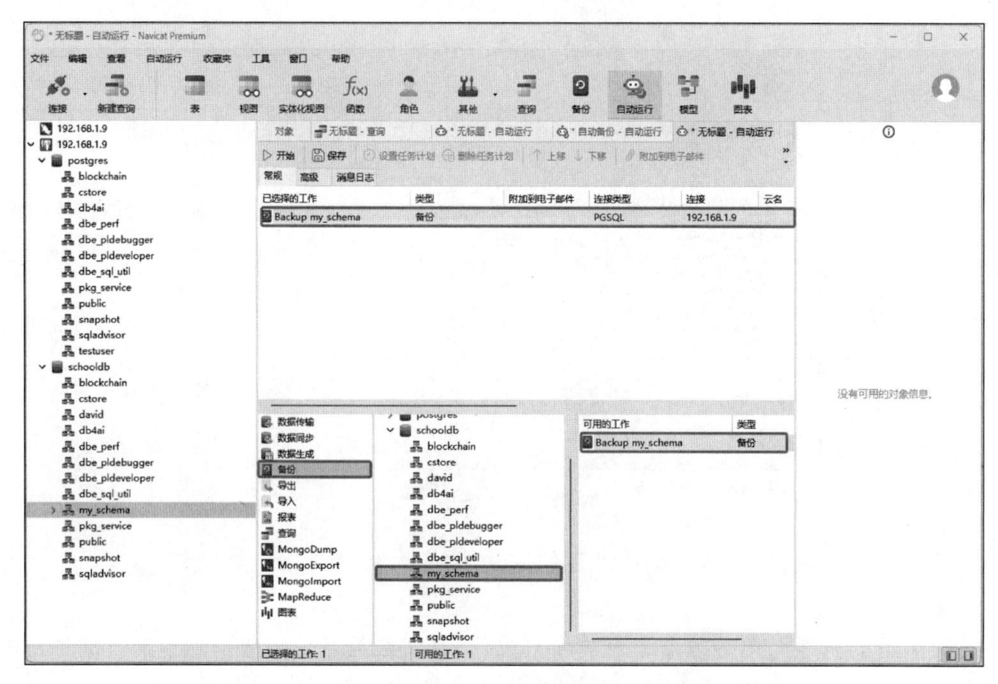

图 9-22　选择备份工作

然后在菜单栏中单击“保存”按钮，此时会弹出一个对话框，输入配置文件名称，如图 9-23 所示。

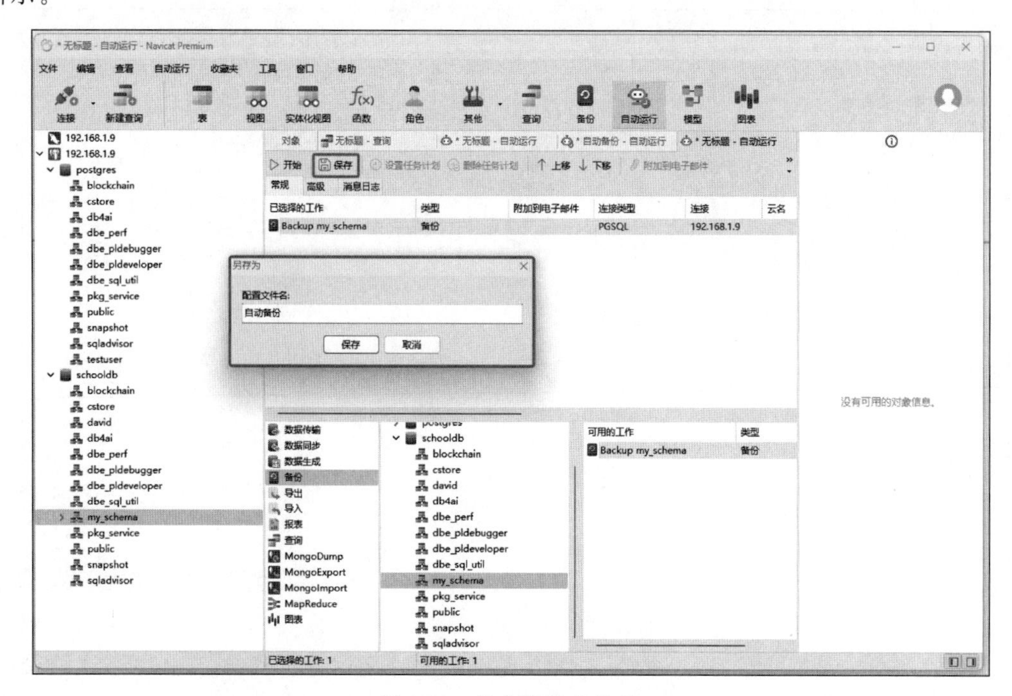

图 9-23　输入配置文件名

接下来在菜单栏中单击“设置任务计划”按钮，此时会弹出“新建触发器”对话框，通过触发器可以设置自动备份的周期，例如，备份一次、每天备份、每周备份、每月备份，备份的开始时间等，这里为了验证备份是否成功，所以选择备份一次，如图 9-24 所示。

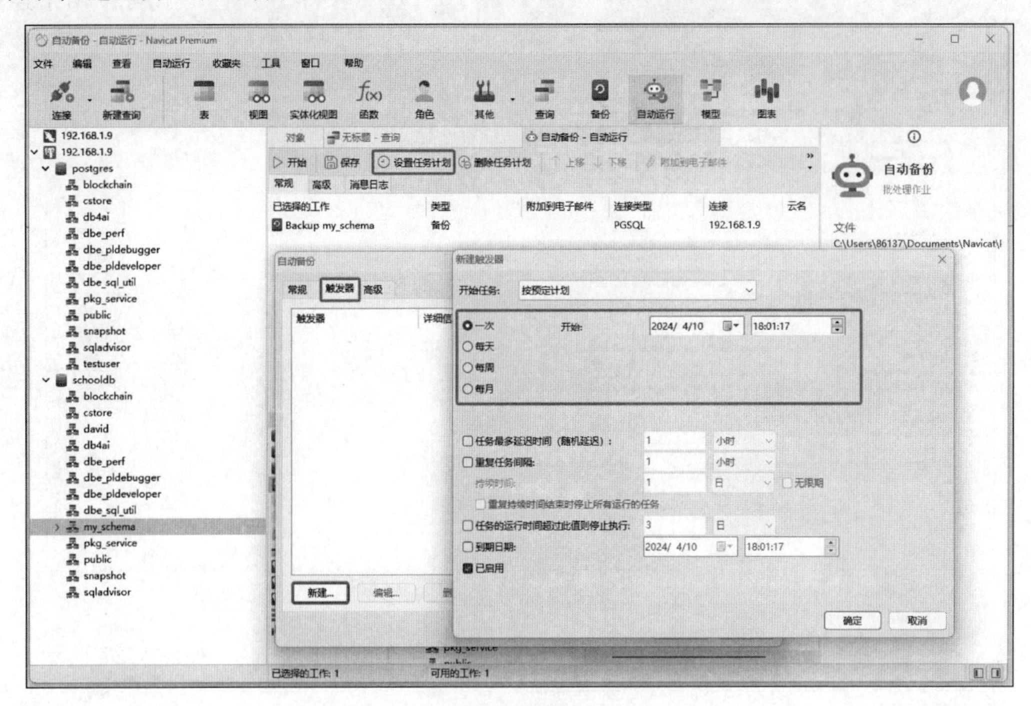

图 9-24　新建触发器

设置完成后，在菜单栏中单击“开始”按钮，如图 9-25 所示。

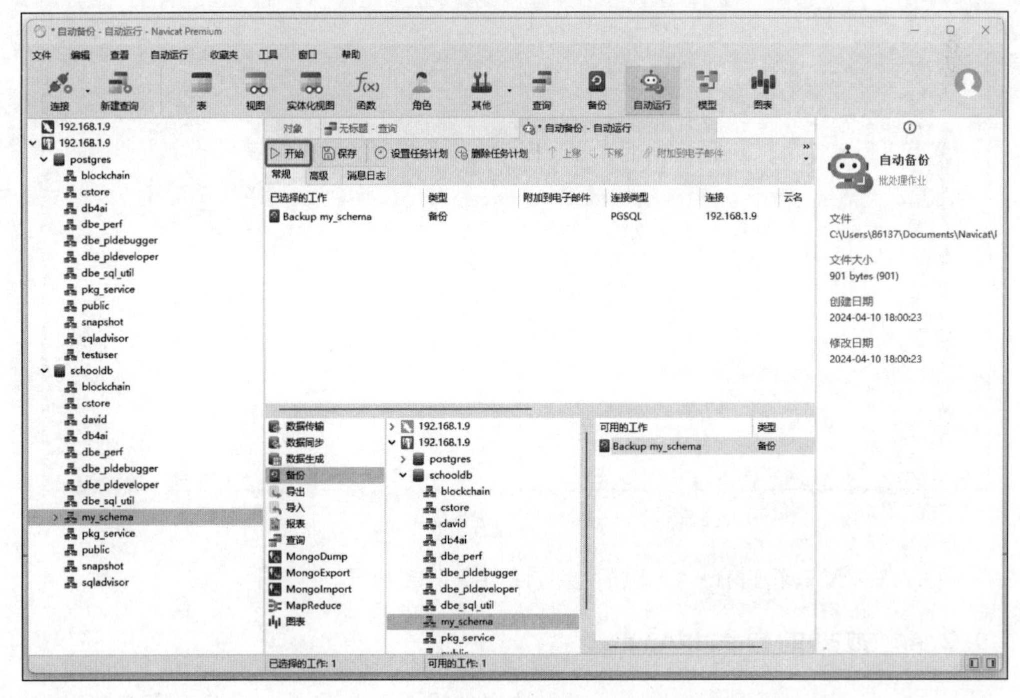

图 9-25　开始备份

开始进行备份，备份完成后会展示备份完成信息，如图 9-26 所示。

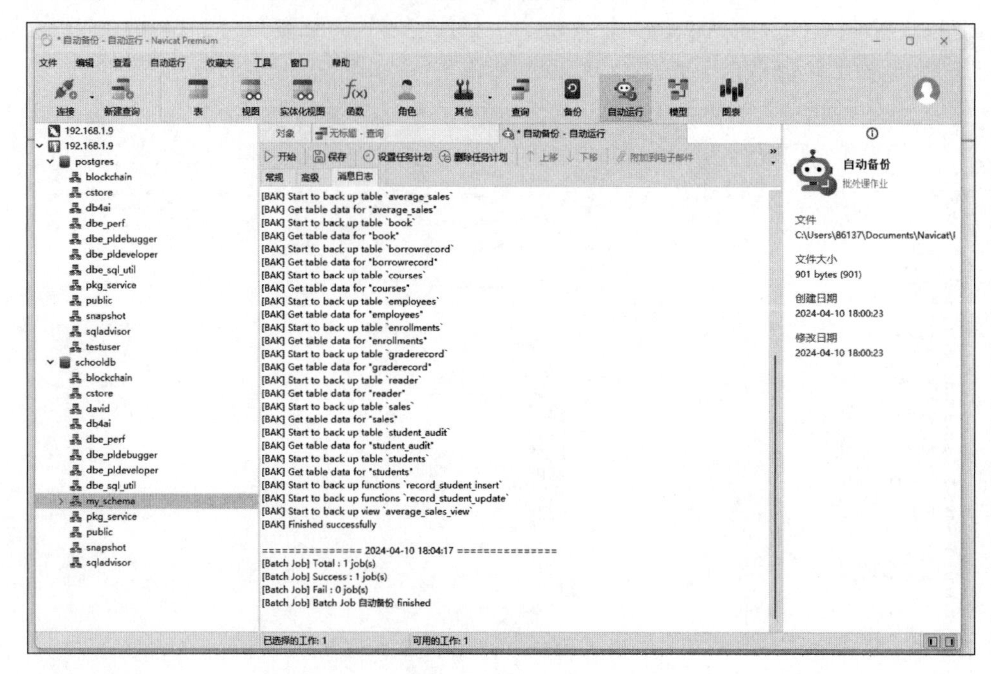

图 9-26　备份完成

为了验证备份是否成功，可以在菜单栏中单击“备份”菜单进行查看，如图 9-27 所示。

图 9-27　查看备份

从图 9-27 中可以看到有一份备份文件，说明备份成功了。

9.2.4　数据的导入和导出

使用 Navicat 对 openGauss 数据库进行数据的导入和导出是一个相对直接的过程，因为 Navicat 提供了强大的图形用户界面，使得管理数据库、执行数据迁移和备份变得非常简单。下面使用 Navicat 对 openGauss 数据库进行导入和导出操作。

1. 数据导出

在 Navicat 中，找到已连接的 openGauss 数据库，右击需要导出的模式或者表，选择“转储 SQL 文件”→“结构和数据”或者“仅结构”，这里由于数据库中有数据，所以选择“结构和数据”，如图 9-28 所示。

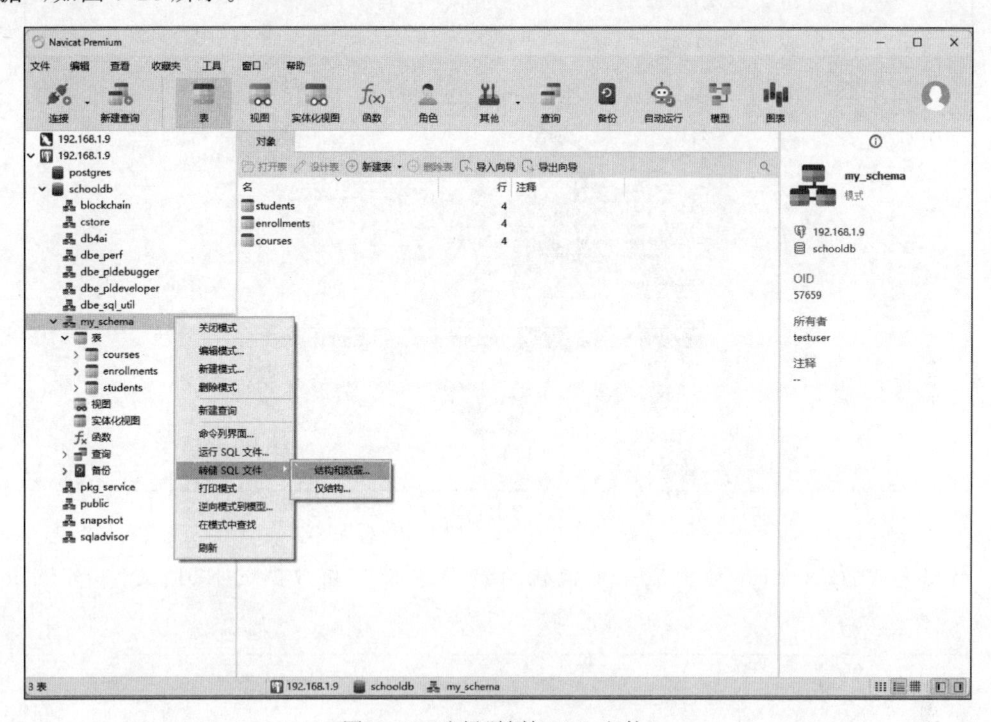

图 9-28　选择“转储 SQL 文件”

然后选择导出的 SQL 文件存储位置，如图 9-29 所示。

图 9-29　选择文件存储位置

单击“保存”按钮后，执行导出操作，如图 9-30 所示。

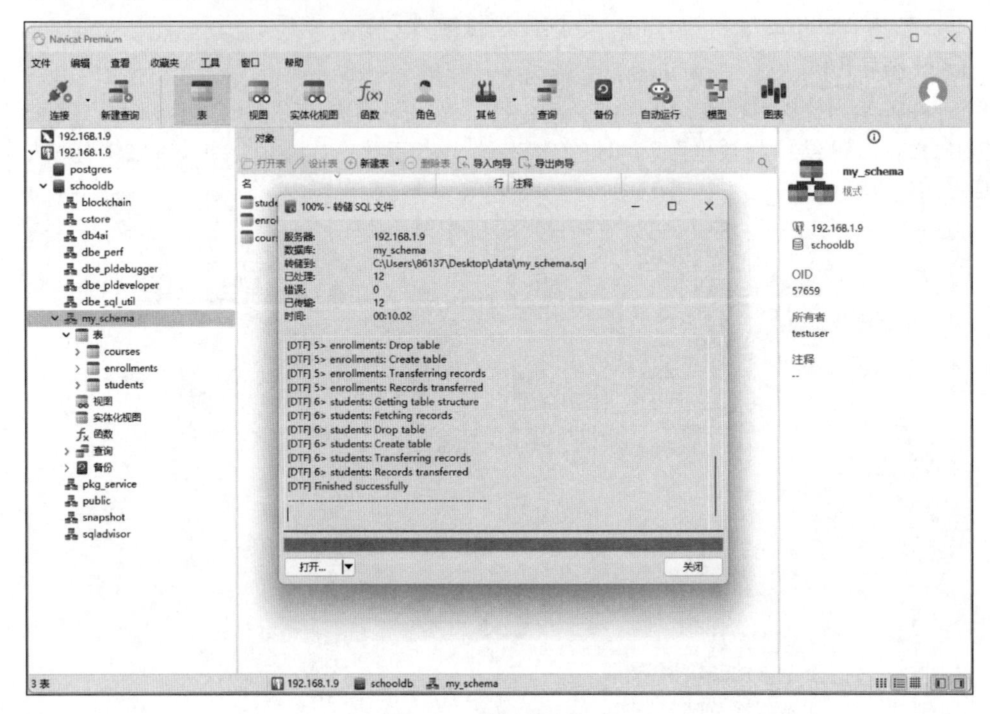

图 9-30　数据导出完成

导出完成后，Navicat 会生成一个包含所选对象结构和数据的 SQL 文件，如图 9-31 所示。

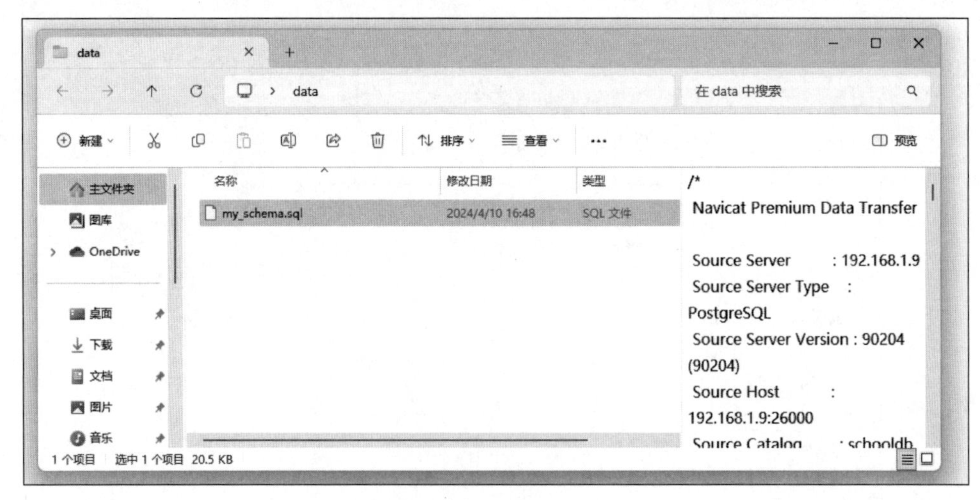

图 9-31　生成 SQL 文件

至此，说明数据导出成功。

2. 导入数据

导入数据到 openGauss 数据库有两种方式，一种是直接“运行 SQL 文件”，另一种是“新建查询”。如果选择“运行 SQL 文件”，则需要选择先前导出的 SQL 文件。如果选择“新建查询”，则可以复制 SQL 文件中的内容到查询编辑器中。通常，选择直接“运行 SQL 文件”

更加方便。

接下来开始演示向 postgres 数据库导入数据功能，首先需要创建一个对应的模式 my_schema，然后向这个模式中导入数据，如图 9-32 所示。

图 9-32 新建模式

创建完 my_schema 模式后，右击选择“运行 SQL 文件”，如图 9-33 所示。

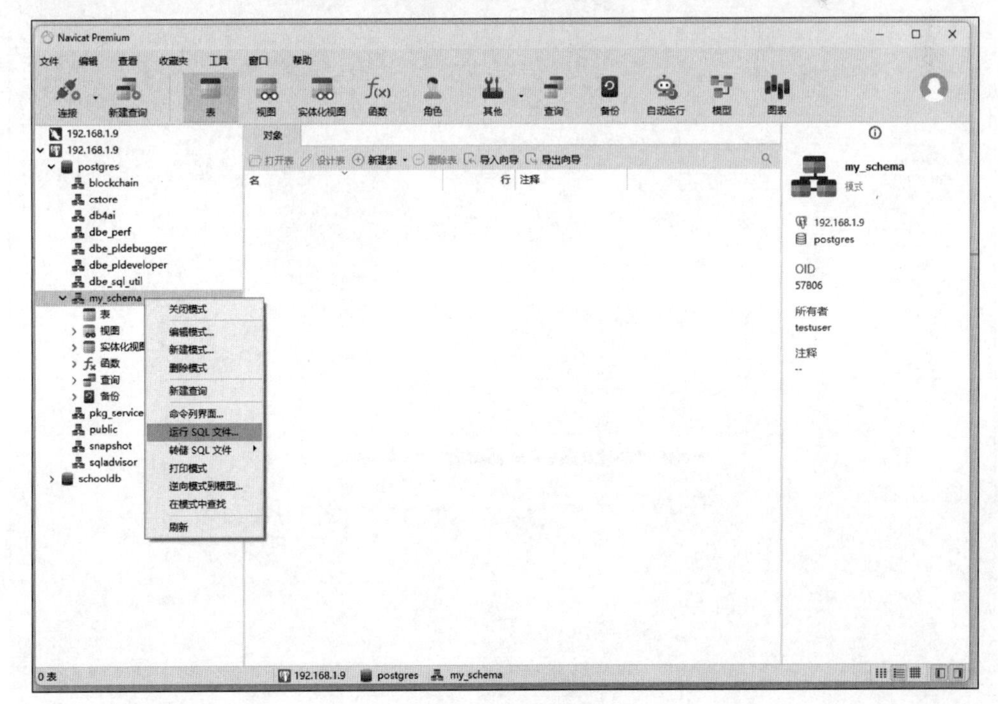

图 9-33 选择运行 SQL 文件

在弹出的"运行 SQL 文件"窗口中，选择指定路径下要导入的 SQL 文件，如图 9-34 所示。

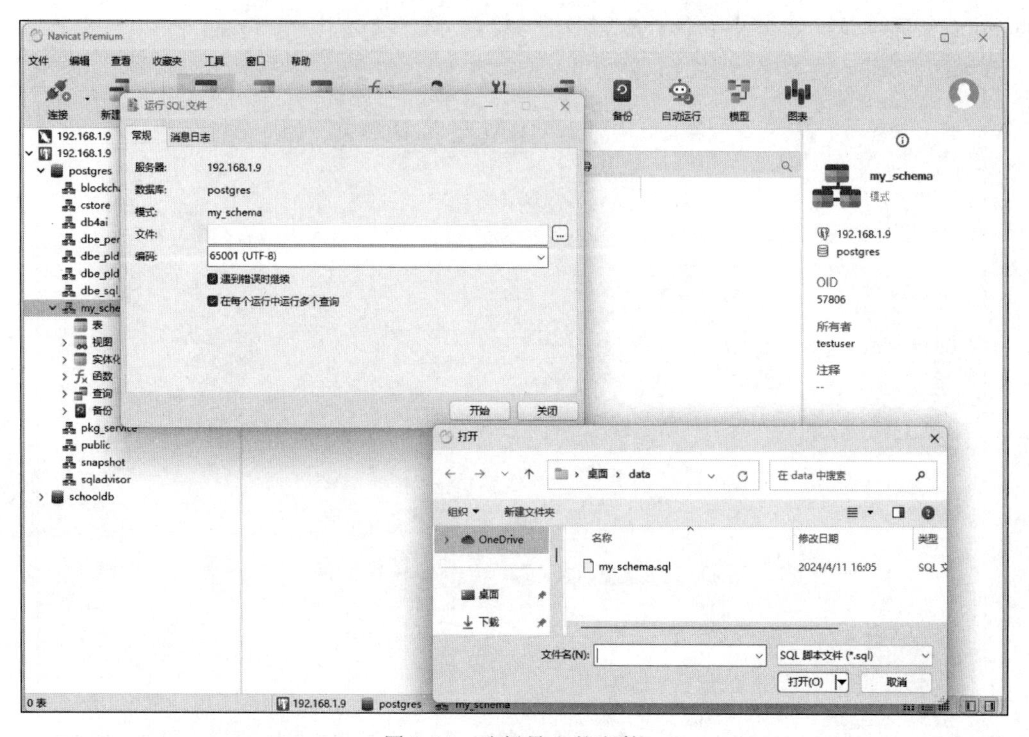

图 9-34　选择导入的文件

然后，单击"开始"按钮，开始导入数据，如图 9-35 所示。

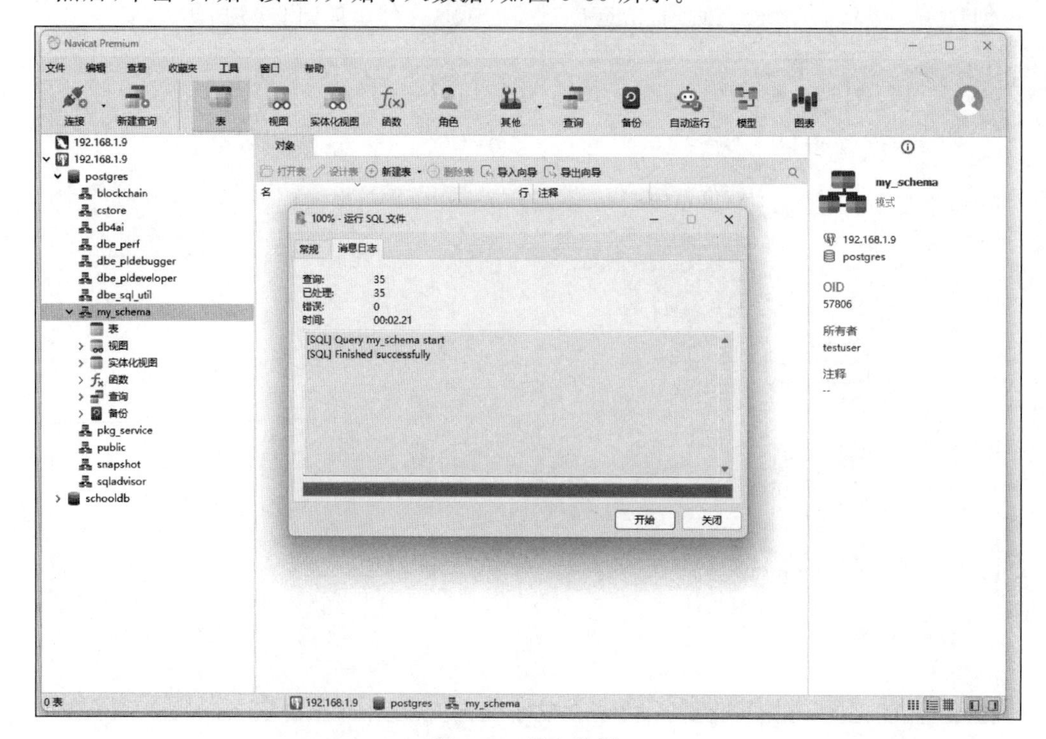

图 9-35　导入数据

数据导入完成后，为了验证数据是否真的导入成功，可以刷新 my_shema 模式中的表，刷新完查看对应的数据表和数据，如果对应的数据表和数据已经存在，说明数据导入成功，如图 9-36 所示。

图 9-36 验证数据是否导入成功

需要注意的是，在执行导入操作前，确保目标数据库中已经有适当的结构，或者 SQL 文件中包含创建结构的语句。并且导入数据前最好先备份目标数据库，以防数据导入过程中出现问题。

9.3 数据库检查

9.3.1 数据库日常检查

数据库日常检查是确保数据库系统健康、性能优化和数据安全的重要环节。这些日常检查帮助识别和解决问题，防止潜在的性能瓶颈和故障，同时确保数据的完整性和可用性。下面是数据库日常检查的关键组成部分和推荐的检查项目。

1. 系统资源使用情况

检查数据库服务器的 CPU 使用率、内存使用量、磁盘 I/O 操作和网络流量，以确保系统资源未达到瓶颈。

推荐频率：每天。

2. 存储空间

监控数据文件和日志文件的大小，确保有足够的磁盘空间以避免数据写入失败。

推荐频率：每天。

3. 错误日志

定期检查数据库的错误日志，以及系统日志，关注异常或错误。

推荐频率：每天。

4. 备份状态

验证数据库的备份是否成功完成，并且确保备份文件在正确的位置且可以访问。

推荐频率：每次备份后。

5. 安全性检查

审核数据库的访问控制和安全设置，包括定期更换密码和检查用户权限。

推荐频率：每周。

6. 性能指标

监控和评估数据库性能指标，如查询响应时间、事务吞吐量等。

推荐频率：每天。

7. 数据一致性和完整性

运行一致性检查工具或脚本，确保数据没有损坏，所有的数据关系都保持一致。

推荐频率：每月。

用于日常检查的工具和方法，通常是使用数据库自带的监控工具和第三方监控解决方案来自动化检查任务。通过定期执行这些日常检查，数据库管理员可以及时发现和解决问题，减少系统的停机时间，提高数据库的可靠性和性能。

9.3.2 数据库性能检查与调优

数据库性能检查与调优对于保持应用的响应速度和处理效率至关重要。定期进行性能检查可以帮助识别和解决潜在的性能瓶颈，从而提高数据库的整体效率。本节将介绍如何系统地进行数据库性能检查和调优。

1. 性能检查的关键项

1）查询性能分析

(1) 识别和分析慢查询，这些是影响数据库性能的主要因素之一。

(2) 使用 EXPLAIN 计划或类似工具来分析查询执行路径和优化查询。

2）资源利用情况

(1) 监控 CPU、内存、磁盘 I/O 和网络带宽的使用情况。

(2) 确定是否存在资源瓶颈或不平衡的资源使用。

3）索引优化

(1) 检查索引的使用情况，确保常用查询都高效地使用了索引。

(2) 移除未使用或重复的索引来减少维护成本和提高写操作的性能。

4）锁和并发

(1) 分析锁等待情况和事务冲突，这些都可能导致性能问题。

(2) 调整应用逻辑或数据库配置以减少锁竞争。

5）配置参数

(1) 审查数据库配置，确保配置参数是根据当前的工作负载优化的。

(2) 调整如内存分配、连接数限制等参数来优化性能。

2. 性能调优方法

1）优化 SQL 查询

（1）重写低效的查询，使用更有效的查询方法。

（2）确保使用适当的索引来加快查询速度。

2）调整索引策略

（1）添加必要的索引来提高查询效率。

（2）定期清理和维护索引。

3）资源配置优化

（1）根据性能监控结果，适当增加或调整服务器资源分配。

（2）优化数据库存储布局和配置以提高 I/O 性能。

4）并发控制

（1）优化应用程序逻辑，减少不必要的并发和锁等待。

（2）调整数据库的事务隔离级别以平衡性能和一致性需求。

5）使用数据库特性

（1）利用数据库提供的高级特性，如分区表、压缩数据等，以提高性能。

（2）定期执行数据库维护任务，如数据碎片整理。

6）监控和维护

（1）定期监控：使用数据库监控工具定期收集和分析性能数据，以便及时发现和解决问题。

（2）性能基准测试：定期进行性能基准测试，记录和比较不同时间点的性能数据，帮助评估调优效果。

通过这些性能检查与调优的步骤，可以显著提高数据库的响应速度和处理能力，确保数据系统能够满足应用和用户的需求。性能优化是一个持续的过程，需要定期评估和调整以应对不断变化的工作负载和技术环境。

9.3.3 诊断报告

诊断报告是数据库性能管理中的一个关键组成部分，它提供了详细的性能评估，帮助数据库管理员识别问题、优化数据库性能，并做出决策。一个有效的诊断报告应该涵盖数据库的当前状态、存在的问题、可能的原因以及改进建议。下面是创建数据库诊断报告的主要步骤和内容。

1. 主要步骤

（1）数据收集：使用数据库监控工具和命令收集关键性能指标，如查询响应时间、资源利用率、锁等待时间等。收集配置信息和系统日志，包括数据库配置、硬件资源配置以及系统和应用日志。

（2）问题识别：分析收集的数据，识别性能瓶颈或异常行为。使用数据库性能分析工具，如慢查询日志分析器，帮助识别低效的查询。

（3）原因分析：对识别的问题进行深入分析，确定其可能的原因。考虑各种因素，如资源竞争、配置不当、索引缺失或不当使用等。

（4）改进建议：基于原因分析，提出具体的改进建议。包括优化查询、调整配置参数、增加资源、修改数据库设计等。

(5) 报告编写：将以上所有信息整理成一个结构化的报告。报告应该清晰、准确、易于理解，适合技术和非技术的受众。

创建和维护数据库诊断报告是一个持续的过程，需要定期进行以捕捉性能趋势，预防性能问题，确保数据库系统的健康和高效运行。

2. 诊断报告样例

openGauss 数据库诊断报告

报告日期：2024-03-26

openGauss 版本：5.0.1

诊断周期：2024-03-20 至 2024-03-25

一、主要发现

(1) 某些关键查询存在性能瓶颈。

(2) 部分表缺乏合适的索引，导致查询效率低下。

(3) 内存配置不符合当前的工作负载需求。

二、详细分析

1. 性能指标分析

资源利用情况：

(1) CPU 平均使用率：75%，高峰时段可达 90%。

(2) 内存使用率稳定在 80%以上，表明可能存在内存不足的情况。

查询性能：

发现有多个长时间运行的查询，特别是与 orders 表相关的查询，平均执行时间超过 5s。

2. 索引使用情况

对 orders 表的分析显示，经常用于搜索的列 customer_id 缺少索引，导致全表扫描。

3. 配置分析

内存配置参数(如 shared_buffers 和 work_mem)设置过低，未能有效利用可用的物理内存。

三、改进建议

查询优化：

重新编写或添加索引以优化长时间运行的查询。特别是对 orders 表中的 customer_id 列添加索引。

内存配置调整：

(1) 增加 shared_buffers 至总内存的 25%。

(2) 调整 work_mem，以提高排序和连接操作的性能。

定期维护：

实施定期的数据库维护计划，包括更新统计信息和清理数据库碎片。

四、总结

本次诊断发现，openGauss 数据库在查询性能、索引使用和配置设置方面存在几个关键问题。通过实施上述建议，预期可以显著提高数据库的性能和响应速度，更好地支持当前的工作负载。建议定期重新评估数据库性能，并根据需要调整优化策略。

这个简化的报告示例提供了一个基本框架，实际报告可能需要包括更多的细节，如具体的 SQL 语句分析、索引创建语句、具体的配置参数建议等，以便于执行人员理解和实施。

小结

本章首先讲解了数据库的迁移操作，然后讲解了数据库的备份与恢复、数据的导入和导出操作，最后讲解了数据库的日常检查，这些都是数据库运维管理的常规操作，是学习数据库必不可少的重要组成部分。

习题

1. 请简要说明如何进行数据库迁移。
2. 请简要说明如何进行数据库备份与恢复。

数据库编程

学习目标：

❖ 了解什么是数据库编程。

❖ 掌握数据库编程的常见方式。

数据库编程旨在通过编程手段扩展数据库的功能和应用。数据库编程是指使用特定的编程语言或脚本与数据库进行交互，以实现数据的查询、处理、分析和管理。这一领域不仅对数据库管理员至关重要，对于开发人员来说也同样重要。本章将针对数据库编程进行详细讲解。

10.1 数据库编程介绍

数据库编程是软件和信息系统开发的一个关键领域，它涉及在应用程序中实现对数据库的创建、查询、更新和维护操作。核心目的是使得应用程序能够高效、安全地存储、检索和操作数据。在现代软件开发中，几乎所有的应用程序，无论是Web应用、移动应用还是桌面应用都需要以某种形式与数据库交互。

数据库编程的过程通常开始于需求分析和数据模型设计。在这一阶段，开发者定义了数据的结构、类型及其之间的关系，这些都是构建有效和高效数据库系统的基础。随后，根据选定的数据库管理系统，开发者会使用SQL或特定的其他查询语言来实现数据的增删改查操作。

随着技术的进步，数据库编程也引入了更多的抽象和工具，以简化开发过程。对象关系映射(ORM)技术如Hibernate、Entity Framework或Django ORM，允许开发者用他们所熟悉的编程语言来操作数据库，而不必直接编写SQL代码。这样不仅减少了开发时间，也减轻了维护负担，因为它提供了更高级别的数据操作抽象。

数据库编程不仅是关于数据的操作，它还涉及确保数据的一致性、完整性和安全性。这包括实施事务管理以确保数据库状态的正确性，实现安全措施来保护数据免受未授权访问，以及优化查询性能以提高程序的响应速度。随着云计算和大数据技术的兴起，数据库编程的范畴也在不断扩展。现代开发者需要掌握如何在云设施上部署和管理数据库服务，以及如何处理和分析大规模数据集。

数据库编程是连接应用程序与其后端数据存储的桥梁。它是软件开发中不可或缺的一部分，要求开发者不仅要有扎实的编程技能，还需要具备数据库理论、数据模型设计和系统架构的知识。随着技术的发展，数据库编程也在不断进化，为开发者提供了更多的工具和方法来处理日益增长的数据处理需求。

10.2　常见的开发方式

10.2.1　基于 JDBC 开发

Java Database Connectivity (JDBC)是一种用于 Java 编程语言和各类数据库之间进行连接的 API。在 openGauss 数据库中，使用 JDBC 可以方便地执行 SQL 命令、处理结果集、管理事务和连接池。

在使用 JDBC 时，首先要在 openGauss 官网下载 JDBC 工具包 JDBC_6.0.0-RC1，如图 10-1 所示。

openGauss Connectors

架构　AArch64　x86_64

操作系统　openEuler 22.03 LTS　openEuler 20.03 LTS　Centos 7.6　Windows

软件包类型	软件包大小	软件包下载	完整性校验
JDBC_6.0.0-RC1	1.73MB	立即下载	SHA256
ODBC_6.0.0-RC1	5.24MB	立即下载	SHA256

图 10-1　下载 JDBC 工具包

将下载好的 JDBC_6.0.0-RC1 工具包进行解压，将其中的 opengauss-jdbc-6.0.0-RC1.jar 和 postresql.jar 复制到 Java 程序的 lib 目录下，并右击执行 Add as Library 命令作为依赖，此时就可以进行 JDBC 编程了。

在 JDBC 编程中，与数据库交互的基本步骤包括加载驱动、创建连接、创建执行器、执行 SQL 语句、处理结果集和关闭连接。以下是这些步骤的详细说明和示例代码。

1. 加载驱动

在 Java 程序中，首先需要加载 JDBC 驱动。从 JDBC 4.0 开始，驱动加载是自动的，但仍建议显式加载以确保兼容性。

```
1.      Class.forName("org.opengauss.Driver");
```

2. 创建连接

使用 DriverManager.getConnection()方法，创建与数据库的连接，这里连接前面创建的 schooldb 数据库。

```
1.      String url = "jdbc:opengauss://192.168.1.10:26000/schooldb";
2.      String user = "testuser";
```

```
3.    String password = "testpwd@123";
4.    Connection conn = DriverManager.getConnection(url, user, password);
```

3. 创建执行器

创建 Statement 或 PreparedStatement 对象来执行 SQL 语句。

```
1.    Statement stmt = conn.createStatement();
2.    //或
3.    PreparedStatement pstmt = conn.prepareStatement("SELECT * FROM students WHERE name = ?");
```

4. 执行 SQL 语句

使用 execute()、executeQuery()或 executeUpdate()方法执行 SQL 语句。

```
1.    ResultSet rs = stmt.executeQuery("SELECT * FROM students");
2.    //或
3.    pstmt.setString(1, "张三");
4.    ResultSet rs = pstmt.executeQuery();
```

5. 处理结果集

遍历 ResultSet 对象以处理查询结果。

```
1.    while (rs.next()) {
2.        System.out.println("============== 开始输出数据 ===================");
3.        System.out.println("学号: " + rs.getInt("student_id"));
4.        System.out.println("姓名: " + rs.getString("name"));
5.        System.out.println("年龄: " + rs.getInt("age"));
6.        System.out.println("专业: " + rs.getString("major"));
7.        System.out.println("邮箱: " + rs.getString("email"));
8.    }
```

6. 关闭连接

依次关闭 ResultSet、Statement 和 Connection 对象。

```
1.    rs.close();
2.    stmt.close();
3.    conn.close();
```

为了便于读者更好地学习，本书将完整代码进行展示，读者可以放在 Java 编译器中运行与调试。

需要注意的是，这里 url 中的 IP 地址是指要连接的数据库的机器的 IP 地址，需要自己更换，用户名和密码也要根据自己的数据库的用户名和密码进行更换。

```
1.    import java.sql.Connection;
2.    import java.sql.DriverManager;
3.    import java.sql.ResultSet;
4.    import java.sql.Statement;
5.
6.    public class JdbcExample {
7.        public static void main(String[] args) {
8.            String url = "jdbc:opengauss://192.168.1.10:26000/schooldb";
9.            String user = "testuser";
10.           String password = "testpwd@123";
11.           try {
12.               //加载驱动(可选,JDBC 4.0 及以上版本自动加载)
13.               Class.forName("org.opengauss.Driver");
```

```
14.             //创建连接
15.             Connection conn = DriverManager.getConnection(url, user, password);
16.             //创建 Statement 对象
17.             Statement stmt = conn.createStatement();
18.             //执行 SQL 查询
19.             ResultSet rs = stmt.executeQuery("SELECT * FROM students");
20.             //处理结果集
21.             while (rs.next()) {
22.                 System.out.println("========== 开始输出数据 =============");
23.                 System.out.println("学号: " + rs.getInt("student_id"));
24.                 System.out.println("姓名: " + rs.getString("name"));
25.                 System.out.println("年龄: " + rs.getInt("age"));
26.                 System.out.println("专业: " + rs.getString("major"));
27.                 System.out.println("邮箱: " + rs.getString("email"));
28.             }
29.             //关闭资源
30.             rs.close();
31.             stmt.close();
32.             conn.close();
33.         } catch (Exception e) {
34.             e.printStackTrace();
35.         }
36.     }
37. }
```

输出结果:

```
1.  ================== 开始输出数据 =======================
2.  学号: 1
3.  姓名: John Doe
4.  年龄: 20
5.  专业: Computer Science
6.  邮箱: john.doe@gmail.com
7.  ================== 开始输出数据 =======================
8.  学号: 2
9.  姓名: Jane Smith
10. 年龄: 22
11. 专业: Mathematics
12. 邮箱: jane.smith@gmail.com
13. ================== 开始输出数据 =======================
14. 学号: 3
15. 姓名: Alex Johnson
16. 年龄: 20
17. 专业: Physics
18. 邮箱: alex.johnson@gmail.com
19. ================== 开始输出数据 =======================
20. 学号: 4
21. 姓名: Maria Garcia
22. 年龄: 21
23. 专业: Chemistry
24. 邮箱: maria.garcia@gmail.com
```

10.2.2 其他常见的连接方式

数据库连接方式多种多样，除了JDBC，还有多种其他方式可以用于连接数据库，这些方式适用于不同的编程语言和环境。通常根据数据库的类型、所用编程语言，以及具体的应用需求来选择合适的连接方法。下面列出了一些常见的数据库连接方式及其简要说明。

1. ODBC（Open Database Connectivity）

主要用于C、C++、Java、Python等。它提供了一种标准的数据库连接方法，可以通过不同的数据库驱动程序连接多种数据库。

2. ADO.NET

ADO.NET是微软为.NET框架提供的数据库访问技术。其特点是支持多种数据库，包括SQL Server、Oracle、MySQL等，提供丰富的数据访问功能。

3. PDO

PDO（PHP Data Objects，PHP数据库对象）是一个轻量级、一致性的接口，用于访问PHP数据库。其特点是支持多种数据库驱动，提供了数据访问的安全性和灵活性。

4. Python数据库API

Python数据库API是一个标准化的Python数据库编程接口，它定义了一系列必须遵循的规则，以提供一致的数据库操作接口。常用的库有psycopg2（PostgreSQL）、PyMySQL（MySQL）、sqlite3（SQLite）。其特点是易于使用，支持多种数据库系统。

这里以Python数据库API为例，再演示一下如何进行数据库编程。

基于Python的数据库编程通常使用psycopg2库，它是PostgreSQL数据库的Python接口。psycopg2同样适用于openGauss数据库，因为openGauss与PostgreSQL兼容。以下是基于Python的openGauss数据库编程的基本步骤。

（1）安装psycopg2库。

在命令行窗口中，通过pip安装psycopg2库。

```
1.    pip install psycopg2
```

（2）建立数据库连接。

使用psycopg2.connect()函数与openGauss数据库建立连接。

```
1.    import psycopg2
2.    #数据库连接参数
3.    conn_params = {
4.        "dbname": "schooldb",
5.        "user": "testuser",
6.        "password": "testpwd@123",
7.        "host": "192.168.1.10",
8.        "port": "26000"
9.    }
10.   #建立连接
11.   conn = psycopg2.connect(**conn_params)
```

（3）创建执行器。

创建cursor对象来执行SQL命令。

```
1.    #创建cursor对象
```

```
2.    cur = conn.cursor()
```

(4) 执行 SQL 语句。

使用 execute()方法执行 SQL 查询、更新、插入和删除操作。

```
1.    #执行 SQL 查询
2.    cur.execute("SELECT * FROM Students")
3.    #执行 SQL 更新
4.    cur.execute("UPDATE Students SET name = %s WHERE id = %s", ("张三", 1))
```

(5) 处理结果集。

遍历 cursor 对象以处理查询结果。

```
1.    #处理查询结果
2.    for row in cur:
3.        print(row)
```

(6) 关闭连接。

依次关闭 cursor 和 connection 对象连接。

```
1.    #关闭 cursor 和 connection
2.    cur.close()
3.    conn.close()
```

同样,这里将完整代码进行展示。需要注意的是,这里 conn_params 中的 host 地址是指要连接的数据库的机器的 IP 地址,需要自己更换,用户名和密码也要根据自己的数据库的用户名和密码进行更换。

```
1.    import psycopg2
2.    #数据库连接参数
3.    conn_params = {
4.        "dbname": "schooldb",
5.        "user": "testuser",
6.        "password": "testpwd@123",
7.        "host": "192.168.1.10",
8.        "port": "26000"
9.    }
10.   #建立连接
11.   conn = psycopg2.connect(**conn_params)
12.   cur = conn.cursor()
13.   #执行 SQL 查询
14.   cur.execute("SELECT * FROM students")
15.   rows = cur.fetchall()
16.   for row in rows:
17.       print(row)
18.   #关闭 cursor 和 connection
19.   cur.close()
20.   conn.close()
```

输出结果:

```
1.    (1, 'John Doe', 20, 'Computer Science', 'john.doe@gmail.com')
2.    (2, 'Jane Smith', 22, 'Mathematics', 'jane.smith@gmail.com')
3.    (3, 'Alex Johnson', 20, 'Physics', 'alex.johnson@gmail.com')
4.    (4, 'Maria Garcia', 21, 'Chemistry', 'maria.garcia@gmail.com')
```

小结

本章首先介绍了数据库编程的基本概念，然后深入讲解了数据库编程常见的几种开发方式，其中包括基于JDBC的形式以及其他常见的连接方式等。通过本章的学习，读者能够更好地去管理和应用数据库。

习题

1. 请简要说明什么是数据库编程。
2. 请简要说明数据库编程常见的几种开发方式。

第11章

项目实战——电商订单管理系统

学习目标：

- ❖ 了解项目背景与需求分析。
- ❖ 掌握数据库的设计。
- ❖ 了解项目的开发过程。

项目实战旨在通过综合性的案例对数据库的使用进行巩固，同时结合具体的业务逻辑解决实际生产中的问题，实现知识体系的融会贯通。本章将针对电商订单管理系统进行详细讲解。

11.1 项目背景和需求分析

11.1.1 项目背景介绍

随着电子商务行业的迅速发展，越来越多的企业选择在线销售产品和服务。这导致了订单数量的增加和订单管理的复杂化。电商订单管理系统从最初的简单订单创建和管理变得更加多样化，订单系统通过自动化处理订单信息、库存和支付等业务，为商家带来高效、准确、实时的订单管理。订单系统还能从订单数据中提取有价值的信息，帮助商家分析销售趋势、了解客户需求，同时订单系统的优点在于可以提高工作效率、减少错误率、节省人力成本，同时可以通过订单数据分析优化商业流程，提高客户满意度等。

本项目实战就是通过基于数据库操作完成订单管理系统中最基础的部分。

11.1.2 项目需求分析

订单管理系统的基本功能包括订单录入、订单查询、订单修改、订单删除、订单统计等。订单录入是指将客户提交的订单信息录入系统中，包括订单编号、客户姓名、联系方式、订单商品、订单数量、订单金额等信息。订单查询是指根据商品名称、订单地域、是否付款等信息查询订单。订单修改是指对已经录入的订单信息进行修改，如修改订单数量、订单金额等。

订单删除是指删除某条订单信息。订单大屏是指对订单信息进行统计分析，如按照时间、客户、商品等维度进行分析。

11.2 系统设计

11.2.1 建设目标

订单管理系统的核心目标是提供一个集成化、高效化、智能化的订单处理平台，以满足企业在订单处理过程中的各种需求。具体目标如下。

- 提升效率：通过自动化和智能化的手段，减少人工操作，缩短订单处理周期，提高订单处理效率。
- 优化流程：规范订单处理流程，确保每个订单都能按照既定的流程得到妥善处理，避免流程混乱或遗漏。
- 数据集成：集成多个渠道和平台的订单数据，实现数据的统一管理和分析，为企业的决策提供有力支持。
- 增强安全性：确保订单数据的准确性和安全性，防止数据泄露或篡改。
- 提高客户满意度：通过快速响应客户需求和处理订单，提高客户满意度和忠诚度。

11.2.2 功能结构

完整的订单管理系统包含多个功能模块，业务非常复杂，由于本书重点在于数据库设计，因此只选取部分订单功能进行设计，其中包括用户管理模块、订单管理模块、订单大屏模块。通过以上功能模块的有效结合，来学习数据库如何在实际生产中发挥功效与作用。

1. 用户管理模块

负责用户登录、用户信息管理等基本操作，确保数据的安全性和可靠性。

2. 订单管理模块

- 订单录入：录入订单信息，包括商品信息、数量、价格等。
- 订单查询：提供多种查询条件，方便用户快速定位到指定订单。
- 订单修改：针对订单中的信息进行修改。
- 订单删除：针对某条订单进行删除。

3. 订单大屏模块

- 实时统计：统计已支付订单数、未支付订单数、订单总数、已支付订单占比。
- 订单金额：统计订单总金额、不同订单的订单金额。
- 交易信息：订单交易时间趋势、地域订单总数、交易商品类别 TOP5 等。

11.2.3 业务流程

简易订单管理流程，如图 11-1 所示。

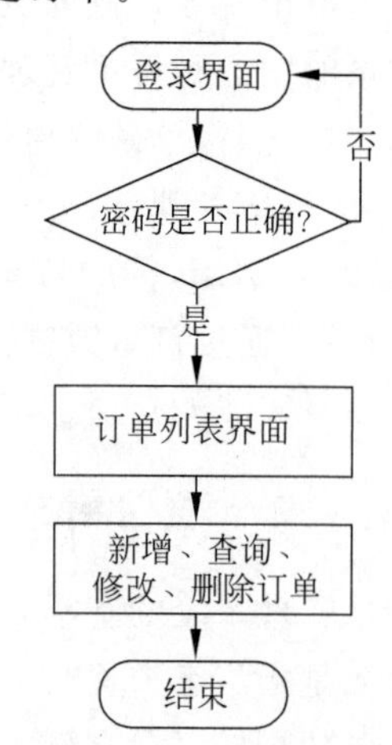

图 11-1 简易订单管理流程

11.3　数据库设计

11.3.1　数据库概要设计

订单管理系统的数据库是支撑整个业务流程的核心组件，它负责存储、查询、更新和管理订单数据。以下是订单管理系统数据库的主要组成部分及其功能概述。

1. 用户角色

存储用户的角色信息，如角色编码、角色名称、创建时间、创建人等。

2. 用户信息

(1) 存储用户的基本信息，如用户名、密码、联系方式等。

(2) 用户信息表是身份验证和权限管理的基础，确保只有授权的用户才能访问系统。

3. 商品类别

存储商品类别信息，包括商品类别 ID、商品类别、创建时间、创建者。

4. 商品信息

(1) 包含商品的基本详情，如商品名称、编号、价格、库存量、描述等。

(2) 商品信息表支持商品分类、搜索和展示功能，为用户提供商品浏览和选择的依据。

5. 订单信息

(1) 存储用户下单的详细信息，包括订单编号、用户 ID、商品 ID、数量、单价等。

(2) 订单详情表是订单生成、修改和查询的基础，支持订单管理系统的核心业务流程。

6. 区域信息

专门用于存放客户下单的省份区域，便于数据分析使用。

7. 地址信息

记录用户的地址信息，包括用户姓名、电话、省份、市级、详细地址。

11.3.2　数据库表结构

为了方便学习与理解，本项目对实际生产过程中的数据表结构做了抽象和简化。在此基础上，读者可以进一步发挥想象空间和动手能力，根据自己的想法进行调整。

核心表结构如表 11-1～表 11-8 所示。

表 11-1　角色表(tbl_xcu_role)

字　段	类　型	说　明
id	int4(32) NOT NULL	主键 ID
role_code	varchar(15) NOT NULL	角色编码
role_name	varchar(15) NOT NULL	角色名称
created_by	int4(32)	创建者
create_time	smalldatetime(0)	创建时间
modify_by	int4(32)	修改者
update_time	smalldatetime(0)	修改时间

表 11-2　用户表(tbl_xcu_user)

字　　段	类　　型	说　　明
id	int4(32) NOT NULL	主键 ID
user_code	varchar(15) NOT NULL	用户编码
user_name	varchar(64) NOT NULL	用户名称
password	blob NOT NULL	用户密码
gender	int4(32)	性别(1：女、2：男)
birthday	timestamp(0)	出生日期
phone	varchar(15)	手机号
address	varchar(256)	地址
user_role	int4(32) NOT NULL	用户角色
parent_id	int4(32)	上级 id
created_by	int4(32)	创建者(userId)
create_time	smalldatetime(0)	创建时间
modify_by	int4(32)	更新者(userId)
update_time	smalldatetime(0)	更新时间

表 11-3　商品类别(tbl_xcu_sku_category)

字　　段	类　　型	说　　明
id	int4(32) NOT NULL	主键 ID
category	varchar(20) NOT NULL	商品类别
create_time	smalldatetime(0)	创建时间
update_time	smalldatetime(0)	修改时间
created_by	int4(32)	创建者
modify_by	int4(32)	修改者

表 11-4　商品表(tbl_xcu_sku)

字　　段	类　　型	说　　明
id	int4(32) NOT NULL	主键 ID
sku_name	varchar(128) NOT NULL	商品名称
category_id	int4(32) NOT NULL	商品类别 ID
sku_desc	varchar(1024)	商品描述
sku_unit	varchar(20) NOT NULL	商品单位
price	numeric(20,2) NOT NULL	商品价格
created_by	int4(32)	创建者(userId)
create_time	smalldatetime(0)	创建时间
modify_by	int4(32)	更新者(userId)
update_time	smalldatetime(0)	更新时间

表 11-5　区域字典表(tbl_xcu_dict_zone)

字　　段	类　　型	说　　明
id	int4(32) NOT NULL	主键 ID
name	varchar(50) NOT NULL	区域名称(省＋市)
parent_id	int4(32)	上级区域 ID

表 11-6 用户地址表(tbl_xcu_addr)

字 段	类 型	说 明
id	int4(32) NOT NULL	主键 ID
contact	varchar(20) NOT NULL	联系人名称
province	varchar(64) NOT NULL	省
city	varchar(64) NOT NULL	市
address	varchar(256) NOT NULL	地址详情
tel	varchar(20) NOT NULL	联系人电话
create_time	smalldatetime(0)	创建时间
update_time	smalldatetime(0)	更新时间
user_id	int4(32)	创建者(userId)

表 11-7 订单表(tbl_xcu_order)

字 段	类 型	说 明
id	int4(32) NOT NULL	主键 ID
order_id	varchar(20) NOT NULL	订单编号
total_price	numeric(20,2) NOT NULL	订单总金额
is_payment	int4(32) NOT NULL	1 支付,0 未支付
created_by	int4(32)	创建人
create_time	smalldatetime(0)	创建时间
modify_by	int4(32)	修改人
update_time	smalldatetime(0)	更新时间
addr_id	int4(32) NOT NULL	订单关联收货地址
is_deleted	int4(32)	订单是否被删除

表 11-8 订单项表(tbl_xcu_goods)

字 段	类 型	说 明
id	int4(32) NOT NULL	主键 ID
oid	int4(32) NOT NULL	订单编号
sku_id	int4(32) NOT NULL	商品类别编号
sku_count	int4(32)	商品类别个数
subtotal_price	numeric(20,2)	小计

上述列出了项目所需的数据表,接下来需要根据这些表结构创建对应的数据库以及数据表。由于本项目已经导出了完整的数据库文件(public. sql),因此在实际使用时直接导入即可,如果想要通过 SQL 语句自行创建数据库以及数据表,可以参考如下代码。

• 数据库

```
1.    CREATE DATABASE xcu_orderdb;
```

• 角色表

```
1.    CREATE TABLE tbl_xcu_role (
2.      id serial PRIMARY KEY,
3.      role_code varchar(15) NOT NULL,
4.      role_name varchar(15) NOT NULL,
```

```
5.      created_by int4,
6.      create_time smalldatetime DEFAULT pg_systimestamp(),
7.      modify_by int4,
8.      update_time smalldatetime
9.    );
```

- 用户表

```
1.    CREATE TABLE tbl_xcu_user (
2.      id serial PRIMARY KEY,
3.      user_code varchar(15) NOT NULL,
4.      user_name varchar(64) NOT NULL,
5.      password blob NOT NULL,
6.      gender int4,
7.      birthday timestamp(0),
8.      phone varchar(15),
9.      address varchar(256),
10.     user_role int4 NOT NULL,
11.     parent_id int4,
12.     created_by int4,
13.     create_time smalldatetime DEFAULT pg_systimestamp(),
14.     modify_by int4,
15.     update_time smalldatetime
16.   );
```

- 商品类别表

```
1.    CREATE TABLE tbl_xcu_sku_category (
2.      id serial PRIMARY KEY,
3.      category varchar(20) NOT NULL,
4.      create_time smalldatetime DEFAULT pg_systimestamp(),
5.      update_time smalldatetime,
6.      created_by int4,
7.      modify_by int4
8.    );
```

- 商品表

```
1.    CREATE TABLE tbl_xcu_sku (
2.      id serial PRIMARY KEY,
3.      sku_name varchar(128) NOT NULL,
4.      category_id int4 NOT NULL,
5.      sku_desc varchar(1024),
6.      sku_unit varchar(20) NOT NULL,
7.      price numeric(20,0) NOT NULL,
8.      created_by int4,
9.      create_time smalldatetime DEFAULT pg_systimestamp(),
10.     modify_by int4,
11.     update_time smalldatetime
12.   );
```

- 区域字典表

```
1.    CREATE TABLE tbl_xcu_dict_zone (
2.      id serial PRIMARY KEY,
3.      name varchar(50) NOT NULL,
4.      parent_id int4
```

```
5.  );
```

• 用户地址表

```
1.  CREATE TABLE tbl_xcu_addr (
2.    id serial PRIMARY KEY,
3.    contact varchar(20) NOT NULL,
4.    province varchar(64) NOT NULL,
5.    city varchar(64) NOT NULL,
6.    address varchar(256) NOT NULL,
7.    tel varchar(20) NOT NULL,
8.    create_time smalldatetime DEFAULT pg_systimestamp(),
9.    update_time smalldatetime,
10.   user_id int4
11. );
```

• 订单表

```
1.  CREATE TABLE tbl_xcu_order (
2.    id serial PRIMARY KEY,
3.    order_id varchar(20) NOT NULL,
4.    total_price numeric(20,2) NOT NULL,
5.    is_payment int4 NOT NULL,
6.    created_by int4,
7.    create_time smalldatetime DEFAULT pg_systimestamp(),
8.    modify_by int4,
9.    update_time smalldatetime,
10.   addr_id int4 NOT NULL,
11.   is_deleted int4 DEFAULT 0
12. );
```

• 订单项表

```
1.  CREATE TABLE tbl_xcu_goods (
2.    id serial PRIMARY KEY,
3.    oid int4 NOT NULL,
4.    sku_id int4 NOT NULL,
5.    sku_count int4,
6.    subtotal_price numeric(20,2)
7.  );
```

11.4 开发环境与项目原型

11.4.1 构建开发环境

本项目基于 JDK、IDEA、Maven、OpenGauss、Navicat、Chrome 来构建开发环境，核心软件版本如表 11-9 所示。

表 11-9 核心软件版本

软 件	版 本	操作系统	备注说明
JDK	JDK 11	Windows 11	建议与本书保持一致
IDEA	IDEA 2023.1.2	Windows 11	2019+均可

续表

软　　件	版　　本	操作系统	备注说明
Maven	3.9.6	Windows 11	3.8.x+均可
openGauss	5.0.1	虚拟机+CentOS 7.x	建议与本书保持一致
Navicat	Navicat Premium16	Windows 11	建议与本书保持一致
Chrome	124.0.6367.61	Windows 11	不做限制

11.4.2　项目原型说明

本项目主要分为三大功能模块，分别为用户管理、订单管理、订单大屏，下面针对项目原型进行展示。

(1) 登录页面如图 11-2 所示。

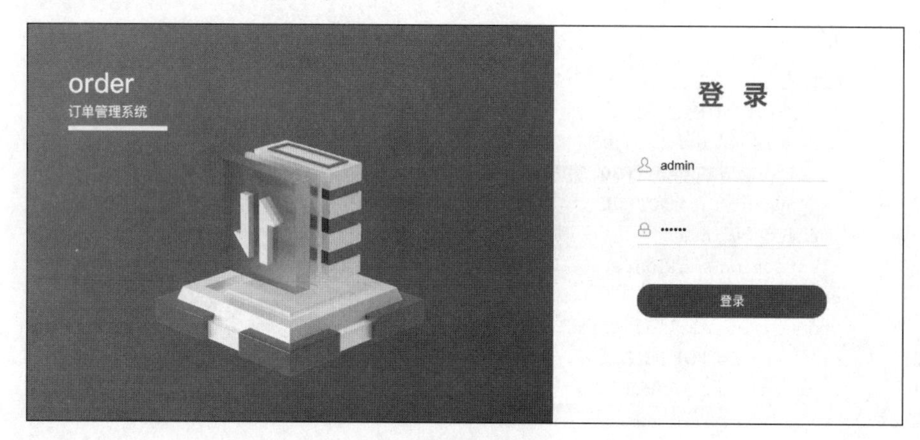

图 11-2　登录页面

(2) 用户管理如图 11-3 所示。

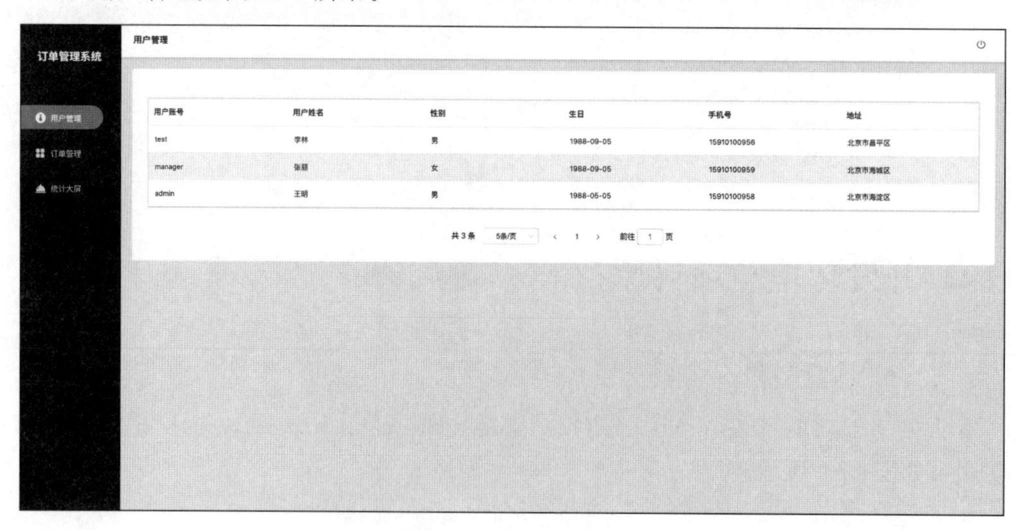

图 11-3　用户管理

(3) 订单管理如图 11-4 所示。

(4) 交易大屏如图 11-5 所示。

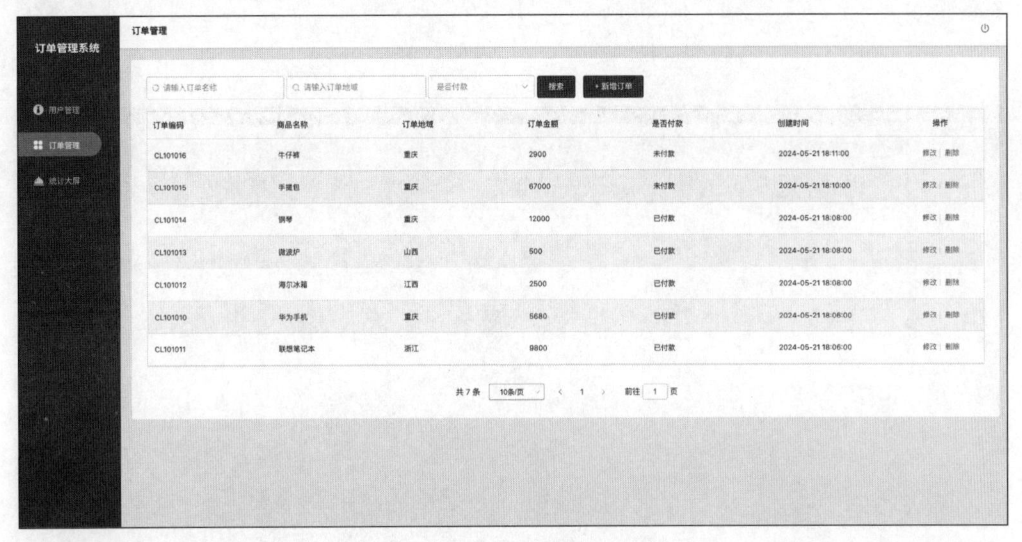

图 11-4　订单管理

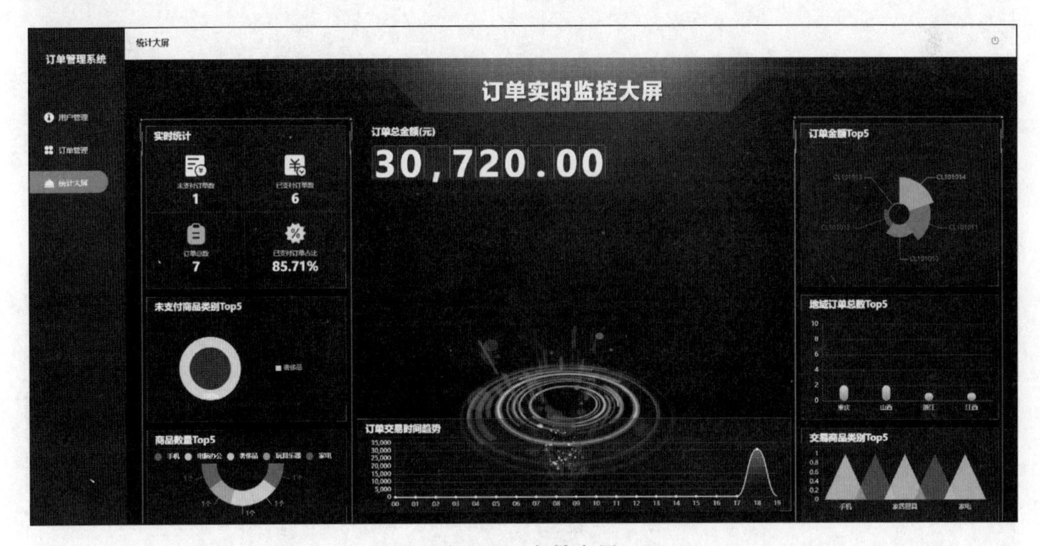

图 11-5　交易大屏

11.4.3　项目原型导入

本书源代码(xcu_order)下载完成后,利用 IDEA 工具将源代码导入进来,如图 11-6 所示。

等待依赖加载完成后,可以展开项目结构便于开发,如图 11-7 所示。

项目启动入口类 OrderManageApplication,如图 11-8 所示。

将导入的项目运行成功后,就可以访问了,项目的访问端口以及数据库的用户名和密码都在 application.yml 配置文件中。application.yml 是 Spring Boot 项目用于配置应用程序属性的文件,包括数据源以及 MyBatis 的配置。

在浏览器中输入访问地址 localhost:8089,然后输入用户名 admin,密码 123456 进行登录。需要注意的是,这里的数据库地址 192.168.1.10 需要根据个人的 IP 地址进行更换。

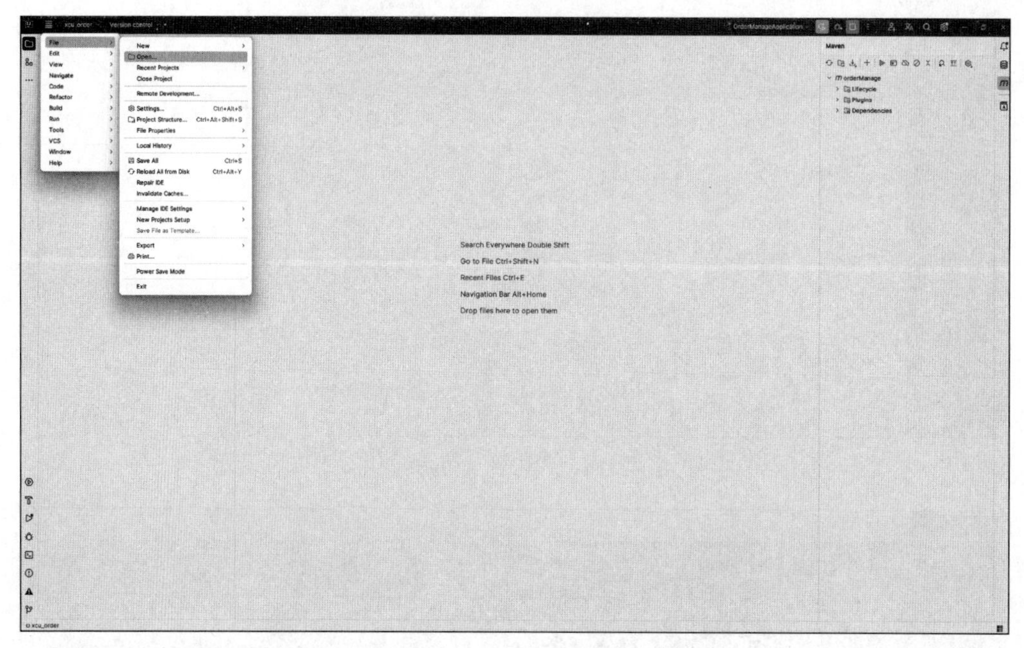

图 11-6　导入源代码

图 11-7　项目结构

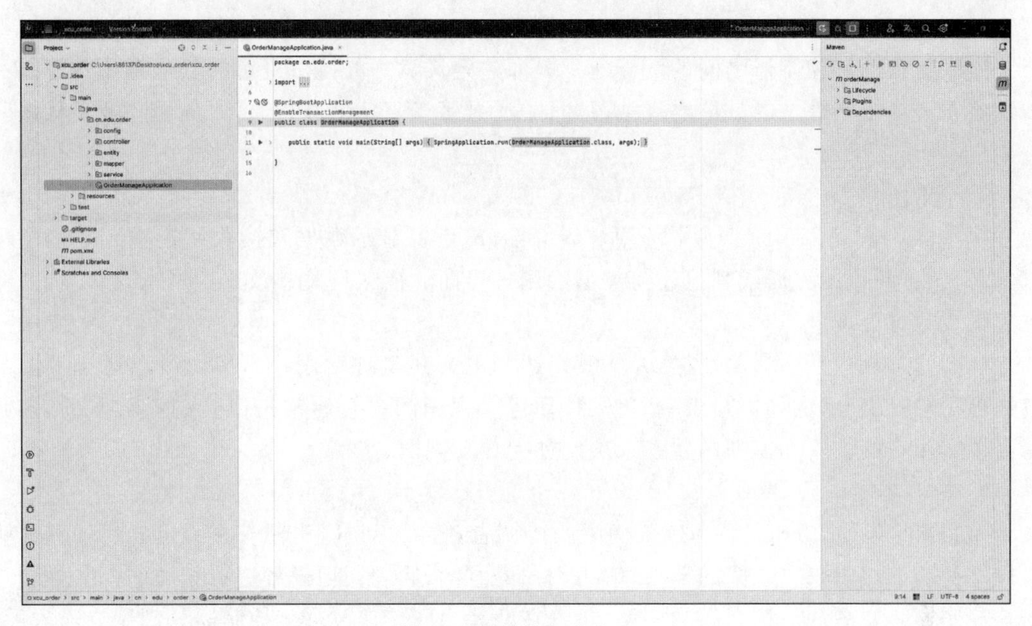

图 11-8 项目启动入口

application.yml：

```
1.    server:
2.      port: 8089
3.    spring:
4.      datasource:
5.        driver-class-name: org.postgresql.Driver
6.        url: jdbc:postgresql://192.168.1.10:26000/xcu_orderdb?currentSchema=public
7.        username: testuser
8.        password: testpwd@123
9.    mybatis-plus:
10.     configuration:
11.       map-underscore-to-camel-case: true
12.       log-impl: org.apache.ibatis.logging.stdout.StdOutImpl
13.     global-config:
14.       db-config:
15.         id-type: auto
```

11.5 通用模块开发

11.5.1 MVC 三层架构介绍

MVC(Model-View-Controller)是一种常用的软件设计模式，特别适用于构建用户界面和 Web 应用程序。MVC 架构将应用程序划分为三个主要组成部分：模型(Model)、视图(View)和控制器(Controller)，从而实现关注点分离，提高代码的可维护性和可扩展性。

1. 模型

模型(Model)是 MVC 架构中的核心部分，负责处理应用程序的核心业务逻辑和数据。模型通常包含与数据库交互的代码，负责数据的存储、检索和更新。此外，模型还包含业务逻辑规则,用于验证数据、计算和处理用户请求。

模型与视图和控制器之间的交互通常是通过定义良好的接口进行的。这意味着视图和控制器不需要了解模型的具体实现细节,只需通过接口与模型进行通信,从而降低了代码间的耦合度。

2. 视图

视图(View)是 MVC 架构中的用户界面部分,负责显示数据和接收用户输入。视图可以是网页、移动应用界面或其他任何类型的用户界面。视图只关心数据的展示,而不涉及业务逻辑或数据处理。

视图通常从模型中获取数据,并将其以适当的方式呈现给用户。用户可以通过视图与应用程序进行交互,例如填写表单、单击按钮等。视图的更新通常是由控制器触发的,控制器会根据用户的输入和模型的状态来决定如何更新视图。

3. 控制器

控制器(Controller)是 MVC 架构中的协调者,负责接收用户输入并决定如何处理这些输入。控制器接收来自视图的请求,解析用户的意图,然后调用模型进行相应的业务处理。

控制器是视图和模型之间的桥梁,负责在两者之间传递数据。控制器处理用户输入后,会更新模型的状态,并通知视图进行相应的更新。这样,用户就可以看到最新的数据和应用程序状态。

控制器还负责处理应用程序的导航和流程控制。例如,根据用户的请求和模型的状态,控制器可以决定跳转到哪个视图或执行哪些操作。

总之,MVC 三层架构通过将应用程序划分为模型、视图和控制器三个组成部分,实现了关注点分离,提高了代码的可维护性和可扩展性。这种架构模式广泛应用于各种类型的应用程序开发,特别是 Web 应用程序的开发。

11.5.2 POJO 和 Mapper 层构建

在 Java 开发中,POJO(Plain Old Java Object)和 Mapper 层是常见的基础模块。POJO 类是一个简单的 Java 对象,它只包含属性、getter 和 setter 方法,有时也包含一些业务方法,通常用于表示数据库中的表。Mapper 层用于将 POJO 对象与数据库表进行映射,通常使用 MyBatis 框架。Mapper 接口中定义了一些增删改查操作的方法,通过 MyBatis 的 XML 映射文件或者注解来实现这些方法。

下面仅展示订单的 POJO 和 Mapper 层代码。

Order.java：

```
1.    package cn.edu.order.entity;
2.    ......
3.    @Data
4.    @TableName("tbl_xcu_order")
5.    public class Order implements Serializable {
6.        private Long id;
7.        private String orderId;
8.        private BigDecimal totalPrice;
9.        private Integer isPayment;
10.       private Long createdBy;
```

```
11.         private Date createTime;
12.         private Long modifyBy;
13.         private Date updateTime;
14.         private Long addrId;
15.         private Integer isDeleted;
16.     }
```

OrderMapper. java：

```
1.     package cn.edu.order.mapper;
2.     ......
3.     @Mapper
4.     public interface OrderMapper extends BaseMapper<Order> {
5.         List<OrderDto> queryPage(@Param("current") long current, @Param("size") long
           size, @Param("productName") String productName, @Param("province") String
           province, @Param("isPayment") Integer isPayment);
6.         void insertData(@Param("order") Order order);
7.         OrderStatInfo rtOrderStatInfo();
8.         List<DataV> selectOrderSkuCategoryTopN(@Param("topN") int topN, @Param("payed")
           Integer payed);
9.         BigDecimal rtOrderAmount(@Param("payed") int i);
10.        List<DataV> selectOrderZoneMap();
11.        List<DataV> selectOrderPurchaseTime();
12.        List<DataV> selectOrderPriceTopN(@Param("topN") int i);
13.        List<DataV> selectOrderZoneTopN(@Param("topN") int i);
14.    }
```

11.6　订单管理开发

11.6.1　订单创建

单击「新增订单」按钮，输入相关信息，单击“确定”按钮完成订单创建，如图 11-9 所示。

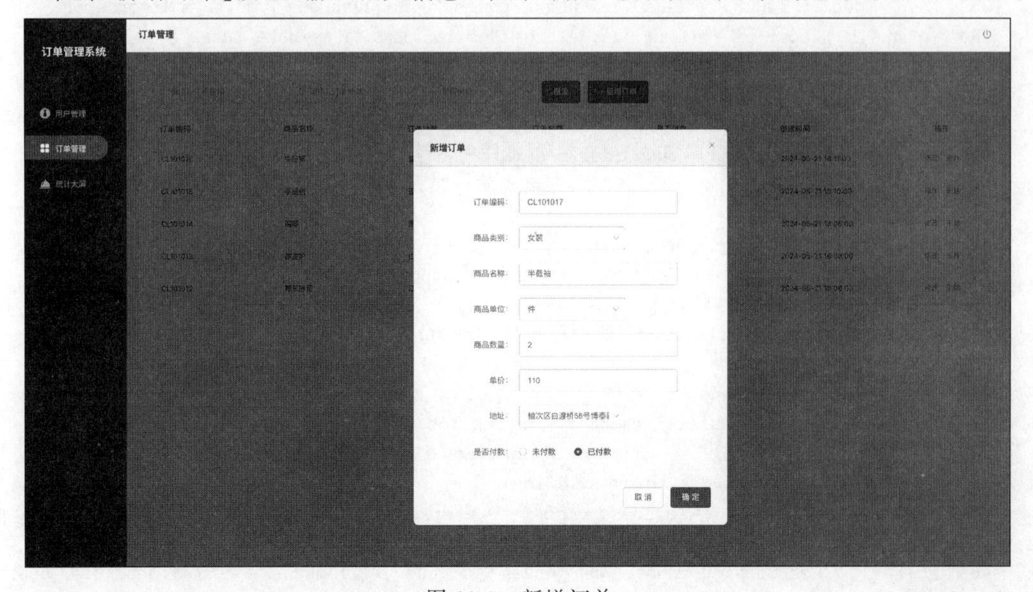

图 11-9　新增订单

接下来展示新增订单页面的核心代码。

OrderController 类是一个订单管理的控制器，用于处理与订单操作相关的请求。具体代码如下：

```
1.    package cn.edu.order.controller;
2.    ......
3.    @Slf4j
4.    @RestController
5.    @RequestMapping("/order")
6.    public class OrderController {
7.        @Autowired
8.        private OrderService orderService;
9.        @Autowired
10.       private AddressService addressService;
11.       @Autowired
12.       private SkuService skuService;
13.       @Autowired
14.       private GoodsService goodsService;
15.       @GetMapping("/page")
16.       public R<Page> getByPage(int page, int pageSize, String skuName, String address,
          Integer isPayment) {
17.           log.info("page = {},pageSize = {}", page, pageSize);
18.           //创建分页对象
19.           Page pageInfo = new Page(page, pageSize);
20.           long count = orderService.count();
21.           pageInfo.setTotal(count);
22.           //执行业务层方法
23.            List<OrderDto> orderDtos = orderService.queryPage(pageInfo, skuName,
               address, isPayment);
24.           pageInfo.setRecords(orderDtos);
25.           return R.success(pageInfo);
26.       }
27.       @PostMapping("/addOrder")
28.       public R add(HttpServletRequest request,@RequestBody OrderFormDto orderDto) {
29.           Long id = (Long) request.getSession().getAttribute("user");
30.           if (id == null) {
31.               return R.error("NOTLOGIN");
32.           }
33.           orderService.addOrder(orderDto, id);
34.           return R.success("新增订单成功～");
35.       }
36.       @PostMapping("/updateOrder")
37.       public R updateOrder(@RequestBody OrderFormDto order) {
38.           orderService.updateDataById(order);
39.           return R.success("修改订单成功～");
40.       }
41.       @DeleteMapping
42.       @Transactional(rollbackFor = Exception.class)
43.       public R deleteOrder(@RequestParam Long ids) {
44.           orderService.removeById(ids);
45.           Goods one = goodsService.getOne(Wrappers.<Goods>query().lambda().eq
              (Goods::getOid, ids));
46.           skuService.remove(Wrappers.<Sku>query().lambda().eq(Sku::getSkuId, one.
              getSkuId()));
```

```
47.             goodsService.removeById(one);
48.             return R.success("删除订单成功~");
49.         }
50.         @GetMapping("/getOrderNum")
51.         public R getOrderNum() {
52.             return R.success(orderService.selectOrderCount());
53.         }
54.         @GetMapping("/unPaySkuCategory")
55.         public R unPaySkuCategory() {
56.             return R.success(orderService.unPaySkuCategory());
57.         }
58.         @GetMapping("/getSkuCategory")
59.         public R getSkuCategory() {
60.             return R.success(orderService.querySkuCategory());
61.         }
62.         @GetMapping("/getSumOrderAmount")
63.         public R getSumOrderAmount() {
64.             return R.success(orderService.rtOrderStatInfo());
65.         }
66.         @GetMapping("getOrderZoneMap")
67.         public R getOrderZoneMap() {
68.             return R.success(orderService.getOrderZoneMap());
69.         }
70.         @GetMapping("/getPurchaseTimePeak")
71.         public R getPurchaseTimePeak() {
72.             return R.success(orderService.getPurchaseTimePeak());
73.         }
74.         @GetMapping("/getOrderAmountTop")
75.         public R getOrderAmountTop() {
76.             return R.success(orderService.getOrderAmountTop());
77.         }
78.         @GetMapping("/getOrderZoneTop")
79.         public R getOrderZoneTop() {
80.             return R.success(orderService.getOrderZoneTop());
81.         }
82.         @GetMapping("/getOrderSkuCategoryTop")
83.         public R getOrderSkuCategoryTop() {
84.             return R.success(orderService.getOrderSkuCategoryTop());
85.         }
86.     }
```

OrderServiceImpl 是 OrderService 的服务实现类，用于实现订单操作的核心逻辑。具体代码如下：

```
1.      package cn.edu.order.service.Impl;
2.      ......
3.      @Service
4.      public class OrderServiceImpl extends ServiceImpl < OrderMapper, Order > implements
        OrderService {
5.          @Autowired
6.          private SkuService skuService;
7.          @Autowired
8.          private SkuMapper skuMapper;
9.          @Autowired
```

```
10.        private GoodsMapper goodsMapper;
11.        @Override
12.        public List<OrderDto> queryPage(Page pageInfo, String skuName, String address,
           Integer isPayment) {
13.            long current = pageInfo.getCurrent();
14.            long size = pageInfo.getSize();
15.            current = current < 1 ? 1 : current;
16.            long offset = (current - 1) * size;
17.            return baseMapper.queryPage(offset, size, skuName, address, isPayment);
18.        }
19.        @Override
20.        @Transactional(rollbackFor = Exception.class)
21.        public void addOrder(OrderFormDto orderDto, Long userId) {
22.            Date createTime = new Date();
23.            BigDecimal totalPrice = new BigDecimal(orderDto.getPrice() * orderDto.
               getProductCount());
24.            Sku sku = new Sku();
25.            sku.setCategoryId(orderDto.getSkuCategory());
26.            BigDecimal price = new BigDecimal(orderDto.getPrice());
27.            sku.setPrice(price);
28.            sku.setCreatedBy(userId);
29.            sku.setCreateTime(createTime);
30.            sku.setSkuUnit(orderDto.getProductUnit());
31.            sku.setSkuName(orderDto.getProductName());
32.            sku.setSkuDesc(String.valueOf(orderDto.getProductCount()));
33.            skuMapper.insertData(sku);
34.            Order order = new Order();
35.            order.setOrderId(orderDto.getOrderId());
36.            order.setAddrId(orderDto.getAddress());
37.            order.setIsPayment(orderDto.getIsPayment());
38.            order.setCreatedBy(userId);
39.            order.setCreateTime(createTime);
40.            order.setTotalPrice(totalPrice);
41.            baseMapper.insertData(order);
42.            Goods goods = new Goods();
43.            goods.setOid(order.getId());
44.            goods.setSkuId(sku.getSkuId());
45.            goods.setSkuCount(orderDto.getProductCount());
46.            goods.setSubtotalPrice(totalPrice);
47.            goodsMapper.insertData(goods);
48.        }
49.        @Override
50.        @Transactional(rollbackFor = Exception.class)
51.        public void updateDataById(OrderFormDto order) {
52.            Order order1 = new Order();
53.            order1.setId(order.getId());
54.            order1.setAddrId(order.getAddress());
55.            order1.setIsPayment(order.getIsPayment());
56.            order1.setTotalPrice(new BigDecimal(order.getPrice() * order.getProductCount()));
57.            order1.setOrderId(order.getOrderId());
58.            saveOrUpdate(order1);
59.            Goods goods = goodsMapper.selectOne(Wrappers.<Goods>lambdaQuery().eq
               (Goods::getOid, order.getId()));
60.            goods.setSkuCount(order.getProductCount());
```

```
61.         goods.setSubtotalPrice(new BigDecimal(order.getPrice() * order.getProductCount()));
62.         goodsMapper.updateById(goods);
63.         Sku sku = new Sku();
64.         sku.setSkuId(goods.getSkuId());
65.         sku.setPrice(new BigDecimal(order.getPrice()));
66.         sku.setSkuUnit(order.getProductUnit());
67.         sku.setSkuName(order.getProductName());
68.         sku.setSkuDesc(String.valueOf(order.getProductCount()));
69.         sku.setCategoryId(order.getSkuCategory());
70.         skuService.update(sku, Wrappers.<Sku>lambdaUpdate().eq(Sku::getSkuId, goods.
            getSkuId()));
71.     }
72.     @Override
73.     public String selectOrderCount() {
74.         OrderStatInfo statInfo = baseMapper.rtOrderStatInfo();
75.         int total = statInfo.getTotal();
76.         JSONObject jsonObj = new JSONObject();
77.         if (statInfo.getTotal() == 0) {
78.             jsonObj.put("payedRate", "--");
79.         } else {
80.             BigDecimal rate = new BigDecimal(statInfo.getPayed() * 100.0 / total);
81.             rate = rate.setScale(2, RoundingMode.HALF_UP);
82.             jsonObj.put("payedRate", rate + "%");
83.         }
84.         jsonObj.put("payed", statInfo.getPayed());
85.         jsonObj.put("unPayed", statInfo.getUnPayed());
86.         jsonObj.put("total", total);
87.         return jsonObj.toString();
88.     }
89.     @Override
90.     public String unPaySkuCategory() {
91.         List<DataV> orderSkuCategoryTopList = baseMapper.selectOrderSkuCategoryTopN(5, 0);
92.         if (CollectionUtils.isEmpty(orderSkuCategoryTopList)) {
93.             return "{}";
94.         }
95.         JSONObject result = new JSONObject();
96.         JSONArray categoryList = new JSONArray();
97.         JSONArray dataArr = new JSONArray();
98.         for (DataV dataV : orderSkuCategoryTopList) {
99.             categoryList.add(dataV.getKey());
100.            JSONObject obj = new JSONObject();
101.            obj.put("name", dataV.getKey());
102.            obj.put("value", dataV.getValue());
103.            dataArr.add(obj);
104.        }
105.        result.put("category", categoryList);
106.        result.put("data", dataArr);
107.        return result.toString();
108.    }
109.    @Override
110.    public String querySkuCategory() {
111.        String[] TOP5_COLOR_STAT = new String[]{"#33b565", "#20cc98", "#2089cf",
            "#205bcf", "#c3f3c3"};
112.        List<DataV> skuTopList = skuMapper.selectSkuCategoryTopN();
```

```
113.            JSONObject jsonObj = new JSONObject();
114.            List<String> vCategory = new ArrayList<>();
115.            JSONArray vDataArr = new JSONArray();
116.            Random random = new Random();
117.            for(DataV skuTop : skuTopList) {
118.                vCategory.add(skuTop.getKey());
119.                JSONObject vData = new JSONObject();
120.                JSONObject styleJSON = new JSONObject();
121.                JSONObject normalJSON = new JSONObject();
122.                normalJSON.put("color", TOP5_COLOR_STAT[random.nextInt(TOP5_COLOR_STAT.
                    length)]);
123.                styleJSON.put("normal", normalJSON);
124.                vData.put("value", skuTop.getValue());
125.                vData.put("name", skuTop.getKey());
126.                vData.put("itemStyle", styleJSON);
127.                vDataArr.add(vData);
128.            }
129.            //填充数据
130.            fullfillData(vDataArr);
131.            JSONArray vJsonCategory = new JSONArray();
132.            vJsonCategory.addAll(vCategory);
133.            jsonObj.put("vCategory", vJsonCategory);
134.            jsonObj.put("vCategoryData", vDataArr);
135.            return jsonObj.toString();
136.        }
137.        private void fullfillData(JSONArray vDataArr) {
138.            for (int i = 0; i < 5; i++) {
139.                JSONObject obj = new JSONObject();
140.                obj.put("name", "");
141.                obj.put("value", 0);
142.                JSONObject label = new JSONObject();
143.                label.put("show", false);
144.                obj.put("label", label);
145.                JSONObject labelLine = new JSONObject();
146.                label.put("show", false);
147.                obj.put("labelLine", label);
148.                vDataArr.add(obj);
149.            }
150.        }
151.        @Override
152.        public String rtOrderStatInfo() {
153.            BigDecimal orderAmount = baseMapper.rtOrderAmount(1);
154.            if (orderAmount == null) {
155.                orderAmount = new BigDecimal(0);
156.            } else {
157.                orderAmount = orderAmount.setScale(2, RoundingMode.HALF_UP);
158.            }
159.            return orderAmount.toString();
160.        }
161.        @Override
162.        public String getOrderZoneMap() {
163.            List<DataV> orderZoneMap = baseMapper.selectOrderZoneMap();
164.            JSONArray jsonArray = new JSONArray();
165.            for (DataV dataV : orderZoneMap) {
```

```
166.                JSONObject obj = new JSONObject();
167.                obj.put("name", dataV.getKey());
168.                obj.put("value", dataV.getValue());
169.                jsonArray.add(obj);
170.            }
171.            return jsonArray.toString();
172.        }
173.        @Override
174.        public String getPurchaseTimePeak() {
175.            String currentHour = hourFormat.format(new Date());
176.            List<DataV> orderPurchaseTimePeak = baseMapper.selectOrderPurchaseTime();
177.            Map<String, Object> valueMap = orderPurchaseTimePeak.stream().collect(Collectors.
            toMap(DataV::getKey, DataV::getValue));
178.            JSONObject jsonObj = new JSONObject();
179.            JSONArray timeArr = new JSONArray();
180.            JSONArray dataArr = new JSONArray();
181.            for (Map.Entry<String, Double> me : time2Data.entrySet()) {
182.                String hour = me.getKey();
183.                if (hour.compareTo(currentHour) > 0) {
184.                    break;
185.                }
186.                timeArr.add(hour);
187.                dataArr.add(valueMap.getOrDefault(hour, me.getValue()));
188.            }
189.            jsonObj.put("time", timeArr);
190.            jsonObj.put("data", dataArr);
191.            return jsonObj.toString();
192.        }
193.        private final Map<String, Double> time2Data = new LinkedHashMap<String, Double>() {
194.            {
195.                for (int i = 0; i < 25; i++) {
196.                    if (i < 10) {
197.                        put("0" + i, 0d);
198.                    } else {
199.                        put("" + i, 0d);
200.                    }
201.                }
202.            }
203.        };
204.        public FastDateFormat hourFormat = FastDateFormat.getInstance("HH");
205.        @Override
206.        public String getOrderAmountTop() {
207.            List<DataV> orderAmountTopList = baseMapper.selectOrderPriceTopN(5);
208.            if (CollectionUtils.isEmpty(orderAmountTopList)) {
209.                return "{}";
210.            }
211.            JSONArray jsonArray = new JSONArray();
212.            for (DataV dataV : orderAmountTopList) {
```

```
213.                JSONObject object = new JSONObject();
214.                object.put("name", dataV.getKey());
215.                object.put("value", dataV.getValue());
216.                jsonArray.add(object);
217.            }
218.            return jsonArray.toString();
219.        }
220.        @Override
221.        public String getOrderZoneTop() {
222.            List<DataV> orderZoneTopList = baseMapper.selectOrderZoneTopN(5);
223.            if (CollectionUtils.isEmpty(orderZoneTopList)) {
224.                return "{}";
225.            }
226.            JSONObject result = new JSONObject();
227.            JSONArray zoneList = new JSONArray();
228.            JSONArray countList = new JSONArray();
229.            for (DataV dataV : orderZoneTopList) {
230.                zoneList.add(dataV.getKey());
231.                countList.add(dataV.getValue());
232.            }
233.            result.put("zone", zoneList);
234.            result.put("count", countList);
235.            return result.toString();
236.        }
237.        @Override
238.        public String getOrderSkuCategoryTop() {
239.            List<DataV> orderSkuCategoryTopList = baseMapper.selectOrderSkuCategoryTopN(5, 1);
240.            JSONArray skuCategoryList = new JSONArray();
241.            skuCategoryList.addAll(orderSkuCategoryTopList);
242.            return skuCategoryList.toString();
243.        }
244. }
```

OrderMapper.xml是OrderMapper对应的Mybatis配置文件，主要作用是对OrderMapper中接口函数的映射与功能实现。具体代码如下：

```
1.  <insert id="insertData" keyProperty="id" useGeneratedKeys="true">
2.          insert into tbl_xcu_order(order_id, total_price, is_payment, create_time,
            created_by, modify_by, update_time, addr_id) values (#{order.orderId},
            #{order.totalPrice}, #{order.isPayment}, #{order.createTime}, #{order.
            createdBy}, #{order.modifyBy}, #{order.updateTime}, #{order.addrId})
3.  </insert>
```

11.6.2 订单查询

单击左侧“订单管理”菜单，即可获取订单列表，如图11-10所示。

前面是针对业务逻辑进行讲解的，本节开始主要展示核心数据库业务逻辑，讲解Mapper中数据库代码。

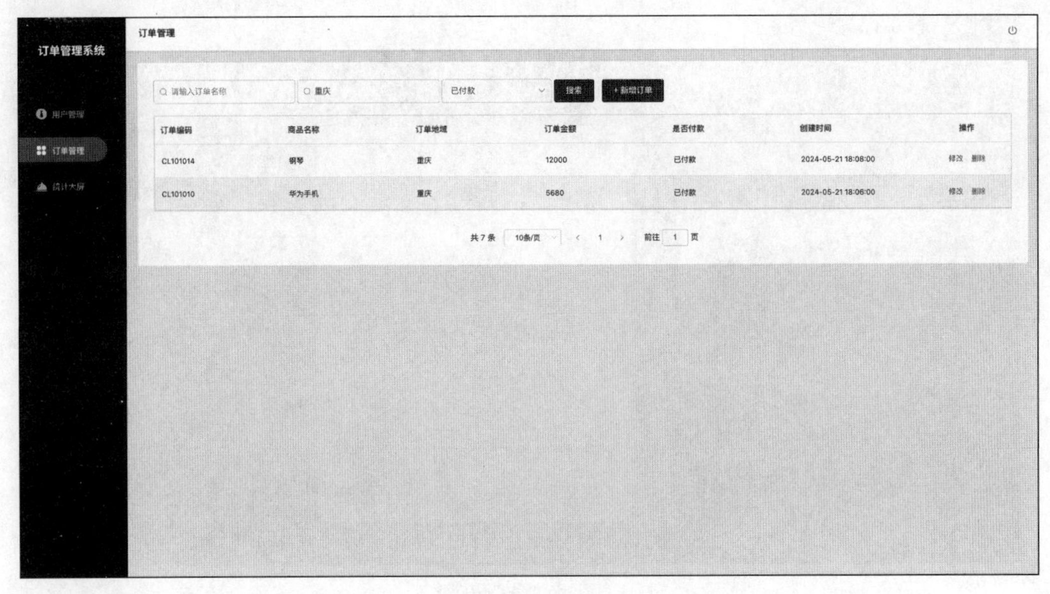

图 11-10 订单列表

下面展示查询订单 OrderMapper.xml 的核心代码。具体代码如下：

```
1.    <select id = "queryPage" resultMap = "BaseResultMap">
2.            SELECT
3.            <include refid = "orderFields"/>,
4.            <include refid = "addrFields"/>,
5.            <include refid = "goodsFields"/>,
6.            <include refid = "skuFields"/>,
7.            <include refid = "skuCategoryFields"/>
8.            FROM tbl_xcu_order o
9.            left join tbl_xcu_addr a on o.addr_id = a.id
10.           LEFT JOIN tbl_xcu_goods g ON o.id = g.oid
11.           LEFT JOIN tbl_xcu_sku s ON g.sku_id = s.id
12.           LEFT JOIN tbl_xcu_sku_category c ON s.category_id = c.id
13.           <where>
14.               and o.is_deleted = 0
15.               <if test = "productName != null and productName != ''"> and s.sku_name
                  like concat('%',#{productName},'%')</if>
16.               <if test = "province != null and province != ''"> and a.province =
                  #{province}</if>
17.               <if test = "isPayment != null"> and o.is_payment = #{isPayment}</if>
18.         </where>
19.         order by o.create_time desc
20.         limit #{current}, #{size}
21.     </select>
```

11.6.3 订单修改

单击订单后的“修改”按钮，可以修改这个订单，如图 11-11 所示。

下面展示更新订单 OrderServiceImpl.java 的核心代码。具体代码如下：

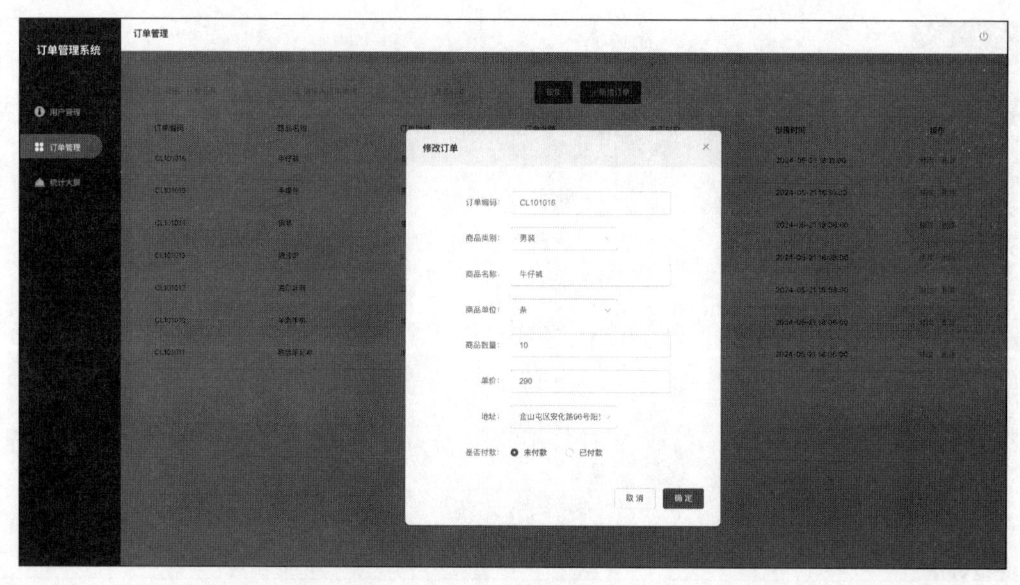

图 11-11 修改订单

```
1.          @Override
2.          @Transactional(rollbackFor = Exception.class)
3.          public void updateDataById(OrderFormDto order) {
4.              Order order1 = new Order();
5.              order1.setId(order.getId());
6.              order1.setAddrId(order.getAddress());
7.              order1.setIsPayment(order.getIsPayment());
8.              order1.setTotalPrice(new BigDecimal(order.getPrice() * order.getProductCount()));
9.              order1.setOrderId(order.getOrderId());
10.             saveOrUpdate(order1);
11.             Goods goods = goodsMapper.selectOne(Wrappers.<Goods>lambdaQuery().eq
                (Goods::getOid, order.getId()));
12.             goods.setSkuCount(order.getProductCount());
13.             goods.setSubtotalPrice(new BigDecimal(order.getPrice() * order.getProductCount()));
14.             goodsMapper.updateById(goods);
15.             Sku sku = new Sku();
16.             sku.setSkuId(goods.getSkuId());
17.             sku.setPrice(new BigDecimal(order.getPrice()));
18.             sku.setSkuUnit(order.getProductUnit());
19.             sku.setSkuName(order.getProductName());
20.             sku.setSkuDesc(String.valueOf(order.getProductCount()));
21.             sku.setCategoryId(order.getSkuCategory());
22.             skuService.update(sku, Wrappers.<Sku>lambdaUpdate().eq(Sku::getSkuId,
                goods.getSkuId()));
23.         }
```

11.6.4 订单删除

单击订单后的“删除”按钮，可以删除这个订单，如图 11-12 所示。

下面展示删除订单 OrderController.java 的核心代码。具体代码如下：

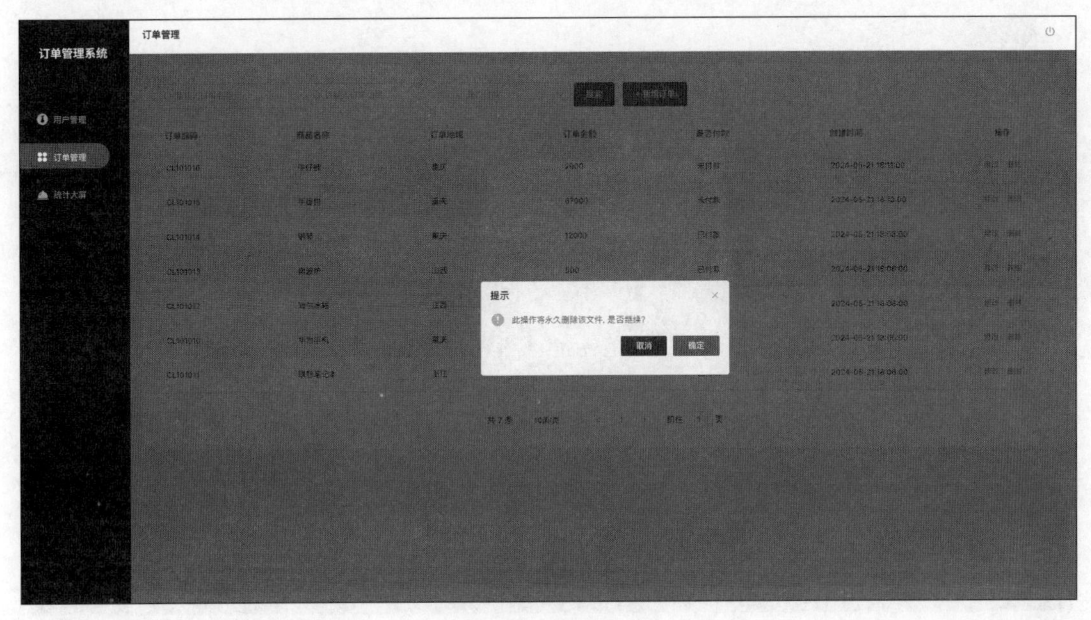

图 11-12 删除订单

```
1.        @DeleteMapping
2.        @Transactional(rollbackFor = Exception.class)
3.        public R deleteOrder(@RequestParam Long ids) {
4.            orderService.removeById(ids);
5.            Goods one = goodsService.getOne(Wrappers.<Goods>query().lambda().eq(Goods::
          getOid, ids));
6.            skuService.remove(Wrappers.<Sku>query().lambda().eq(Sku::getSkuId, one.
          getSkuId()));
7.            goodsService.removeById(one);
8.            return R.success("删除订单成功~");
9.        }
```

11.7 订单大屏开发

11.7.1 订单大屏展示

订单大屏主要用于展示统计分析订单情况,便于了解各区域、各类别订单的数量以及销售金额等。订单大屏主要分为 9 个模块,分别是实时统计、未支付商品类别 TOP5、商品数量 TOP5、订单总金额(元)、订单交易时间趋势、订单金额 TOP5、地域订单总数 TOP5、交易商品类别 TOP5,如图 11-13 所示。

11.7.2 订单大屏开发代码

下面的开发代码,省略了前端和后端业务代码,主要体现了各个模块涉及的数据库代码,完整代码参见附件。

- 前端代码入口(resources/static/page/bigscreen/list.html,图 11-14)
- 后端代码入口(cn.edu.order.controller.OrderController.java,图 11-15)

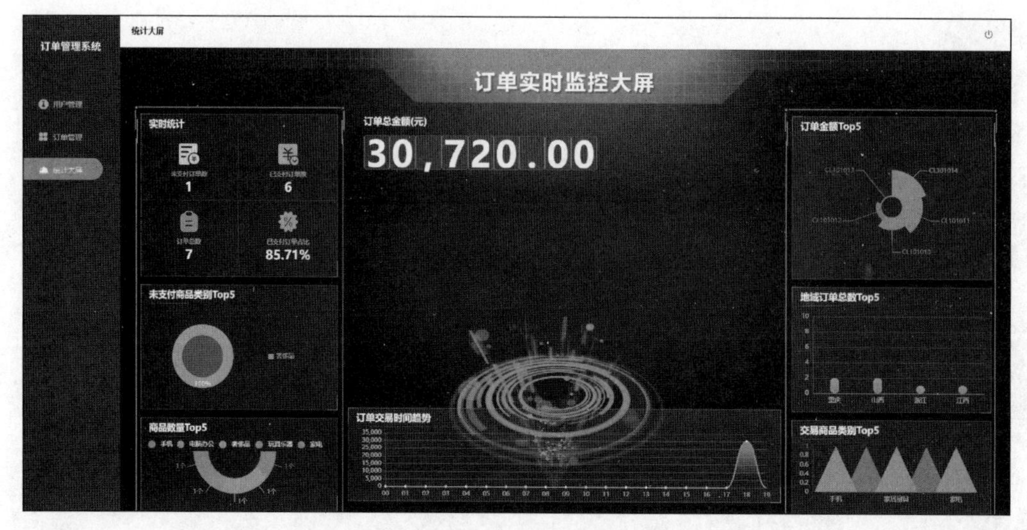

图 11-13　订单大屏

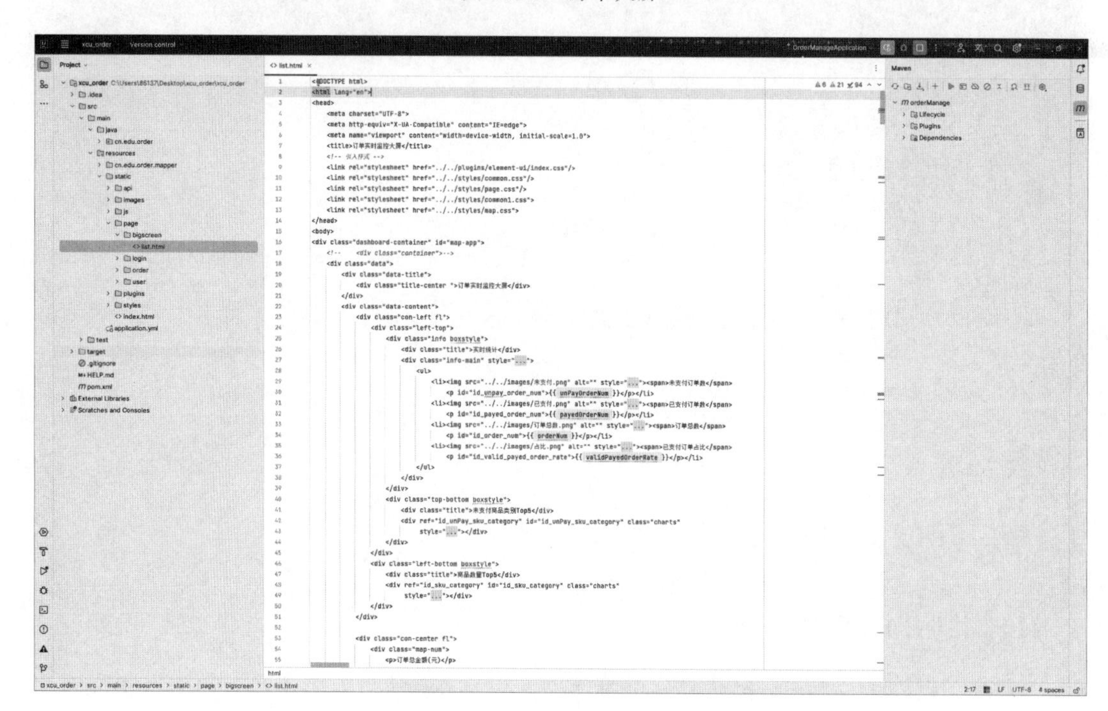

图 11-14　前端代码入口

- OrderMapper.xml

➢ 实时统计

```
1.      <select id = "rtOrderStatInfo" resultType = "cn.edu.order.entity.OrderStatInfo">
2.              select
3.                  case when tmp.payed is null then 0 else tmp.payed end payed,
4.                  case when tmp.unpayed is null then 0 else tmp.unpayed end unPayed
5.              from (
6.                      select
7.                          sum(case when o.is_payment  =  1 then 1 else 0 end) payed,
```

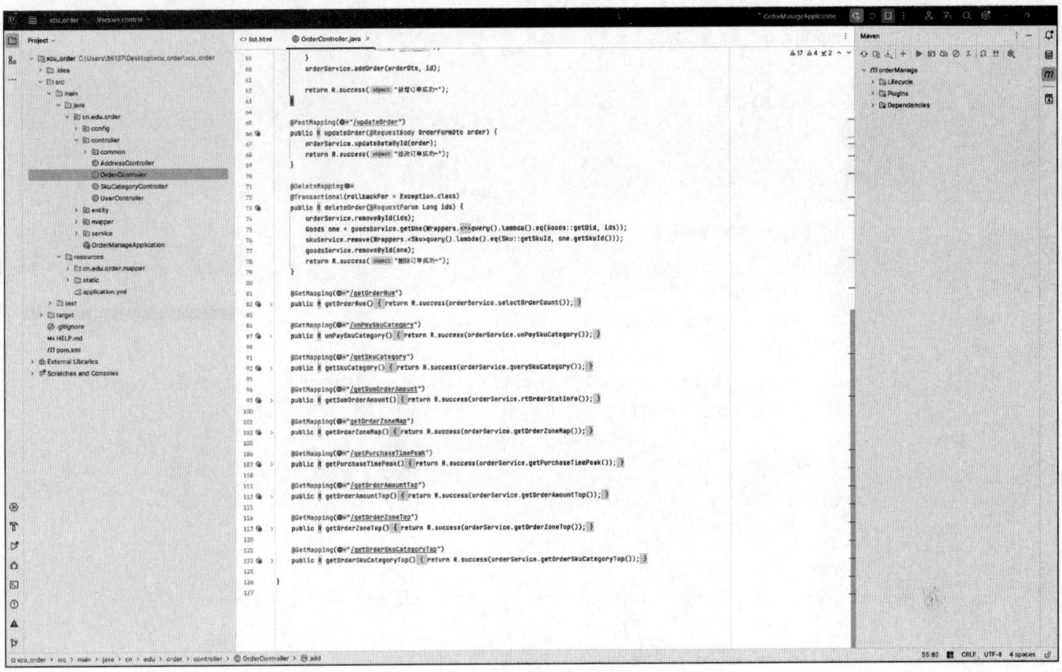

图 11-15　后端代码入口

```
8.                  sum(case when o.is_payment = 0 then 1 else 0 end) unpayed
9.              from tbl_xcu_order o
10.             where
11.                 o.is_deleted = 0
12.         ) tmp
13.     </select>
```

➢ 未支付商品类别 TOP5

```
1.  <select id="selectOrderSkuCategoryTopN" resultType="cn.edu.order.entity.dto.DataV">
2.          SELECT
3.              c.category as key,
4.              count(1) as value
5.          FROM tbl_xcu_order o
6.              LEFT JOIN tbl_xcu_goods g ON o.id = g.oid
7.              LEFT JOIN tbl_xcu_sku s ON g.sku_id = s.id
8.              LEFT JOIN tbl_xcu_sku_category c ON s.category_id = c.id
9.          where o.is_payment = #{payed}
10.           and o.is_deleted = 0
11.         group by c.category
12.         order by value desc
13.             LIMIT #{topN}
14.     </select>
```

➢ 商品数量 TOP5

```
1.  <select id="selectSkuCategoryTopN" resultType="cn.edu.order.entity.dto.DataV">
2.          SELECT
3.              c.category as key,
4.              COUNT(1) as value
5.          FROM tbl_xcu_sku s
```

```
6.                LEFT JOIN tbl_xcu_sku_category c ON s.category_id = c.id
7.            GROUP BY c.category
8.            ORDER BY value DESC
9.                LIMIT 5
10.       </select>
```

➢ 订单总金额

```
1.    <select id="rtOrderAmount" resultType="java.math.BigDecimal">
2.              select
3.              sum(o.total_price)
4.              from tbl_xcu_order o
5.              <where>
6.                  <if test="payed != null"> and o.is_payment = #{payed}</if>
7.                  and o.is_deleted = 0
8.
9.              </where>
10.       </select>
```

➢ 订单区域分布

```
1.    <select id="selectOrderZoneMap" resultType="cn.edu.order.entity.dto.DataV">
2.              SELECT
3.                  a.province as key,
4.                  COUNT(1) as value
5.              FROM tbl_xcu_order o
6.              LEFT JOIN tbl_xcu_addr a ON o.addr_id = a.id
7.          WHERE o.is_payment = 1
8.            and o.is_deleted = 0
9.          GROUP BY a.province
10.       </select>
```

➢ 订单交易时间趋势

```
1.    <select id="selectOrderPurchaseTime" resultType="cn.edu.order.entity.dto.DataV">
2.              select tmp.hour as key,
3.                  sum(tmp.total_price) as value
4.              from (
5.                  SELECT
6.                  date_part('hour', o.create_time) as hour, o.total_price
7.                  FROM tbl_xcu_order o
8.                  WHERE o.is_payment = 1
9.                  and o.is_deleted = 0
10.                 ) tmp
11.            GROUP BY tmp.hour
12.      </select>
```

➢ 订单金额 TOP5

```
1.    <select id="selectOrderPriceTopN" resultType="cn.edu.order.entity.dto.DataV">
2.              SELECT
3.                  o.order_id as key,
4.                  o.total_price as value
5.              FROM tbl_xcu_order o
6.              where o.is_payment = 1
7.                and o.is_deleted = 0
8.              order by o.total_price desc
```

```
9.                  LIMIT #{topN}
10.         </select>
```

➤ 地域订单总数 TOP5

```
1.     <select id="selectOrderZoneTopN" resultType="cn.edu.order.entity.dto.DataV">
2.              SELECT
3.                  a.province as key,
4.                  count(1) as value
5.              FROM tbl_xcu_order o
6.                  left join tbl_xcu_addr a on o.addr_id = a.id
7.              where o.is_payment = 1
8.                and o.is_deleted = 0
9.              group by a.province
10.             order by value desc
11.                 LIMIT #{topN}
12.        </select>
```

小结

本章首先介绍项目开发背景，然后针对系统设计、数据库设计进行说明，并且讲解了如何搭建开发环境以及导入项目原型，最后开始进行订单管理功能的开发以及数据大屏的展示。

习题

1. 请简要说明订单管理系统的数据库概要设计。
2. 请简要说明订单表的数据结构。

SQL语法参考手册

SQL(Structured Query Language)是一种用于管理和处理关系数据库的编程语言。SQL用于查询、插入、更新、删除数据库中的数据,还可以创建新的数据库、表、索引等。

1. 数据查询

SELECT语句用于从数据库中选择数据。

```
1.    SELECT column1, column2, …
2.    FROM table_name
3.    WHERE condition;
4.    ORDER BY column1 [ASC|DESC], column2 [ASC|DESC], …;
5.    SELECT column1, column2, …
6.    FROM table_name
7.    ORDER BY
```

2. 数据操作

INSERT INTO语句用于插入数据到数据库表中。

```
1.    INSERT INTO table_name (column1, column2, column3, …)
2.    VALUES (value1, value2, value3, …);
```

UPDATE语句用于更新数据库中的数据。

```
1.    UPDATE table_name
2.    SET column1 = value1, column2 = value2, …
3.    WHERE condition;
```

DELETE语句用于删除数据库中的数据。

```
1.    DELETE FROM table_name WHERE condition;
```

3. 数据定义

CREATE TABLE语句用于创建新的数据库表。

```
1.    CREATE TABLE table_name (
2.    column1 datatype,
3.    column2 datatype,
4.    column3 datatype,
```

```
5.    …
6.    );
```

ALTER TABLE 语句用于修改已存在的数据库表。

```
1.    ALTER TABLE table_name
2.    ADD column_name datatype;
```

DROP TABLE 语句用于删除数据库表。

```
1.    DROP TABLE table_name;
```

4. 数据控制

GRANT 语句用于赋予用户权限。

```
1.    GRANT SELECT, INSERT ON table_name TO username;
```

REVOKE 语句用于移除用户权限。

```
1.    REVOKE SELECT, INSERT ON table_name FROM username;
```

5. 聚合函数

COUNT()用于计算行数。

SUM()用于计算总和。

AVG()用于计算平均值。

MAX()用于获取最大值。

MIN()用于获取最小值。

```
1.    SELECT COUNT(column_name) FROM table_name;
2.    SELECT SUM(column_name) FROM table_name WHERE condition;
```

6. 连接操作

JOIN 语句用于基于两个或多个表之间的列的关系,从这些表中选取数据。

```
1.    SELECT columns
2.    FROM table1
3.    INNER JOIN table2
4.    ON table1.column_name = table2.column_name;
```

7. 子查询

子查询是一个嵌套在另一个查询中的查询。

```
1.    SELECT column1, column2, …
2.    FROM table_name
3.    WHERE column_name IN (SELECT column_name FROM another_table);
```

8. 事务处理

BEGIN 或 START TRANSACTION 开始一个事务。

```
1.    BEGIN;
```

或

```
1.    START TRANSACTION;
```

COMMIT 用于提交事务。

```
1.    COMMIT;
```

ROLLBACK 用于回滚事务。

```
1.    ROLLBACK;
```

9. 优化提示

(1) 尽量避免在 WHERE 子句中使用!=或<>操作符,因为这会导致全表扫描。

(2) 使用 INDEX 索引来提高查询性能。

(3) 对于大量的数据插入、更新和删除,可以考虑使用事务来提高性能。

(4) 使用 EXPLAIN 关键字分析查询执行计划,以便更好地优化 SQL 查询。

注意:这是一个基础的 SQL 手册,并不涵盖所有高级功能或特定的数据库管理系统的语法差异。具体的实现和细节可能因不同的数据库管理系统而异。

附录B

openGauss常用命令速查表

华为 openGauss 作为一款高性能、安全可控的企业级数据库产品，其强大的功能离不开一套完善且高效的命令行工具。下面将介绍 openGauss 数据库的常用命令，如表 B-1 所示。

表 B-1 openGauss 常用命令

分　类	命　令	描　述
数据库连接与退出	gsql -d[database_name] -U[user_name] -W[password]	连接到指定数据库
	\q	退出当前数据库连接
数据库管理	CREATE DATABASE dbname;	创建新数据库
	DROP DATABASE dbname;	删除数据库
用户与权限管理	CREATE USER username WITH PASSWORD 'password';	创建新用户
	GRANT ALL PRIVILEGES ON database TO username;	给用户授权
	REVOKE ALL PRIVILEGES ON database FROM username;	撤销用户权限
	ALTER USER username RENAME TO new_username;	更改用户名称
表操作	CREATE TABLE tablename(column1 datatype1,…);	创建新表
	DROP TABLE tablename;	删除表
	\dt	显示所有表
	ALTER TABLE tablename ADD COLUMN new_column datatype;	表中添加新列
	ALTER TABLE tablename DROP COLUMN column_name;	删除表中的列
数据操作	INSERT INTO tablename (column1, …) VALUES (value1,…);	插入数据到表
	UPDATE tablename SET column1 = value1 WHERE condition;	更新表中的数据
	DELETE FROM tablename WHERE condition;	删除表中的数据
查询操作	SELECT * FROM tablename;	查询表中的所有数据
	SELECT * FROM tablename WHERE condition;	根据条件查询表中的数据

续表

分　类	命　令	描　述
事务控制	BEGIN；	开始一个新的事务
	COMMIT；	提交当前事务
	ROLLBACK；	回滚当前事务
索引管理	CREATE INDEX idx_name ON tablename(column_name)；	在表的列上创建索引
	DROP INDEX idx_name；	删除索引
系统管理和维护	\l	查看当前连接的所有数据库
	\i filepath	执行指定路径下的 SQL 脚本文件
	VACUUM tablename；	清理表以回收空间并优化性能
安全性	CREATE ROLE rolename；	创建角色
	DROP ROLE rolename；	删除角色

习题参考答案

第 1 章　数据库基础

1. 请简要说明什么是数据库。

数据库是一种用于存储、组织和管理数据的系统。它提供了一种结构化的方式来存储信息，并提供了各种功能来检索、更新和管理数据。数据库通常由一个或多个表组成，每个表由一系列行和列组成，每行代表一个记录，每列代表一个数据字段。数据库通过 SQL 或其他查询语言来支持对数据的查询和操作。

数据库可以分为不同类型，包括关系型数据库（如 MySQL、PostgreSQL、Oracle）、非关系数据库（如 MongoDB、Redis）、面向对象数据库、图形数据库等。每种类型的数据库都有其自己的优势和适用场景。

2. 请简要说明数据库系统的组成与特点。

数据库系统的核心组成部分如下。

- 数据库管理软件（DBMS）：数据库管理系统是核心组件，负责管理和维护数据库。它提供了对数据的定义、存储、检索、更新和维护的功能。
- 数据库：数据库是有组织的数据集合，由一个或多个数据表组成。每个表包含特定类型的数据，按照数据模型的规则进行组织。
- 应用程序：数据库应用程序是利用数据库系统进行数据处理的软件。这些应用程序通过数据库的 API 与数据库进行交互，实现数据的增删改查等功能。
- 数据模型：数据模型定义了数据的结构和关系，包括实体、属性和约束。常见的数据模型有关系型模型、文档型模型等。
- 存储引擎：存储引擎负责将数据存储在物理存储介质上，并提供高效的数据访问接口。不同的数据库系统可以使用不同的存储引擎。
- 数据库管理员（DBA）：数据库管理员是负责数据库系统管理的专业人员，包括性能优化、安全管理、备份和恢复等任务。
- 用户：数据库系统的最终用户，可以是普通用户、开发人员或其他系统管理员。他们通过应用程序或直接使用数据库查询语言与数据库进行交互。

数据库系统的特点如下。

- 数据共享和集中管理：数据库系统允许多个用户或应用程序同时访问和共享数据，并通过集中管理来确保数据的一致性、完整性和安全性。
- 数据独立性：数据库系统实现了数据与应用程序的分离，使得应用程序可以独立于底层数据存储结构。这种数据独立性使得数据库系统更易于维护和扩展。
- 数据持久性：数据库系统能够持久地存储数据，即使在系统故障或断电情况下也能保持数据的完整性，并在恢复后继续提供服务。
- 数据的组织结构：数据库系统采用逻辑和物理两个层次的组织结构。逻辑结构描述了数据的组织方式和关系，而物理结构则描述了数据在存储介质上的具体存储方式。
- 数据抽象：数据库系统提供了数据抽象的能力，使得用户和应用程序可以通过高级的查询语言(如SQL)来操作数据，而无须了解底层的存储细节。
- 数据安全性：数据库系统提供了访问控制、权限管理和数据加密等功能，以确保数据的安全性和保密性。
- 数据一致性和完整性：数据库系统通过实施事务管理和约束条件来维护数据的一致性和完整性，防止数据丢失、损坏或不一致。
- 高效的数据访问：数据库系统通过索引、查询优化和缓存等技术，提高了数据的访问速度和效率，使得用户可以快速地检索和更新数据。

第2章 openGauss入门

1. 请简要说明openGauss的特点与优势。

openGauss数据库具有高性能、高可用、高安全、易运维、全开放的特点。

1）高性能

- 提供了面向多核架构的并发控制技术，结合鲲鹏硬件优化方案，在两路鲲鹏下，TPCC Benchmark可以达到150万tpmC的性能。
- 针对当前硬件多核NUMA的架构趋势，在内核关键结构上采用了NUMA-Aware的数据结构。
- 提供SQL-bypass智能快速引擎技术。
- 针对数据频繁更新的场景，提供Ustore存储引擎。

2）高可用

- 支持主备同步、异步以及级联备机多种部署模式。
- 数据页CRC校验，损坏数据页通过备机自动修复。
- 备机并行恢复，10s内可升为主机提供服务。
- 提供基于Paxos分布式一致性协议的日志复制及选主框架。

3）高安全

支持全密态计算，访问控制、加密认证、数据库审计、动态数据脱敏等安全特性，提供全方位端到端的数据安全保护。

4）易运维

- 基于AI的智能参数调优和索引推荐，提供AI自动参数推荐。

- 慢 SQL 诊断，多维性能自监控视图，实时掌控系统的性能表现。
- 提供在线自学习的 SQL 时间预测。

5）全开放

- 采用木兰宽松许可证协议，允许对代码自由修改、使用、引用。
- 数据库内核能力全开放。
- 提供丰富的伙伴认证、培训体系和高校课程。

2. 请简要说明 openGauss 的客户端连接工具有哪些。

在连接 openGauss 数据库时，有几种常用的客户端连接工具可供选择。

1）gsql

gsql 是 openGauss 提供的官方命令行工具，类似于 PostgreSQL 中的 psql。通过 gsql 用户可以在命令行窗口下连接到数据库，并执行 SQL 查询和管理操作。它提供了交互式的查询环境，方便用户进行数据库操作。在命令行中输入"gsql -d postgres -p 26000"即可连接到数据库。

2）pgAdmin

pgAdmin 是一个功能强大的开源数据库管理工具，提供了图形化的界面，用于连接和管理 PostgreSQL 及兼容的数据库系统，包括 openGauss。通过 pgAdmin 用户可以轻松地连接到数据库，并进行数据库对象的创建、编辑、删除，执行 SQL 查询，查看数据等操作。

3）DBeaver

DBeaver 是一个通用的数据库管理工具，支持连接多种类型的数据库，包括 openGauss、PostgreSQL、MySQL、Oracle 等。它提供了直观的图形界面，支持 SQL 编辑器、数据浏览器、查询构建器等功能，使用户能够方便地连接到数据库并进行操作。

4）SQL Workbench/J

SQL Workbench/J 是一个开源的跨平台数据库客户端，支持连接多种数据库系统，包括 openGauss、MySQL、PostgreSQL、Oracle 等。它提供了强大的 SQL 编辑器、查询工具、数据导入导出功能等，适用于开发人员和数据库管理员。

5）Navicat

Navicat 是一个流行的数据库管理工具，提供了图形化的界面和丰富的功能，包括数据建模、数据同步、数据备份等。Navicat 支持连接多种数据库，包括 openGauss、MySQL、PostgreSQL、Oracle 等，用户可以通过 Navicat 进行数据库的连接和管理。

第 3 章 数据库操作

1. 请简要说明如何创建数据库以及创建数据表。

首先连接上数据库，然后在 Navicat 中，右击选择"命令列界面"打开该界面，通过 CREATE DATABASE 语法创建数据库，其语法格式如下。

```
1.    CREATE DATABASE 数据库名;
```

在指定的数据库中，通过 CREATE TABLE 语法创建数据表，其语法格式如下。

```
1.    CREATE TABLE schema_name.table_name (
2.        column1 datatype,
3.        column2 datatype,
```

```
4.        …
5.    );
```

2. 请简要说明在数据库中如何进行条件查询。

条件查询用于从数据库中检索满足特定条件的记录。这种查询通过在 SELECT 语句中使用 WHERE 子句实现,通过筛选条件来限制查询结果集中的行。条件查询在数据库操作中非常重要,因为它们使得数据检索变得更加灵活和强大。以下是条件查询的基本语法和一些示例。

```
1.    SELECT column1, column2, …
2.    FROM table_name
3.    WHERE condition;
```

在上述语法中,SELECT 指定了要从表中检索的列。FROM 子句指定了查询将要访问的表名。WHERE 子句用于指定筛选条件,只有满足这些条件的行才会被包含在结果集中。

第 4 章　openGauss 体系结构与对象管理

1. 请简要说明 openGauss 的体系结构。

openGauss 的体系结构主要分为两部分,第一部分是 Instance,主要包括一些内存结构和重要的线程;第二部分是 Database,主要包括各种物理文件,包括这里的配置文件、日志文件、数据文件等,如图 C-1 所示。

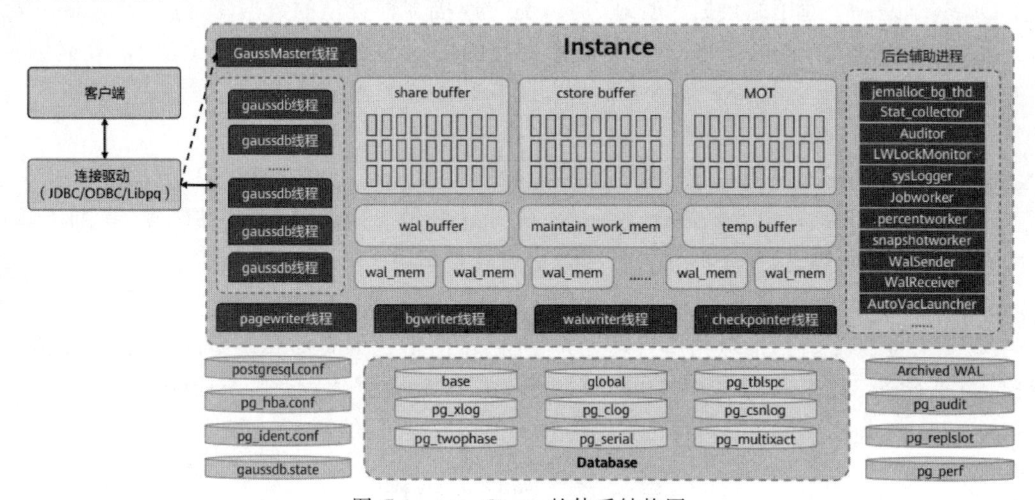

图 C-1　openGauss 的体系结构图

2. 请简要说明 openGauss 的存储引擎包括哪些。

1) 行存表

行存储表是最传统的数据库存储方式,它将一行数据存储在相邻的存储空间内。这种存储方式使得行存表在处理事务性工作负载时表现出色,因为它能够快速地执行增加、更新和删除操作。本书使用的就是行存表。

优势:

- 高效的数据修改操作,适合频繁的 CRUD 操作。
- 适用于需要频繁访问完整记录的应用场景。

2）列存表

列存储表采用列式存储方式，即将同一列的数据存储在一起。这种方式在分析处理等读密集型应用中非常有效，特别是当查询只需要访问表中的几列而不是全部列时。

优势：

- 高效的数据压缩率，节约存储空间。
- 加速聚合查询（如SUM、AVG、COUNT），因为可以直接在列数据上操作而无须加载整行数据。
- 提高了扫描特定列数据的速度，尤其适用于大规模数据分析。

3）内存优化表

内存优化表（Memory-Optimized Table，MOT）是存储在内存中的数据表，为了提供更高的事务处理速度和更低的延迟而设计。与传统的基于磁盘的表相比，内存表可以显著提高数据访问速度，因为它们避免了磁盘I/O操作的开销。

优势：

- 极高的数据访问速度和事务吞吐量。
- 降低查询延迟，适合对实时性要求极高的应用场景。
- 支持全面的事务语义，兼容SQL标准。

第5章 事务管理与并发控制

1. 请简要说明事务操作包括哪些。

1）开始事务

在openGauss中，可以使用BEGIN或START TRANSACTION命令来开始一个新的事务。这标志着事务的开始，之后的所有数据库操作都将作为这个事务的一部分。

```
1.    BEGIN;
```

或

```
1.    START TRANSACTION;
```

2）提交事务

当事务中的所有操作都成功完成，且想要将这些更改永久保存到数据库中时，可以使用COMMIT命令来提交事务。提交事务会将自事务开始以来进行的所有数据修改永久化到数据库中。

```
1.    COMMIT;
```

3）回滚事务

如果在事务执行过程中遇到错误，或者出于某种原因决定放弃事务中所做的所有修改，可以使用ROLLBACK命令来回滚事务。回滚将撤销自事务开始以来所做的所有修改，将数据库恢复到事务开始时的状态。

```
1.    ROLLBACK;
```

4）设置保存点

在事务执行的过程中，可以设置一个或多个保存点（SAVEPOINT）。保存点允许在事务内部标记一个特定的点，之后如果需要，可以仅将事务回滚到这个点，而不是完全回滚事务。使用 ROLLBACK TO SAVEPOINT 命令来回滚到特定的保存点。

```
1.      ROLLBACK TO SAVEPOINT;
```

5）事务隔离级别的设置

在 openGauss 中，可以通过 SET TRANSACTION 命令来设置事务的隔离级别，具体语句如下。

```
1.      SET TRANSACTION ISOLATION LEVEL READ COMMITTED;
```

上述语句设置了当前事务的隔离级别为“读已提交”，这是 4 种标准 SQL 隔离级别之一。使用事务是保持数据库一致性和完整性的关键机制，尤其是在并发访问的环境中。在 openGauss 中有效地使用事务，可以帮助开发者确保应用的数据处理逻辑既准确又高效。

2. 请简要说明并发问题有哪些。

在数据库系统中，当多个事务同时执行时，如果没有适当的并发控制机制，就可能出现各种并发问题。这些问题不仅会影响数据的一致性和完整性，还可能导致数据的不一致性，破坏数据库的可靠性。主要的并发问题如下。

1）脏读

脏读(Dirty Read)发生在一个事务读取了另一个事务未提交的数据时。如果那个事务回滚，它所做的更改就会消失，这意味着第一个事务读到了根本不存在的数据。

2）不可重复读

不可重复读(Non-repeatable Read)发生在一个事务中两次读取同一数据集合时，另一个并发事务更新了这些数据并提交，导致第一个事务两次读取的结果不一致，这主要是由于更新操作造成的。

3）幻读

幻读(Phantom Read)与不可重复读类似，但它涉及插入或删除操作。幻读发生在一个事务重新读取之前查询过的范围时，发现另一个事务插入或删除了符合查询条件的行。这样，第一个事务就会看到之前不存在的“幻影”数据。

4）丢失修改

丢失修改(Lost Update)发生在两个事务都尝试更新同一数据时。一个事务的更新可能会被另一个事务的更新所覆盖，结果是第一个事务的更新就丢失了。

第 6 章　数据库设计

1. 请简要说明数据库范式包括哪些。

范式理论是数据库设计中用于评估和改进数据库表结构的一套标准，目的在于减少数据冗余、避免更新异常，并保持数据的一致性。通过将数据库设计到适当的范式，可以提高数据库的逻辑清晰度和操作效率。以下是数据库范式理论中的几个关键范式。

1）第一范式(1NF)

第一范式是为了确保每个表中的每个字段都是原子的，不能再分解。换句话说，表中的每一列都应该存储不可分割的数据项。其主要目的是消除重复的列，确保每一列的原子性。

2）第二范式(2NF)

第二范式的前提是表已经处于第一范式的基础上。确保表中的所有非键字段完全依赖于主键。如果存在部分依赖(即非键字段只依赖于复合主键的一部分),则应该分离出不同的表。它的目的是解决部分依赖问题,进一步减少数据冗余。

3）第三范式(3NF)

第三范式的前提是前提表已经处于第二范式。确保表中的所有非键字段只依赖于主键,不存在传递依赖(即非键字段依赖于其他非键字段)。它的目的是消除传递依赖,确保数据的逻辑独立性。

4）巴斯-科德范式(BCNF)

巴斯-科德范式的前提是表已经处于第三范式。在第三范式的基础上更严格,即使在主键是复合的情况下,也要确保表中的每个非键字段都直接依赖于主键,而不是依赖于任何候选键的一部分。它的目的是解决3NF中复合主键带来的问题,确保对任何候选键都没有部分依赖或传递依赖。

5）更高范式

包括第四范式(4NF)、第五范式(5NF)等,主要关注多值依赖和更复杂的关系模式。这些高级范式在实际数据库设计中使用较少,通常用于解决特定类型的数据冗余问题。

2. 请简要说明数据库的设计流程。

数据库设计流程通常包括以下几个关键阶段。

1）需求分析

在设计数据库之前,首先要进行需求分析。这一阶段的目标是收集和分析用户的数据需求,了解系统应支持的业务流程、数据流以及信息的存储和访问需求。需求分析的结果通常以需求规格说明书的形式呈现。

2）概念设计

概念设计阶段是将需求分析阶段得到的信息需求转换为数据模型的过程。最常用的方法是建立实体-关系模型(E-R模型)。在这一阶段,设计者识别系统中的实体、实体属性和实体间的关系,并用图形化方式表示出来,从而得到数据库的结构设计。

3）逻辑设计

在概念设计的基础上,逻辑设计阶段将E-R模型转换为具体的数据库模型,如关系模型。这一阶段的关键任务包括确定表结构、字段(属性)、键(主键和外键)等。逻辑设计的结果是一组详细的模式定义,描述了数据库的逻辑结构,但尚未涉及具体的数据库管理系统。

4）物理设计

物理设计阶段是根据逻辑设计的结果,并考虑到数据库系统的特性,设计数据库的物理存储结构。这包括确定文件的存储方式、索引的建立、数据分区策略等,以优化数据库的性能和存储效率。

5）数据库实现

在完成设计后,接下来是数据库的实现阶段。这通常涉及使用SQL或特定数据库管理系统提供的工具来创建数据库、表、索引、视图等数据库对象,以及输入初始数据。

6）数据库维护

数据库设计并不是一次性完成的任务,随着业务需求的变化,数据库设计可能需要进行调整。维护阶段包括监控数据库性能、调整和优化设计、更新和管理数据等活动。

第 7 章　安全与权限管理

1. 请简要说明数据库的安全性包括哪些。

数据库安全性包括以下几方面。

- 物理安全：保护数据库服务器和备份免受物理损害和盗窃。
- 网络安全：使用防火墙和网络隔离措施，防止未经授权的网络访问。
- 访问控制：确保只有授权用户才能访问数据库，基于角色的访问控制。
- 数据加密：对存储和传输中的数据进行加密，防止数据在被窃取时被读取。
- 审计和监控：跟踪对数据库的访问和操作，以便在出现安全问题时进行调查和应对。
- 数据备份和恢复：定期备份数据，并确保可以从数据丢失事件中快速恢复。

2. 请简要说明 openGauss 的常见安全策略有哪些。

1）账户安全策略

openGauss 数据库环境中，账户安全策略涉及确保所有数据库账户都安全地管理和配置。

2）密码安全策略

密码安全策略主要包括一系列设计用来提高密码安全性的规则和方法。这些策略的目的是防止未授权访问和保护系统免受攻击。

3）数据安全策略

数据安全策略中的动态脱敏指的是在数据被访问或使用时实时地对敏感信息进行隐藏或替换的过程，以保护个人隐私或商业机密不被未授权的访问者看到。与静态数据脱敏不同，动态脱敏不会更改数据库中的实际数据，而是在数据呈现给用户时临时修改数据的展示。这种方法特别适用于需要在保证数据使用灵活性的同时，确保数据安全的场景。

第 8 章　SQL 进阶

1. 请简要说明 SQL 的执行顺序。

SQL 语句的编写顺序与实际的执行顺序不同。如表 C-1 所示是 SQL 语句的常见编写顺序和对应的执行顺序。

表 C-1　SQL 语句编写顺序和执行顺序

SQL 语句的编写顺序	SQL 的实际执行顺序
SELECT	FROM/JOIN：首先确定查询的数据来源，包括连接表（如果有）。
FROM/JOIN	WHERE：根据 WHERE 子句过滤行。
WHERE	GROUP BY：接着对剩余的行进行分组。
GROUP BY	HAVING：然后过滤分组，仅保留满足 HAVING 条件的组。
HAVING	SELECT：选择指定的列，执行列中的计算或转换。
ORDER BY	DISTINCT：如果有，去除重复的行。
LIMIT	ORDER BY：对结果进行排序。值得注意的是，排序操作是在最后执行的，这意味着排序不会影响任何 WHERE、GROUP BY 或 HAVING 等子句的操作。
	LIMIT/OFFSET：最后，限制（或限定）返回的行数，或者跳过一定数量的行

2. 请简要说明 openGauss 的查询优化方式有哪几种。

常见多查询优化方式有三种，查询重写、路径搜索、索引优化。

第 9 章 运维管理

1. 请简要说明如何进行数据库迁移。

准备好要迁移的数据库连接，这里以 openGauss 向 MySQL 迁移为例。

打开数据传输向导，在 Navicat 中，选择“工具”菜单中的“数据传输”选项，如图 C-2 所示。

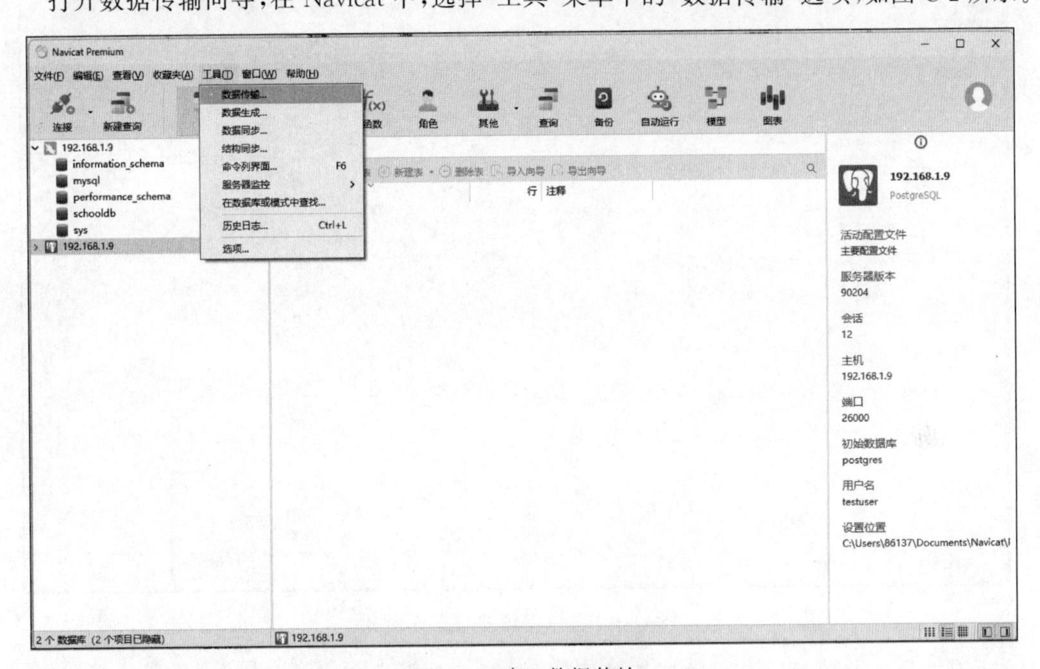

图 C-2 建立数据传输

在“数据传输”窗口左侧选择作为源的 openGauss 数据库连接，右侧选择目标的 MySQL 数据库连接。然后选择要迁移的数据库，如图 C-3 所示。

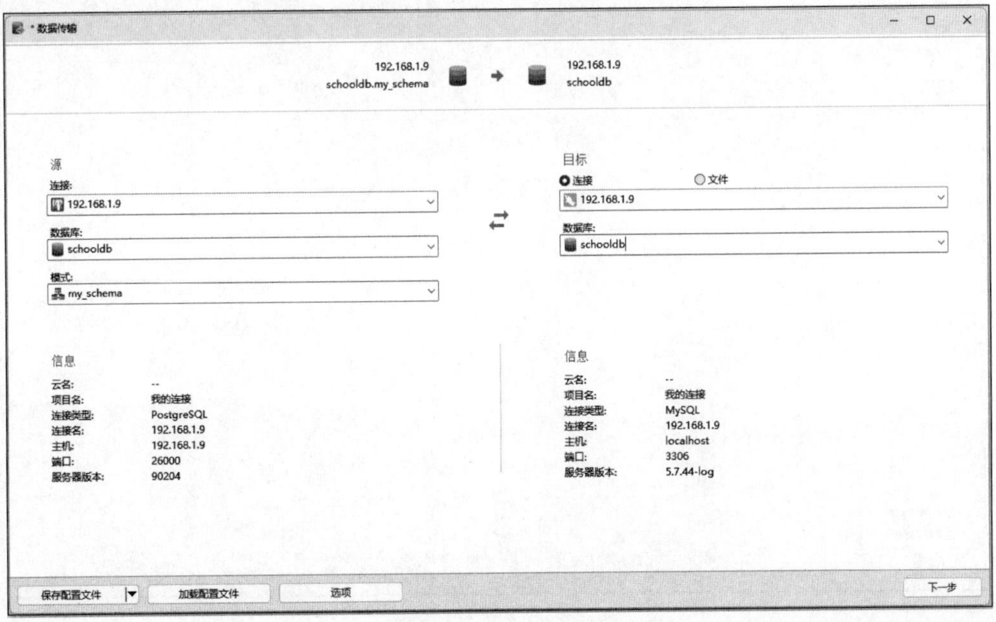

图 C-3 数据传输配置

单击“下一步”按钮，然后选择数据库对象，这里直接选择“运行期间的全部表”，如图 C-4 所示。

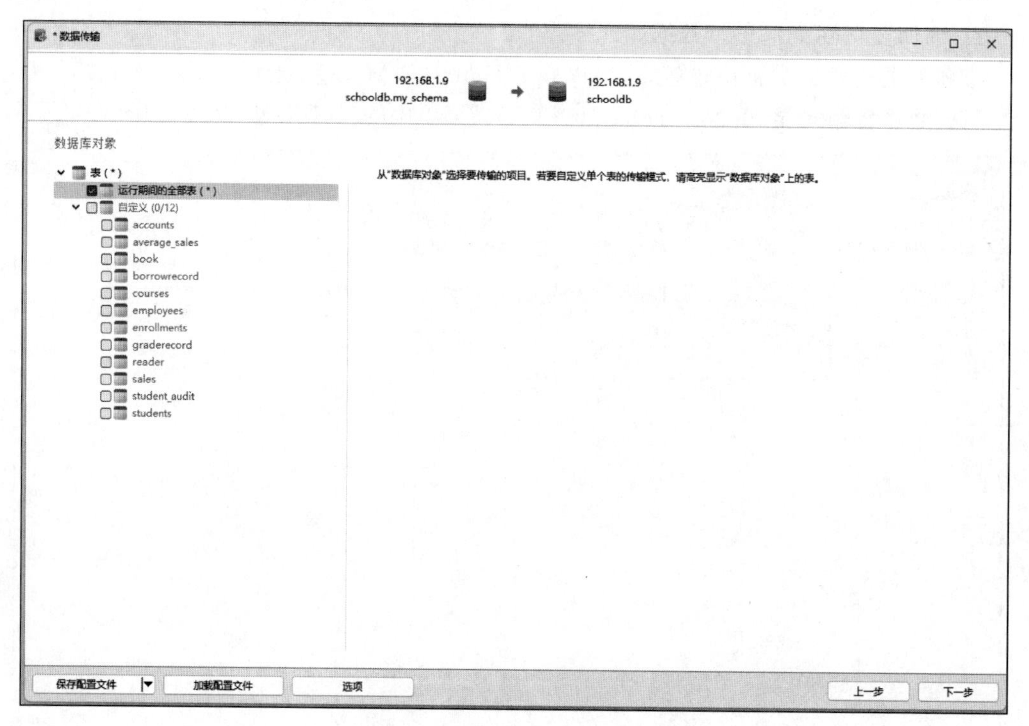

图 C-4　选择传输的数据库对象

单击“下一步”按钮，进行数据传输配置，如图 C-5 所示。

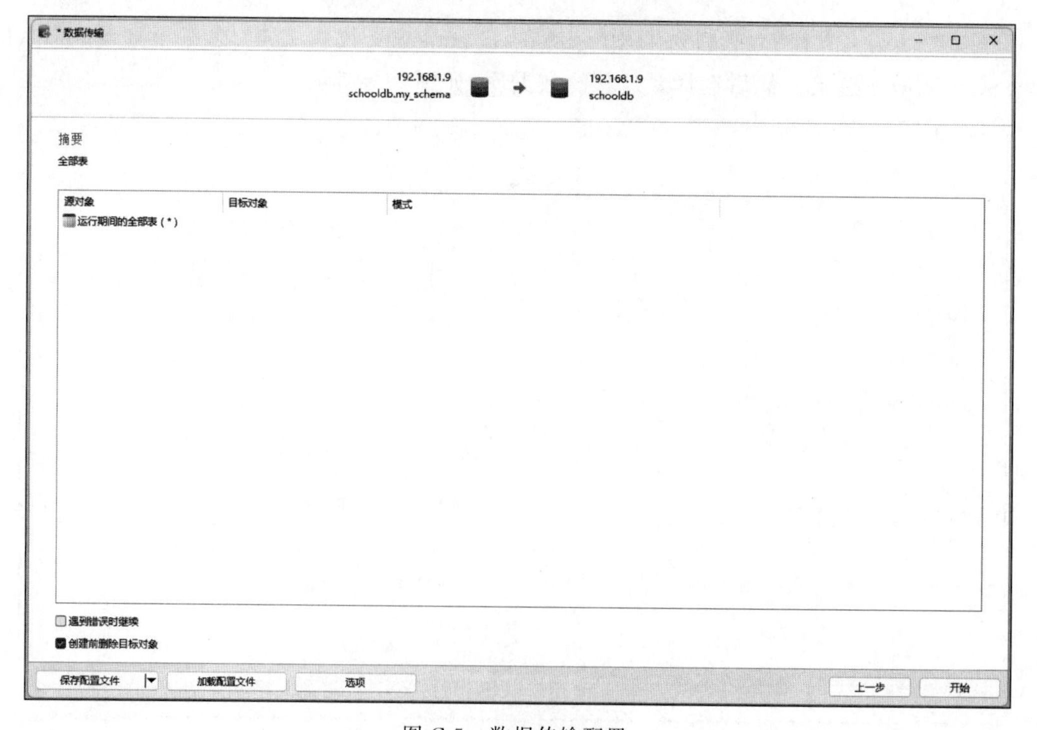

图 C-5　数据传输配置

单击“开始”按钮，开始数据传输，如图 C-6 所示。

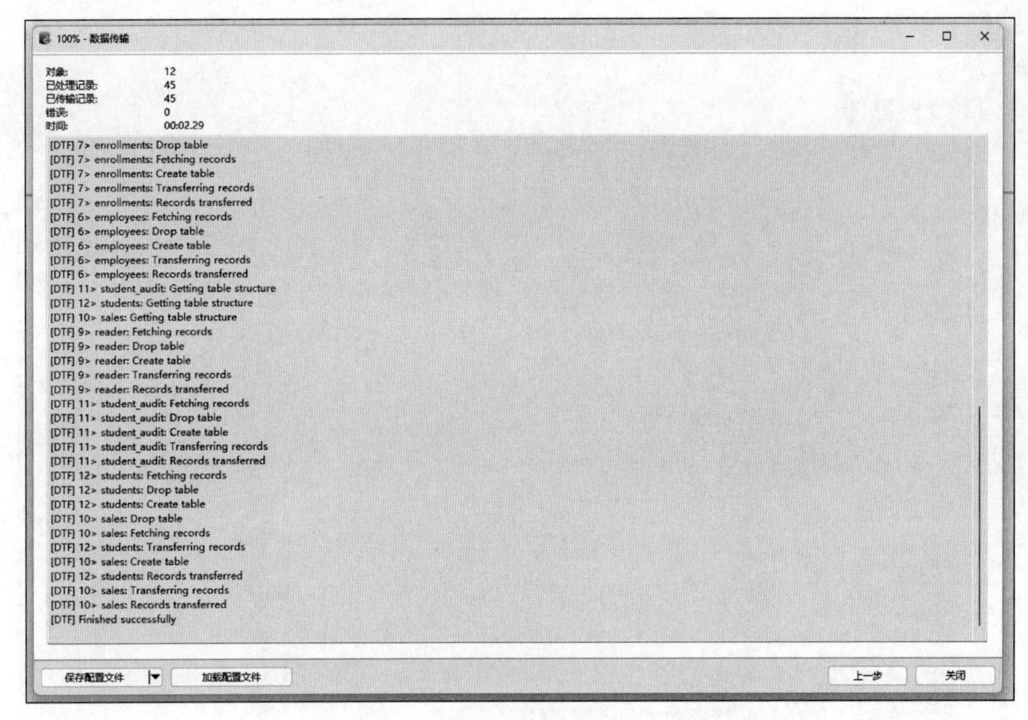

图 C-6 数据传输

传输完成后，单击“关闭”按钮，在 MySQL 数据库中就可以看到 schooldb 数据库了，说明迁移成功，如图 C-7 所示。

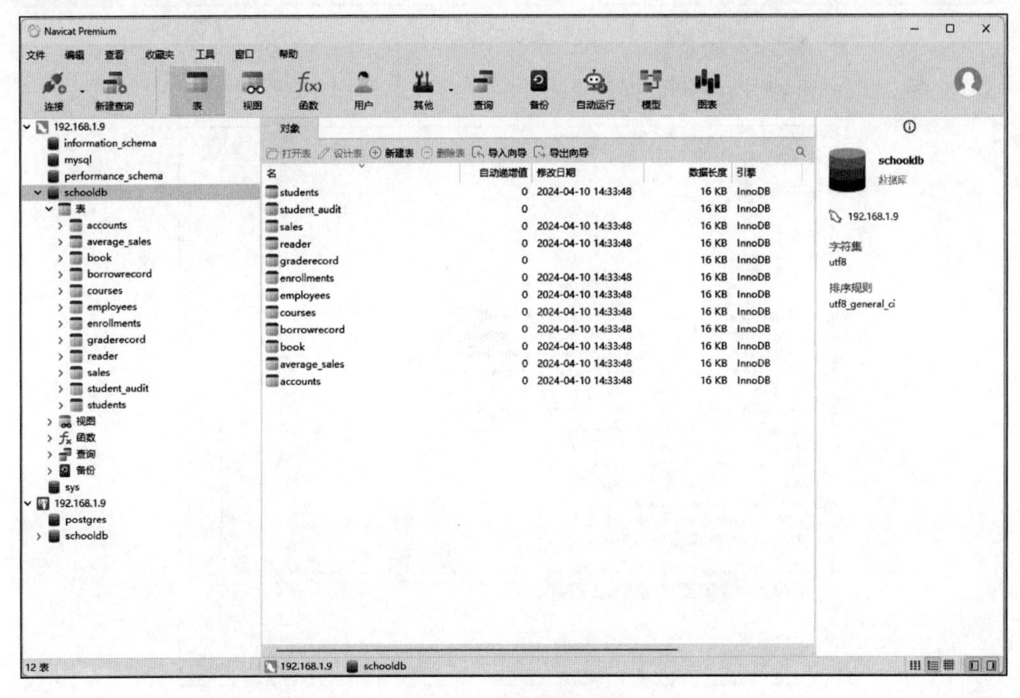

图 C-7 数据迁移成功

2. 请简要说明如何进行数据库备份与恢复。

为了让读者更直观地看到备份的过程,可以通过 Navicat 工具来演示数据库备份与操作。

1) 数据备份

首先选择 my_schema 模式,单击菜单栏中的"备份"→"新建备份",如图 C-8 所示。

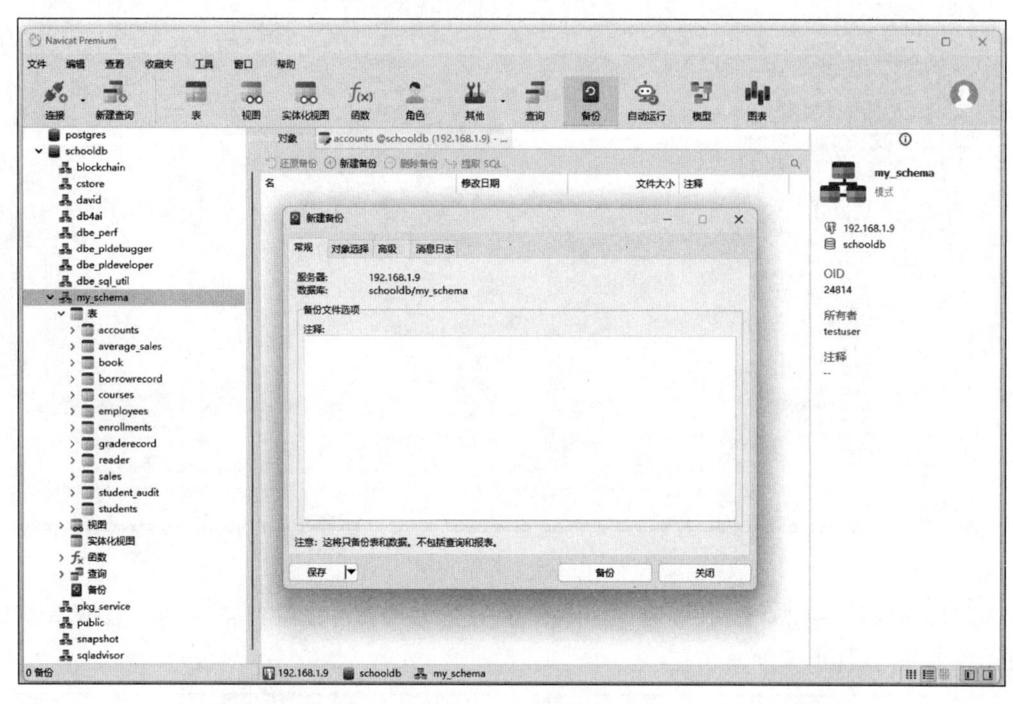

图 C-8 新建备份

单击"备份"按钮,开始备份数据库,如图 C-9 所示。

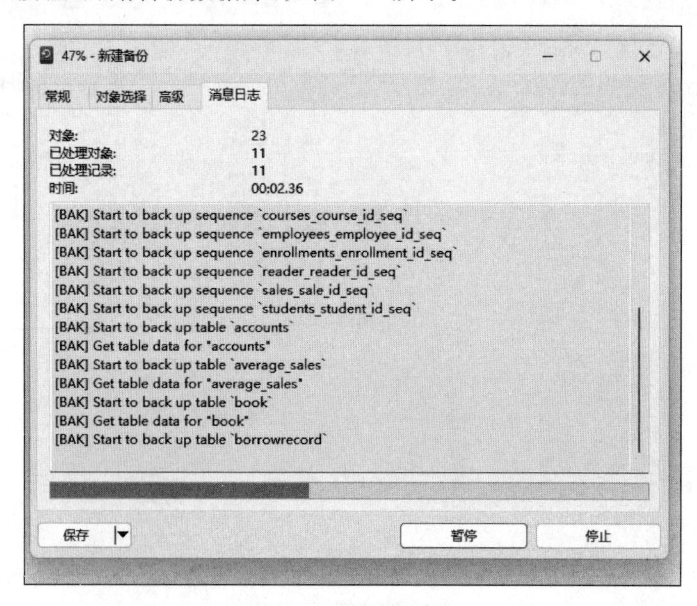

图 C-9 备份数据库

数据库备份完成后，可以在备份目录下看到产生的备份信息，如图 C-10 所示。

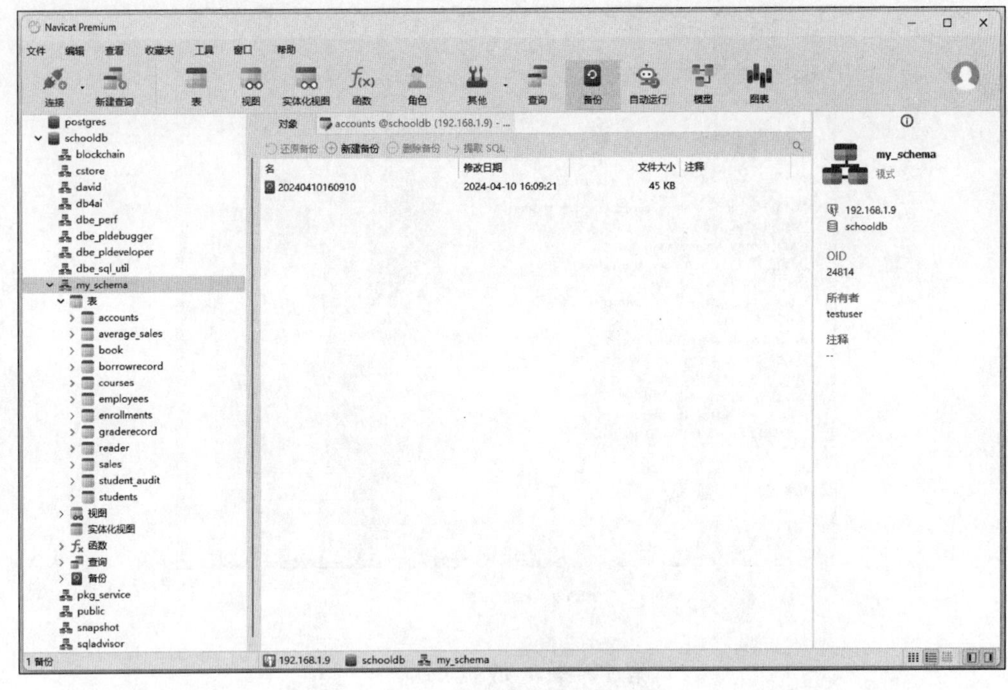

图 C-10　数据库备份完成

2）数据恢复

前面使用 Navicat 手动备份了数据库，接下来就使用这个备份来还原数据库，单击菜单栏中的“备份”→“还原备份”按钮，如图 C-11 所示。

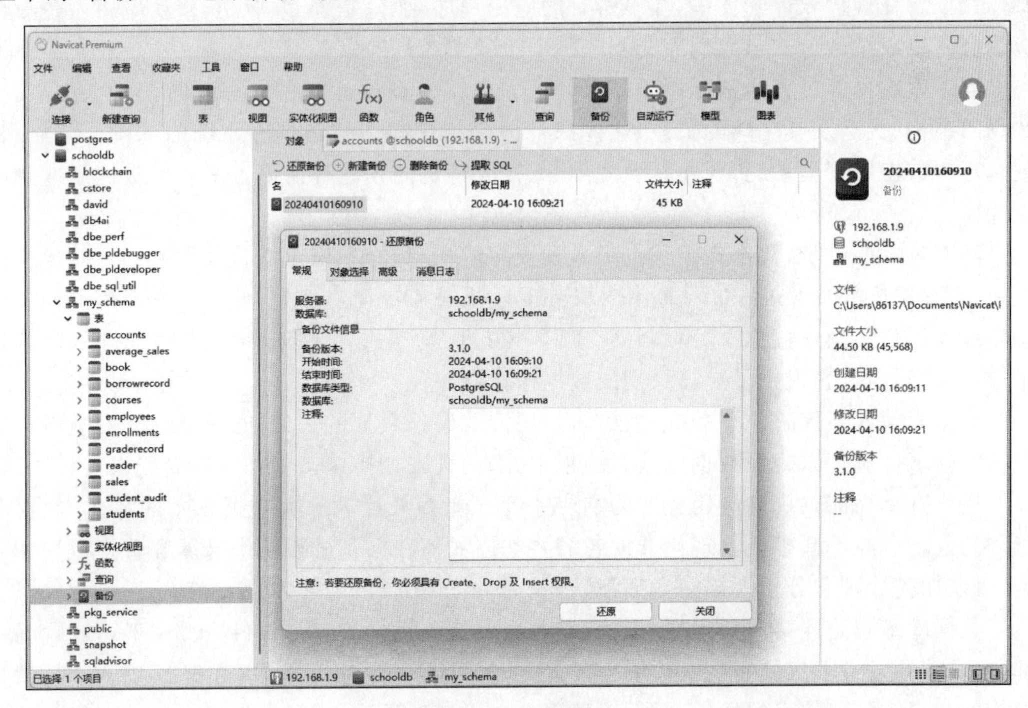

图 C-11　还原备份

单击“还原”按钮，就可以从备份中还原数据库了，如图 C-12 所示。

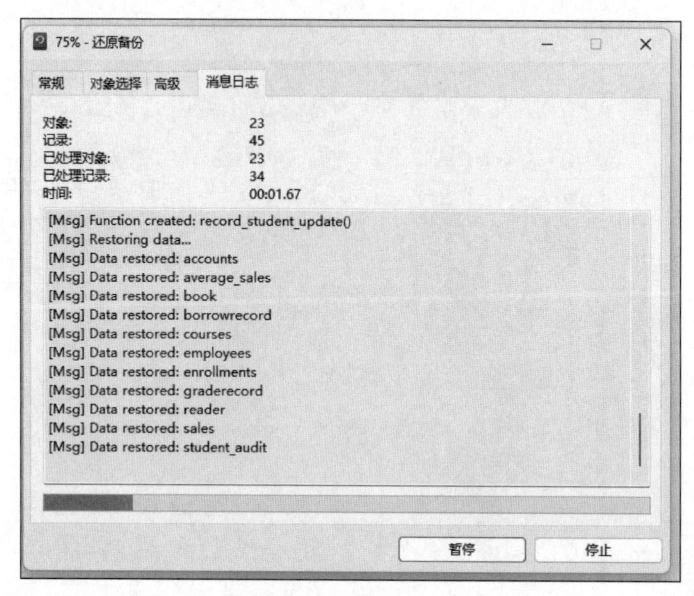

图 C-12　还原备份进度

第 10 章　数据库编程

1．请简要说明什么是数据库编程。

数据库编程是软件和信息系统开发的一个关键领域，它涉及在应用程序中实现对数据库的创建、查询、更新和维护操作。核心目的是使得应用程序能够高效、安全地存储、检索和操作数据。在现代软件开发中，几乎所有的应用程序，无论是 Web 应用、移动应用还是桌面应用都需要以某种形式与数据库交互。

数据库编程的过程通常开始于需求分析和数据模型设计。在这一阶段，开发者定义了数据的结构、类型及其之间的关系，这些都是构建有效和高效数据库系统的基础。随后，根据选定的数据库管理系统，开发者会使用 SQL 或特定的其他查询语言来实现数据的增删改查操作。

随着技术的进步，数据库编程也引入了更多的抽象和工具，以简化开发过程。对象关系映射(ORM)技术如 Hibernate、Entity Framework 或 Django ORM，允许开发者用他们所熟悉的编程语言来操作数据库，而不必直接写 SQL 代码。这样不仅减少了开发时间，也减轻了维护负担，因为它提供了更高级别的数据操作抽象。

数据库编程不仅是关于数据的操作，它还涉及确保数据的一致性、完整性和安全性。这包括实施事务管理以确保数据库状态的正确性，实现安全措施来保护数据免受未授权访问，以及优化查询性能以提高应用程序的响应速度。随着云计算和大数据技术的兴起，数据库编程的范畴也在不断扩展。现代开发者需要掌握如何在云基础设施上部署和管理数据库服务，以及如何处理和分析大规模数据集。

数据库编程是连接应用程序与其后端数据存储的桥梁。它是软件开发中不可或缺的一部分，要求开发者不仅要有扎实的编程技能，还需要具备数据库理论、数据模型设计和系统架构的知识。随着技术的发展，数据库编程也在不断地进化，为开发者提供了更多的工具和方法来处理日益增长的数据处理需求。

2. 请简要说明数据库编程常见的几种开发方式。

1）ODBC（Open Database Connectivity）

ODBC主要用于C、C++、Java、Python等。它提供了一种标准的数据库连接方法，可以通过不同的数据库驱动程序连接多种数据库。

2）ADO.NET

ADO.NET是微软为.NET框架提供的数据库访问技术。其特点是支持多种数据库，包括SQL Server、Oracle、MySQL等，提供丰富的数据访问功能。

3）PHP数据库对象(PDO)

PDO(PHP Data Objects)是一个轻量级、一致性的接口，用于访问PHP数据库。其特点是支持多种数据库驱动，提供了数据访问的安全性和灵活性。

4）Node.js数据库驱动

针对Node.js环境，提供了适合异步编程模式的数据库连接和操作接口，如mysql for Node.js、mongoose for MongoDB，支持回调、Promise、async/await等异步处理模式。

5）Python数据库API

Python数据库API是一个标准化的Python数据库编程接口，它定义了一系列必须遵循的规则，以提供一致的数据库操作接口。常用的库有psycopg2(PostgreSQL)、PyMySQL(MySQL)、sqlite3(SQLite)。其特点是易于使用，支持多种数据库系统。

6）JDBC

Java Database Connectivity (JDBC)是一种用于Java编程语言和各类数据库之间进行连接的API。在openGauss数据库中，使用JDBC可以方便地执行SQL命令、处理结果集、管理事务和连接池。

第11章 项目实战——电商订单管理系统

1. 请简要说明订单管理系统的数据库概要设计。

订单管理系统的数据库是支撑整个业务流程的核心组件，它负责存储、查询、更新和管理与用户、商品、订单等相关的数据。以下是订单管理系统数据库的主要组成部分及其功能概要。

1）用户信息

(1) 存储用户的基本信息，如用户名、密码、邮箱、联系方式等。

(2) 用户信息表是身份验证和权限管理的基础，确保只有授权用户才能访问系统。

2）商品信息

(1) 包含商品的基本详情，如商品名称、编号、价格、库存量、描述等。

(2) 商品信息表支持商品分类、搜索和展示功能，为用户提供商品浏览和选择的依据。

3）订单详情

(1) 存储用户下单的详细信息，包括订单编号、用户ID、商品ID、数量、单价等。

(2) 订单详情表是订单生成、修改和查询的基础，支持订单管理系统的核心业务流程。

4）订单状态

(1) 记录订单的生命周期状态，如待支付、待发货、已发货、已完成等。

(2) 订单状态表用于跟踪订单处理进度,并提供给用户界面以展示订单当前状态。

5) 支付信息

(1) 存储订单的支付详情,如支付方式、支付状态、支付时间等。

(2) 支付信息表与支付网关或第三方支付平台对接,确保交易的安全性和准确性。

6) 物流信息

(1) 包含订单的物流追踪信息,如物流公司、运单号、发货时间、预计送达时间等。

(2) 物流信息表通过接口与物流系统相连,实现订单配送进度的实时更新和展示。

7) 备份与恢复

(1) 数据库需定期备份,以确保数据安全性和业务连续性。

(2) 备份文件应存储在安全、可靠的位置,并定期进行恢复测试,以验证备份的有效性。

8) 安全性与权限

(1) 数据库应使用加密技术保护敏感信息,如用户密码、支付密码等。

(2) 实施严格的权限管理策略,确保不同用户只能访问其权限范围内的数据。

(3) 监控和审计数据库访问记录,及时发现和应对潜在的安全风险。

综上所述,订单管理系统的数据库设计需要综合考虑业务需求、数据安全性、性能优化等多方面,以支持系统的高效、稳定运行,并提供可靠的数据支持。

2. 请简要说明订单表的数据结构。

订单表的数据结构如表 C-2 所示。

表 C-2　订单表(tbl_xcu_subscription_order)的数据结构

字　段	类　型	说　明
id	int8 NOT NULL	主键 ID
order_id	varchar(20) NOT NULL	订单编号
total_price	numeric(20,2) NOT NULL	冗余存储订单总金额
is_payment	int4 NULL	1: 支付; 0: 未支付
created_by	int8 NOT NULL	创建人
create_time	smalldatetime NOT NULL	创建时间
modify_by	int8 NOT NULL	修改人
update_time	smalldatetime NOT NULL	更新时间
addr_id	int8 NULL	订单关联收货地址

参 考 文 献

[1] 李国良,周敏奇. openGauss 数据库核心技术[M]. 北京:清华大学出版社,2020.

[2] 李国良,张树杰. openGauss 数据库源码解析[M]. 北京:清华大学出版社,2021.

[3] 何新权. openGauss 数据库程序设计[M]. 北京:高等教育出版社,2022.

[4] 中国产业发展研究院. 华为 openGauss 开源数据库实战[M]. 北京:机械工业出版社,2021.